回想のネービーブルー

海軍兵学校連合クラス会編

元就出版社

海軍兵学校全景

生徒館

大講堂

教育参考館

巻頭言

三浦　節（海兵70期）

我が海軍兵学校は戦前、戦中、米国のアナポリス、英国のダートマス各兵学校と共に世界の三大兵学校として高く評価されていた。この海軍兵学校で学んだ者たちの連合クラス会は、昭和五十五年八月に発足し、全国各地で戦没者の慰霊、相互研鑽、親睦に努めてきたが、会員の高齢化に伴い、平成二十年十二月に活動の幕を閉じた。

四年に一度の全国連合クラス会では、記念誌を発行し、慰霊のための靖国神社昇殿参拝、海上自衛隊音楽隊の演奏、先輩方の講演、懇親会などを催してきた。

記念誌には海軍および海軍兵学校の伝統、教育などの貴重な記事が多く、今回その主なものを選び刊行する運びとなった。この伝統、教育は普遍的価値を持ち、後世に伝え、若者たちの教育に資すべきものと考えている。

ところで第六回全国大会記念誌に七五期の吉田學（元海上幕僚長）が「日米ネービーの固い絆」と題して論説を披瀝している。平成十一年、一〇年前に書いたものであるが、ここで元米国太平洋艦隊司令長官のフォーリ大将が、日米 NAVY to NAVY の関係はユニークなもので、プロのシーマンとしての共通の絆を持っているといっている。

「米海軍が建国以来四つに横綱相撲をした（死力を尽くして戦った）相手は日本海軍だけであり、戦後残った好敵手同士の好意が、海上自衛隊創設時にかかわった旧海軍軍人の努力、米海軍とのフランクな交流と相俟って相互の友情が強化され、太平洋の平和と安定のために補完しあう同志的相互信頼に育ってきたものである」

と解説している。また海上自衛隊が八〇年度リムパック・エクササイズに初参加し、成功するのに尽力してくれた親友の在日米海軍司令長官だったゼック中将が、離日時に「今後の日米両国及び両NAVYの関係は単なる友情でなく、相互尊敬を持った真の友情に高めるべきであり、互いに努力しよう」と印象的な言葉を残している。

私はこの論説がずっと頭に残っていたし、七五期の諸君がその後もアナポリス、クラス一九四七と同期の桜を続けていることに注目していた。実はダートマスにも同期の桜が咲いている。私は船会社の支店長としてロンドン勤務中、ダートマスを訪問して校長閣下に案内され深い感銘を受けた。

「同じ兵学校の庭に咲く、血肉分けたる仲ではないが、なぜか気が合うて別れられぬ」のである。

巻頭言を借りて申し上げる。この七五期・クラス一九四七を中心とする日米ネービー会を連合クラス会に続く「海軍兵学校の会」でも応援してほしい。ダートマスの桜も入って貰ってブリテッシュイングリッシュも勉強してほしい。

回想のネービーブルー――目次

第三部——海軍魂と伝統　257

回想のネービーブルー

写真——海軍兵学校

明治４年建築、海軍兵学寮校舎

明治16年建築、海軍兵学校生徒館

明治21年、江田島移転後の海軍兵学校全景

明治26年建築、江田島海軍兵学校生徒館及び事務所

第二生徒館（大正８年増築前）

校門（門標。昭和初期まで）

大正初期の海軍兵学校全景

八方園神社

旧砲台（江田島に最初に建築されたもの）

八島講堂（大正初め、扶桑の模型に変更後、扶桑講堂と呼称）

運用講堂（昭和初期まで使用）

大正時代の授業風景（外人教師はガウンを着用）

想い出の中央廊下

五省

千代田艦橋

課業始め

棒倒し

総短艇

相撲訓練

銃剣術訓練

軍歌演習

遠泳

弥山登山競技

表桟橋

昭和12年４月竣工の新生徒館

第一部──海軍士官教育

海軍兵学校沿革

中島親孝（54期）

草創時代

海軍兵学校創立五〇周年を記念して、大正八年（一九一九）九月刊行された「海軍兵学校沿革」の緒言に、時の校長鈴木貫太郎中将が次のように述べている。

「大日本帝国海軍の首脳者たるべき将校の揺藍たる我が海軍兵学校は、明治二年九月十八日を以て東京築地安芸橋内に呱々《ここ》の声を挙げたる海軍操練所を以て其の前身となす。爾来、歳月を経ること正に五十閲年……」

明治新政府発足早々の明治元年（一八六八）七月、軍務官の実権者大村益次郎は、早急に西洋式近代海軍を創建拡充すべき旨を上奏し、「海軍興起の第一は海軍学校を起すより急なるはなし」と強調している。

明治二年七月、軍務官が廃止されて兵部省が新設されると、まず、海軍操練所が創設された。

明治二年九月十八日、兵部省は海軍操練所を東京築地の元芸州屋敷に置き、諸藩進貢の海軍修学生（一八歳より二〇歳までの者、大藩五名、中藩四名、小藩三名）を教育する所とした。これは現在の中央卸売市場の一角に当たる。翌三年一月十一日、海軍操練所の始業式を行なったが、これが海軍始めの式の起源となった。二月二十三日、「千代田形」を海軍操練所付属稽古艦と定め、三月には生徒二名に英艦乗組を命じている。

明治三年五月、「大に海軍を創立すべきの議」を建議した兵部省は、その中に特に「海士の教育」という一章を設けて、次のように述べている。

「軍艦は士官を以て精神とす。士官なければ、水夫その用を為す能《あた》わず、水夫用を為さざれば、船その用を為さずして、無用廃物となる。而して海軍士官と成るの学術、深奥にして容易に熟達する能わず、故に速に学校を創立し、広く良師を選挙して、能《よ》く学士を教育すること、亦《また》海軍創立の一大緊要事なり」

同年十一月四日、海軍操練所を海軍兵学寮と改称し、海軍操練所在寮生七〇余名から幼年生徒一五名、壮年生徒二九名を選抜し、全部官費と改めて入寮せしめた。ここに初めて、海軍士官養成の学校が創立されたのである。

このように、明治新政府がいち早く西洋式海軍の創建に着手し、特に士官教育を重視したのは、関係者の達見によるものであるが、徳川幕府がすでにその軌道を敷いていたためでもある。この観点から、幕府の海軍教育は軽視しえない存在である。

幕府の海軍教育

西力東漸《とうぜん》の嵐に対処するため、近代的な西洋式海軍創建の必要を痛感した徳川幕府は、嘉永六年（一八五三）十月十五日、長崎奉行水野筑後守忠徳を通じて、長崎出島駐在のオランダ商館長ドンクル・キルシュスに協力と援助を依頼した。

その結果、翌嘉永七年（一八五四）七月、長崎に来航したオランダ東洋艦隊所属の軍艦スームビング号（排水量四〇〇屯、木造汽帆併用外輪船）のファビウス艦長は、同艦を教材として、幕臣、佐賀、黒田、薩摩の藩士二〇〇名に基礎的海軍術の教育を実施した。さらに、翌安政二年（一八五五）七月に再び長崎に来航した同艦を、オランダ国王ビレム三世の名において幕府に献上した。

そこで、幕府は同艦を観光丸と命名、海軍教育の実地練習艦に当てるとともに、旧乗組員のペルス・レイケン元艦長以下士官、水兵、機関兵など二二名を教官として高給をもって傭い入れた。

また、長崎奉行所の西役宅を講堂に当てて、欧式海軍伝習を本格的に発足させた。これが、長崎海軍伝習所であり、安政二年十月に創設されたことになっている。所長に当たる諸取締には永井玄蕃頭尚志、伝習生には勝麟太郎以下幕府派遣の若い優秀な人材七〇名のほか、各藩委託の若い藩士一三〇余名が入所して、航海術、運用術、造船術、砲術、船具学、測量術、算術、機関学などの伝習を受けた。

安政四年（一八五七）四月、幕府が膝元の江戸にも海軍教育機関を設置する必要を感じて、観光丸の江戸表回航を命じた。永井玄蕃頭を艦長格に一〇三名の伝習生が乗り組み、日本人として初めての洋式軍艦による航海をつづけて、無事回航の任を果たした。

幕府は、前年開所した築地講武所内に軍艦教授所を設置し、永井玄蕃頭に総督を命じ、観光丸を実地練習艦として、旗本、御家人、一般有志、各藩からの人材を集めて同年七月十九日から、日本人教官による洋式海軍教育を開始した。

一方、長崎海軍伝習所にとどまった伝習生たちは、新しくオランダから購入したヤッパン号（排水量三〇〇屯、木造、汽帆併用の内輪船）を実地練習艦として、カッテンデイケ元艦長以下、同乗組員のオランダ人教官指導のもとに伝習を続けていたが、オランダ側の国際的考慮と幕府側の財政難から、安政六年（一八五九）、閉鎖された。

創立後わずか四年足らずでその歴史を閉じてしまったが、伝習生の中からは日本海軍の父と呼ばれる勝海舟、川村純義（海軍卿）、中牟田倉之助（初代海軍軍令部長）、榎本武揚（海軍卿）、柳楢悦（初代水路部長）など草創期海軍の中心的人物が輩出している。また万延元年（一八六〇）に日本海軍の軍艦として、初めて太平洋を横断した咸臨丸（旧ヤッパン号）の乗組員は、勝艦長以下、長崎伝習所出身者が大部分を占めていた。

江戸の軍艦教授所は、のち軍艦操練所、軍艦所、海軍所、海軍学校と次々に改称、フランスから招いたバリー、ついで英国から招いたトレーシー等の海軍士官からも伝習を受けたが、大政奉還により慶応四年二月、イギリス士官が帰国し、操練所は自然廃止のやむなきに至った。

また、元治元年（一八六四）、軍艦奉行勝海舟が神戸操練所を設置した。伝習生には佐幕、討幕、攘夷、開国など各党各派の志士が入所して談論風発、さながら梁山泊の観があったといわれる。坂本龍馬、陸奥宗光、伊東祐亨などがいたが、その自由と蛮風が幕府の警戒するところとなり、間もなく閉鎖された。

海軍兵学寮

明治三年(一八七〇)十一月四日、海軍操練所を海軍兵学寮と改称したが、翌四年一月十日、大政官布達をもって「海軍兵学寮規則」が公布された。その通則の一部を抜粋すると、次のとおりである。

第一条　兵学寮は海軍士官並びに下等士官教導の為に設置……

第三条　兵学寮を分って、幼年、壮年、専業の三学舎とす。……

第四条　幼年学舎は一九歳以下一五歳以上の有志の者を教導し、後日の大用に具《そな》うる者故、専《もっぱ》ら考究を旨とし傍《かたわ》ら術芸を教ゆべき事……

なお、同年一月八日の始業式には有栖川兵部卿宮が臨場され、生徒はこの日から金釦《ボタン》一行の短上衣を着用した。同年六月十五日、「富士山」を海軍兵学寮稽古艦と定め、八月五日、教官を武官制に改めた。翌五年二月二十七日、兵部省を廃止し、新たに海軍省と陸軍省が設置され、海軍兵学寮は海軍省の所轄となった。このとき、幼年生徒は予科生徒、壮年生徒は本科生徒と改称された。

このように制度は逐次整備されていったが、「生徒に告ぐ　自今庭園内に小便するを禁ず」という禁令が出されたことからでも推察出来るように、志士、壮士気取りの豪傑肌の生徒が多く蛮風が漂っていた。歴戦の荒武者は戦場を知らない教官の排斥を行ない、教官室に闖入《ちんにゅう》し、教官と格闘することもあったという。

しかし、明治六年(一八七三)七月、英国からアーチボールド・ルシアス・ダグラス海軍少佐ほか各科士官五名、下士官一二名、水兵一六名の教官団が着任したのを契機として、海軍兵学寮の面目が一新された。兵学頭中牟田倉之助少将が海軍士官教育に関する実際面の総てを一任したのに応えて、ダグラス少佐は「士官である前にまず紳士であれ」という英国海軍士官流の紳士教育を前提とし、学科は英語と数学に重点を置いて、教科書も講義もすべて英語、しかも座学よりも実地訓練に重点を置く教育方針を打ち出した。

翌明治七年度からこの教育方針が実施に移され、教育の成果が着々とあがるようになり、低迷と混乱を続けてきた日本海軍の初級士官養成教育も、ようやく本格的な軌道にのることになった。生徒に洋式体育と遊戯を行なわせるようになり、日本で最初の運動会が開催されたのも、この年からであった。

また、同年五月五日、機関術実地教育のための分校を横須賀に設置したのも、機関科教官フレデリック・ウイリアム・サットン上頭機関士のアドバイスによるものであった。これが海軍機関学校の前身であるが、同年十月、海軍経理学校の前身に当たる海軍会計学舎も東京芝に設置された。

これより先、明治四年二月二十二日、海軍兵学寮生徒一一名と軍艦乗組員から選ばれた六名(東郷平八郎見習士官を含む)が、第一回海外留学生として英米両国に派遣された。その関係もあって、明治六年十一月十九日卒業の第一期生は二名に過ぎなかったが、明治七年十一月一日卒業の第二期生は一七名で、山本権兵衛、日高壮之丞の名が見える。

明治九年（一八七六）八月三十一日、海軍兵学寮は海軍兵学校と改称された。なお、海兵隊の指揮官養成機関として明治五年七月、東京芝増上寺に設置された砲術生徒学舎は、八年九月、海兵士官学校と改称、翌九年十月、海軍兵学校付属となり東京兵学分校と呼ばれた。しかし、明治十二年にこの分校は廃止され、在校生徒は本校の八期に一八名、九期、一〇期に各一名が編入された。また、明治七年五月設置された横須賀兵学分校は、明治十一年六月、海軍兵学校附属機関学校と改称され、本校機関科生徒全員を同校に移した。さらに、明治十四年七月に、同校は海軍兵学校から分離独立して、海軍機関学校となった。

明治十六年（一八八三）六月、東京で最初の赤煉瓦造りといわれる生徒館が新築落成した。後に海軍大学校の校舎として使われたこの建物は、東洋一大きな二階建ての堂々たるもので、地続きにあった木造の海軍省が粗末で小さな物置きのように見えたという。

こうして、海軍兵学校の内容は次第に充実され、設備外観もそれと共に整備されていったのであるが、この頃から僻地移転の議が起こった。

江田島移転

明治十九年一月に海軍兵学校次長兼教務総理に補せられた伊地知弘一中佐は、英国留学の経験から「兵学校を僻地に移転するの理由」なる一文を草して、江田島への移転を強く訴えた。その理由とするところは、「第一、生徒の薄弱なる思想を振作せしめ海軍の志操を堅実ならしむるに在り。第二、生徒及び教官をして務めて世事の外聞を避け精神勉励の一途に赴かしむるに在り。第三、生徒の志操を堅確ならしむるため繁華輻輳の都会を避くるを良策とす」というのであった。

明治十九年五月、呉に鎮守府が設置された関係もあって、江田島移転が本決まりとなり、同年六月には東京から派遣された使節団が建設用地の測量を開始した。また、海軍当局は島の有力者と「江田島取締方始末書」を取り交わして、清浄無垢な教育環境の保持に努めた。

「江田島という島は、ほぼY字形をしている。兵学校は、ほとんど完全に陸で囲まれた江田内という湾を見下ろすYの字の分枝の内側に位している。兵学校の塀の外にはどちらかといえば見すぼらしい様子をした江田島の町がある。この町の外観と校庭内の秩序と規律を象徴する雰囲気とは、著《いちじる》しい対照をなしている。この島の大部分を占有する古鷹山の麓に近い斜面には、沢山の段々に作られた稲田及び蜜柑畑がある。古鷹山の頂上から見下ろした兵学校の景色や、ここから眺めた瀬戸内海の姿は、こよなく美しいものである」

昭和七年から三年間にわたって兵学校英語教官を勤めたセシル・ブロックは〝The Dartmouth of Japan〟のなかで、こう書いている。島の自然そのものが美しかったことも、江田島移転の誘因の一つであったと思われる。

明治十九年（一八八六）十一月、新校舎建設工事に着工、翌々二十一年四月、物理、水雷、運用の三講堂と重砲台、官舎、文庫等落成。同年八月一日をもって海軍兵学校は江田島本浦の新校舎に移され、東京から回航して江田内に面した表桟橋に繋留《けいりゅう》された東京丸を生徒学習船として同月十三日から開校された。

学習船は生徒館に代用されたもので、海岸と平行に四丁繋《つな》ぎ（船首尾の両側に錨を入れて固定すること）とし、陸上との交通は浮桟橋を使った。最上甲板の中央に生徒喫煙室と診察所、後部と上甲板後部に職員事務所、上中甲板の前部に兵員室を設け、その他は教室兼生徒温習室、食堂、洗面所、浴室とし、食堂とその直下のホールドを生徒寝室として釣床用のフックを設けた。中部ホールドを二、三の教室に分けたが、船底が腐蝕して常に海水が侵入し、各室は採光不良で白昼も暗かったといわれる。

明治二十六年(一八九三)六月十五日に生徒館、事務所、兵舎等が落成して、学習船から陸上施設に移転した。生徒館は赤煉瓦造り二階建て洋館で、階上中央を監事部とし、その両側を生徒寝室にあて西洋式寝台が備えられた。階上の一番東側に講堂、続いて生徒展覧所があり、階下中央に生徒応接所、診察所、使丁室、信号兵詰所、その東側に生徒温習所、西側に講堂が設けられた。生徒館と並んでその裏側に建てられた別棟に食堂、喫煙所、洗面所、浴室、発電所などが設置された。

江田島移転後最初に卒業したのは一五期生であり、赤煉瓦の生徒館を使用したのは二〇期生以後である。なお、明治二十年七月、海軍機関学校が廃止されて在校生徒九五名が海軍兵学校に編入された(明治二十六年に至って再び海軍機関学校が独立している)。

兵学校出身者の起用と日清戦争

明治二十年代の日本海軍は、旧幕府海軍および各藩海軍出身者、海外留学生、海軍兵学校出身者、その他など出身と派閥を異にする数種類の系統の士官によって構成された寄り合い世帯であった。なかでも、かつて海軍藩で鳴らした薩藩出身者が最大派閥となって要職を独占していた。このため、新しい教育を受けた海軍兵学校出身の青年士官は排斥されたり冷遇されたりしていた。

明治二十六年（一八九三）十一月、時の海軍大臣官房主事山本権兵衛大佐立案による大整理を断行し、海軍兵学校出身者を重要ポストに起用する基を築いた。将官八名（全員薩藩出身者）、佐官以下八九名に及ぶこの整理案について、西郷海相が「一朝有事の際に配員上困りはしないか」と心配したのに対して、山本大佐は、「いや、これ等は無為無用の凡才か病弱者ですから、かえって海軍の足手まといになる者ばかりです。それに、いまや海軍兵学校その他で新教育を受けた若手士官がどんどん育っておりますから、そういう御心配はご無用です」と答えたといわれる。

この画期的な人事刷新によって、明治海軍の宿弊といわれた薩摩海軍派閥は解消されて、海軍兵学校出身者に海軍士官としてのメーンルートが開かれたのである。

明治二十四年（一八九一）夏、日本各地を訪問して朝野を震駭させた七〇〇〇屯《トン》の最新鋭甲鉄艦定遠、鎮遠を主力とする清国北洋艦隊に対し、一二吋《インチ》砲一門を無理に搭載したため、その旋回によって艦体が傾くような三景艦（松島、橋立、厳島）をもって立ち向かうことを余儀無くされた日清戦争は、明治二十七年（一八九四）七月二十五日の豊島沖海戦によって火蓋が切られ、同年九月十七日の黄海海戦によって制海権を獲得したのであった。

日清戦争には第一期から二一期までの海軍兵学校出身者が参加した。約七〇〇名のうち四〇〇名は尉官クラス青年士官で、残りは佐官クラスの中堅士官になっていた。

開戦劈頭《へきとう》、英国商船高陞《こうしょう》号を撃沈した東郷浪速艦長の英断は、国際法の研究を重ねていた結果として生まれたものであり、黄海海戦において決定的勝利をもたらした単縦陣戦法は、若い頭から割り出されたものである。また、世界最初の水雷夜襲戦として知られる水雷艇隊による威海衛夜襲に参加した艇長は、いずれも海軍兵学校出身者であった。

生徒増員と教育制度改正

明治二十八年(一八九五)四月十七日、日清講和条約の調印が行なわれて、清国は台湾と遼東半島を日本に割譲することになったが、その後におきた三国干渉によって、日本は遼東半島をあきらめなければならない立場に追いつめられた。その結果、「臥薪嘗胆《がしんしょうたん》」の合言葉の下に、対露戦に備えての軍備大拡張が挙国一致体制で開始された。すなわち、明治二十九年から同三十八年までの十か年間継続による六六艦隊建造計画が議会の承認をえて実施に移された。

この軍拡案に即応して海軍兵学校採用生徒数も、明治二十八年一月入校の二五期が三六名であったのが、翌年から急増して二六期六二名、二七期一二三名、二八期一一六名、二九期一三七名、三〇期以後二〇〇名前後が八期続くことになった。これに伴い生徒食堂の増築と温習所の新築が明治三十三年十一月落成した。この温習所は木造二階建てで、後に生徒寝室にも使用し北生徒館と呼んでいたが、明治四十二年六月、第二生徒館と改称された。

軍事訓練では、明治三十年二月二十三日から一週間にわたり広島県加茂郡四日市付近の平五郎原において陸戦野外演習が実施され、翌三十一年にも三日間の野外演習が行なわれた。明治三十六年から毎年秋に原村(広島県加茂郡)の陸軍野外演習場に在校生徒総員が数日間野営して、対抗演習を初め各種陸戦訓練を行なうことになった。これがいわゆる「原村演習」のはしりであった。なお、明治三十五年六月には古鷹山新設射撃場が完成している。

分隊編成は、明治十九年に当時の海軍兵学校次長伊知地弘一大佐が英国海軍にならって制定したと伝えられているが、同年二月制定の海軍兵学校条例に「生徒は分隊に編成し、各其分隊長に属するものとす」と定められたのが最初である。このときは横割りの分隊編成であった。

明治二十三年二月五日、「生徒の分隊を改正して八分隊となし、先進生徒を以て各分隊の部長、部長補を命じ、夫《それ》より一名宛席次を逐《お》い、各分隊に分配編成す。但し、生徒分隊の編成は従来各号を以て組織せしも、新古の権衡を失し、往々支障あるに因《よ》り改正せしものなり」と定められて、各号混合の縦割りに改められた。

しかし、明治三十四年に横割りに戻した。すなわち、一分隊から四分隊までは一号生徒、五分隊から八分隊まで二号生徒、九分隊から一二分隊まで三号生徒とし、各分隊の伍長、伍長補には一号生徒をあてた。明治三十六年六月、再び学年混合の縦割りに戻され、さらに明治四十年十一月十九日になって「各学年共、成績の順序により一分隊より一二分隊に配布す」と定められた。

この各学年混合の分隊編成は、海軍兵学校独特のものとして廃校に至るまで続けられ、将校生徒育成のための教育訓練に貢献したのである。

日露戦争

明治三十七年（一九〇四）二月八日の仁川沖海戦によって火蓋が切られた日露戦争は、翌九日夜から約三か月に及んだ旅順港封鎖作戦、同年八月十日の黄海海戦、同月十四日の蔚山《うるさん》沖海戦を経て、明治三十八年五月二十七日の日本海海戦における圧倒的勝利によって局を結んだ。

これらの海戦には日清戦争に参加した第一期から二一期までの卒業生のほか、二二期から三一期までの尉官級青年将校九〇〇名が参加している。また、明治三十七年十二月十四日卒業予定の三二期生徒一九二名は、卒業を一か月繰り上げて少尉候補生として戦場に駈けつけた。英国で教育を受けた東郷司令長官、海軍兵学校在校中に米国に留学した瓜生司令官と、海兵士官学校卒業の武富司令官を除けば、聯合艦隊は海軍兵学校卒業生が指揮し、運用したのであった。

明治三十七年三月二十七日の第二回旅順港閉塞に使用した広瀬武夫中佐血染めの海図を、同年四月十六日、海軍大臣から特に海軍兵学校に交付し、また、明治三十九年三月十七日には五月二十七日を海軍記念日に制定した。

日露戦争後、伊集院第一艦隊司令長官の猛訓練が「月月火水木金金」の語を生んだと言われているが、旅順閉塞隊の生き残りを始め歴戦の勇士を教官に迎えた海軍兵学校でも、スパルタ式訓練が実施され、鉄拳制裁も盛んに行なわれた。訓育では「シーマンシップの3S精神」がモットーとされていたが、この3Sとはスマート（機敏）、ステディ（堅実）、サイレント（沈黙）で、日本海軍が「サイレント・ネービー」と言われるようになった伝統もこの時代に端を発している。

明治四十年十一月二十日卒業の三五期生は厳島、橋立、松島のいわゆる三景艦で、香港、サイゴン、ツリンコマリ（セイロン島）、マニラの遠洋航海を終わって馬公要港に帰港したとき、明治四十一年四月三十日未明、松島が火薬の自然発火によって爆沈、乗組員三五〇名の半数、候補生五七名中三三名が殉職するという事故が発生した。遠洋航海において、このような事故が発生して多くの犠牲者を出したのは、これが最初で最後であった。

予科生徒

大正元年（一九一二）八月二十九日、海軍兵学校規則が改正されて「修業期間は之を三学年に分け、第一学年は九月十一日より翌年十二月末日に至り、第二、第三学年は一月一日に始まり十二月末日に終る」となった。この結果、九月から十二月までの間は新旧二組の第一学年生が同時に在校することになった。この両者の混同を避けるため、前者を第一学年予科生徒と呼称することに定めた。予科生徒の呼称を受けたのは、大正二年九月入校の四四期から大正六年八月入校の四八期までである。

予科生徒の呼称が初めて用いられたのは、明治五年八月、海軍兵学寮の幼年生徒（一五歳以上一九歳以下）を予科生徒、壮年生徒（二〇歳以上二五歳以下）を本科生徒と改称したときである。

海軍兵学校と改称されてからも、この区分は存続したが、明治十五年五月からは予科生徒は海軍関係の子弟に限られることになり、明治十七年四月には海軍関係の遺児で海軍兵学校に入学した官費生徒の呼称となり、明治十九年二月に廃止された。したがって本科生徒は必ずしも予科を修める必要は無く、中学校や攻玉社（海軍兵学校受験のための私立予備校）などから直接受験して入校できる仕組みとなった。

訓育提要制定

大正二年（一九一三）九月三日、「訓育提要」が海軍兵学校によって制定された。第一編訓育綱領、第二編訓育学科、第三編訓育実科、第四編生徒隊内務、第五編兵学校沿革概要に分かれていて、冒頭に次のような生徒守訓があった。

海軍生徒は後来海軍将校として護国の大任を負うべき者なれば、常に次の条項を銘心服《ふく》膺《よう》して瞬時も忘却すべからず。

第一条　凡《およ》そ軍人たるものは確固不抜の志操なかるべからず。不抜の志操は一意専心大元帥陛下を奉戴《ほうたい》し忠誠を致して他を顧みざるに在り。苟《いやしく》も此の志操なきものは決して軍籍に在るを許されず。

第二条　明治天皇が軍人に賜りたる五か条の勅諭並びに今上陛下の賜りたる聖勅は共に是れ軍人精神養成上の経典たり。軍人たるものは夙夜黽勉《しゅくやびんべん》、聖旨を奉体し忠勇義烈の熱誠を養い学術技芸に習熟し世界の大勢を達観し思想を堅実にし、以て我が金甌《きんおう》無欠の国体を擁護し国威を海外に輝かさんことを期すべし。

第三条　海軍将校の本分とするところは戦闘に臨みて其の指揮宜しきを得、勝を制するに在り。故に左の諸項を銘記せんことを要す。

1　如何なる危急の際にありても泰然自若、其の節度を失わず毅然として自己の任務を遂行するの勇気あるを要す。勇気は各自の資質に因る所多しと雖《いえど》も、而も平素鍛錬の功によりて之を養成すること難しとせず。真の勇気は愛国の熱誠と不撓不屈の精神と沈毅果敢の気象とより生ず。

2　敏捷果断は軍人の最も緊要とするところなり。干戈倉皇の際は勿論、平日と雖、軍務の遂行に当りて明確なる判断を欠き躊躇逡巡、為に事を誤るが如きは軍人として最も忌むべき所とす。平素より事機を見ること明に、学術の運用に習熟し咄嗟の事変に方《あた》りて即時に機宜の処置を取るの修養あるを要す。

3　将校たるものは部下を心服せしめざるべからず。服従は威圧を以て之を得べきにあらず。公明以て率い慈愛以て臨み、信賞必罰、部下をして衷心悦服せしむるに在り。斯の如んば之を如何なる艱難の地に移すも其の親みや兄弟の如く決して乖離《かいり》の患《うれい》なし。

以上の三項全く備わりて初めて将校たるの性格を得べし。この性格たる天稟《てんぴん》に帰すべきもの多しと雖、而も又精神の修養学問の錬磨に須《ま》つべきもの尠《すく》なからず。生徒たるものは常に之を服膺して、他日実行の基礎となさんことを心掛くべし。

第四条　将校は其の徳性、技術、学問に於て兵卒の模範たるべきは勿論なり。されば将校たるものは其の品行徳望を修め部下をして不言の間に敬虔心服の念を懐《いだ》かしむるを要す。品行徳望は一朝一夕のよく之を修得すべきに非《あら》ず。生徒たるものは入校の当日より常に此の心を養い寸時も忘却すべからず。

第六条　浮華文弱は軍人の蠹毒《とどく》たり。此の風は平生飽逸偸安《とうあん》の悪弊に発す。軍人たるものは常に兵馬の間に処し、敵前に在るの覚悟を以て日夜軍務に精励し、超然此の悪風の外に立たんことを心掛くべし。

大講堂と校歌

明治四十五年六月着工した大講堂が、大正六年（一九一七）四月二十一日落成した。大講堂の必要性は明治三十八年頃から具申されていたが、容易に予算の承認をえられず、明治四十四年になって鎮遠、八重山、赤城の三艦が廃艦払い下げとなったのを財源として、翌四十五年から五か年継続の建設費が承認された。当時、歴代校長が大講堂設立を強く提唱したのは、海軍兵学校を再び東京に移転すべしという江田島廃棄説を封ずる手段としたのだとも伝えられている。

後年、大講堂の屋根裏から発見された銘板には、「大正二年一月十二日起工、同六年三月三十一日完成」と記されており、国会議事堂に使われたのと同じ倉橋島の花崗岩をもって建造された。正面に玉座が設けられた荘重な構造で反響が大きく、底冷えがする欠点もかえって厳粛な気分を誘うのに役立っていた。

階上には日清戦争の黄海海戦で奮戦した赤城艦長坂元八郎太少佐の血痕がついた海図や広瀬中佐の遺品などが展示されていて、後年、教育参考館が設けられるまで江田島における精神教育の拠点となって、将校生徒の訓育に貢献した。

なお、昭和三年三月、大講堂の玉座に面して「海軍戦死将校名牌」を奉掲、同月十五日、海軍軍令部長鈴木貫太郎大将の臨場を得て除幕式を行なった。この名牌は、明治十五年の京城事変から第一次世界大戦までの諸戦役に参加して戦死を遂げた海軍兵学校出身将校一四三柱の芳名を、聖徳太子直筆の「法華経義疏」の写本から選び出した文字をもって、山口県秋吉産出の大理石に彫刻したものであった。

大正八年（一九一九）九月十八日をもって創立五〇周年を迎えた海軍兵学校では、同年十月九日、大講堂において、四七期生徒卒業式に続いて創立五〇周年記念式を挙行した。翌大正九年三月、創立五〇周年記念校歌が募集されて、五〇期生徒神代猛男作詩の「江田島健児の歌」が入選、海軍軍楽特務少尉佐藤清吉作曲によって大正十一年に発表された。

八八艦隊計画と生徒増員

大正三年（一九一四）七月、第一次世界大戦が勃発したが、わが国は日英同盟によって連合軍側に加わり、同年八月、対独宣戦布告、太平洋全域において活躍したほか、遠く地中海にも作戦した。

その結果、同年一月のシーメンス事件によって停滞を余儀なくされていた八八艦隊計画に対する風当たりが好転し、大正五年の第三九議会において、その第一段階として八四艦隊案が可決、翌大正六年の第四〇議会では第二段階の八六艦隊案が可決された。大正九年七月の第四三議会で八八艦隊計画の実施が承認可決されて、戦艦八隻（長門、陸奥、加賀、土佐、紀伊、尾張ほか二隻）、巡洋戦艦八隻（天城、赤城、高雄、愛宕ほか四隻）の第一線主力艦隊を建造できることになった。

この八八艦隊の実現に備えて、海軍兵学校生徒採用数も大正六年（四八期）一八〇名、同七年（四九期）一九五名と急増し、大正八年（五〇期）からは三〇〇人クラスが三年続いた。このため、大正十年八月から十一年六月までの十か月間は在校生徒総数八七〇名に近いという創立いらいの状態になった。

その受け入れ態勢を整えるため第二生徒館、食堂等の増築、第二普通学講堂、浴室、洗面所、賄所、便所等の改築を行なった。従来の一二個分隊を一八個分隊に改めたが、一個分隊の員数が五〇名近くなり、寝室も自習室も超満員の有様となった。また、生徒は食堂において右手のみを使って食事すべしという不文律が生まれたのはこの頃からであったが、食堂が超満員となって、両手を使うことが出来ない状態になったからだと言われている。

教育制度の面では、それまで十一月と定められていた進級が、大正七年八月入校の四九期から七月に改められた。また、従来の英語の他に独語、仏語専修者が定められることになった（四九期は二学年から実施）。

服装の面でも明治四年から使用されていた金ボタン七個の短上衣（ジャケット）の制服（冬は紺サージ、夏は白麻で明治十二年までは背広型）が五一期から士官と同じ内側でフックで止める冬服と、金ボタン五個の白麻の夏服になった。この長い上衣は昭和九年三月まで続き、同年四月に在校生全部がジャケットになった。ただ、夏服は七つボタンになったが、冬服はフック止めのままだった。

選修学生制度発足

大正九年（一九二〇）七月、海軍兵学校において選修学生を教育する制度が定められ、同年十一月、第一期選修学生が入校した。選修学生とは兵科、航空科の准士官（兵曹長）および一等兵曹から選抜した者に修業年限一か年の教育を行ない、将来尉官に準ずる勤務に服するための登用制度である。

この選修学生は大正九年十一月入校の第一期から昭和十七年十二月入校の二十三期まで存続して、総員一二六〇名が卒業、全員太平洋戦争に参加した。

ワシントン条約と生徒激減

大正十年（一九二一）十一月十二日からワシントンで開催された海軍軍縮会議で、英米日の主力艦保有量を五・五・三の比率にすることに重点を置いた海軍軍備制限条約（ワシントン条約）が成立、大正十一年二月六日調印されて、以後一〇年間を主力艦に関する建艦休日とすることになった。

このワシントン条約は、日本海軍に対し各方面にわたって絶大な影響を及ぼしたのであるが、海軍兵学校に関しては、大正十一年度の採用生徒が五一名に激減される結果となった。しかも、この五一名も本来不要であるが期が欠けては海軍兵学校の伝統が中断するというので、最小限度を採用する意味で危うく日の目を見たのである。

それればかりではなかった。五一期、五二期の両三〇〇人クラスも、大正十一年夏期休暇で帰省するに当たり、「ワシントン条約の結果、海軍生徒も減員の止む無きに至った。ついては、諸子が自発的に退校することによって、本条約の実施に協力してくれることを望む。休暇帰省中に諸子自身、本問題について熟慮し、父兄ともよく相談して、自発的に退校するか、残留するかの意志を決定したうえで帰校してもらいたい」と申し渡されたのであった。

時の海軍省教育局長古川鈊三郎少将は、「折角《せっかく》、海軍将校たらんと志して入校して来た生徒を、本人の意志に反して退校させるのは酷であるばかりでなく、海軍として大きな損失を招くことになる」という見解の下に在校生徒減員案を取り止めとした。そのかわり、学年試験の成績が一点でも規格に満たない場合、または健康と体力に多少でも難点がある場合には、容赦なく留年を命ずる苛酷な処置がとられた。二九三名入校の五一期が二五五名卒業、二七四名入校の五二期が二三六名卒業と減員し、五一名入校の五三期が六二名卒業となったのは、自発的退校者が相当数出たことにもよるけれども、この留年処置の結果でもあった。

生徒採用数激減のため、大正十一年八月入校の五三期は各分隊二～三名であり、次の五四期から四月入校に改められて、大正十二年四月に七九名入校してからも、新旧三号併せて六～七名という有様であった。最後の三〇〇人クラスである五二期が最上級生に進んだとき、一八個分隊から一二個分隊に減らされたけれども、各分隊に一号二〇名、二号五～六名、三号六～七名ということになり、短艇も一号が漕がなければならないし、掃除も一号がソーフ（床拭き用雑巾）を握らなければならないという状況であった。

大正七年十二月に鈴木貫太郎中将が海軍兵学校長に着任したとき、鉄拳制裁の禁止を厳達した。この禁令は同校長退任後もよく守られ、下級生が少ないという変則的分隊構成にも助けられて大正末年までは続いた。

皇族の入校

大正十年（一九二一）八月二十六日、高松宮宣仁親王殿下が五二期生徒として入校された。続いて大正十一年八月二十六日には伏見宮博信王殿下が五三期生徒として、大正十二年四月七日には山階宮萩麿王殿下が五四期生徒として入校された。その結果、大正十二年四月から翌十三年七月まで皇族三名が第一学年、第二学年、第三学年生徒として在校されることとなった。これは海軍兵学校創立いらい初めてのことである。

皇族の海軍兵学校入校は、明治六年十二月九日、明治天皇から「皇族は自今海陸軍に従軍すべき」旨の御沙汰があったのに基づいて始まり、在校された方は表のとおり十九方である。明治十八年までは皇族に限り通学が許されていたが、その後は一般生徒と同じように校内で生活することに改められた。従って高松宮殿下も、大正九年五月八日から予科生徒として特別準備教育を受けられた間は、校内に新築された特別官舎（通称高松宮御殿）に宿泊されたが、翌十年八月、海軍兵学校御入校後は所属の第一二分隊に近い第一生徒館内一隅に設置された寝室兼自習室に移って、食事も生徒と同じものを、食堂の近くに設けられた個室で摂られた。但し、日曜と祝祭日には一般生徒のように外出してクラブへ行くわけにはいかないので、特別官舎に帰って休息された。課業も普通学が特別個人教授で行なわれた他は、軍事学、訓育、体育等すべて一般生徒と同じであった。

伏見宮、山階宮両殿下の場合も、生徒館内の当直監事室の隣りに設けられた寝室を使用され、休日には高松宮御殿の隣りに建てられた特別官舎に帰られる以外は、教育も分隊生活も一般生徒と同じ扱いを受けられた。

なお、高松宮殿下在校中の大正十一年二月に仏陸軍のジョッフル元帥、同年四月に英国皇太子プリンス・オブ・ウェールズ（後のエドワード八世、退位後ウインザー公）が来訪された。また、大正十一年三月には貞明皇后が行啓され、高松宮御殿に御一泊になった。

海軍兵学校に在校された皇族

華頂宮博経親王	明 3. 7 米国留学 6. 8 病気帰朝 7. 4 兵学寮通学		少将	明9.5.24薨去
有栖川宮威仁親王	明 7.10 兵学寮通学 8. 4 同入寮 12. 7 英国留学		元帥	大2.7.10薨去
山階宮定麿王	明 8. 4 兵学寮予科通学 10. 3 兵学校予科入校 17. 4 英国留学	明36.2.2 東伏見宮依仁親王	元帥	大11.6.27薨去
山階宮菊麿王	明18. 5 予科通学 19. 4 予科入校 22. 9 独国留学		大佐	明41.5.2薨去
華頂宮博恭王	同上	明37.1.16 伏見宮博恭王	元帥	昭21.8.16薨去
有栖川宮栽仁王	36期（明38.12入校 在校中薨去）		少尉	明41.4.7薨去
北白川宮輝久王	37期（明42.11卒）	明42.7.20 侯　小松輝久	中将	昭45.11.5薨去
伏見宮博義王	45期（大6.11卒）		大佐	昭13.10.19薨去
山階宮武彦王	46期（大7.11卒）	山階武彦	少佐	
伏見宮博忠王	49期（大10.7卒）		中尉	大13.3.24薨去
久邇宮朝融王	49期（大10.7卒）	久邇朝融	中将	昭34.12.7薨去
高松宮宣仁親王	52期（大13.7卒）		大佐	昭62.2.3薨去
伏見宮博信王	53期（大14.7卒）	大15.12.7 侯　華頂博信	大佐	昭45.10.23薨去
山階宮萩麿王	54期（大15.3卒）	昭 3.7.20 伯　鹿島萩麿	大尉	昭7.8.26薨去
伏見宮博英王	62期（昭9.11卒）	昭11.4.1 伯　伏見博英	少佐	昭18.8.26戦死
朝香宮正彦王	62期（昭9.11卒）	昭11.4.1 侯　音羽正彦	少佐	昭19.2.6戦死
久邇宮徳彦王	71期（昭17.11卒）	昭18.6.7 伯　龍田徳彦	大尉	現梨本徳彦
賀陽宮治憲王	75期（昭20.10.1卒）	賀陽治憲		
久邇宮邦昭王	77期（昭20.4入校）	久邇邦昭		

海軍機関学校臨時移設

大正十二年（一九二三）九月一日の関東大震災で、横須賀にあった海軍機関学校が罹災《りさい》し全焼したので、生徒科を江田島に臨時移設して海軍兵学校に同居することになった。機関学校生徒および選修学生の教育が臨時に海軍兵学校長に委託されたのであるが、制度上は機関学校生徒科長が兵学校長に直属して機関科生徒の教育を行ない、選修学生の教育は校舎その他の施設を借用するだけで、機関学校長がこれを行なうことに規定された。

九月二十一日、機関学校職員の一部が下準備のために来校、同月二十八日には職員、同家族、生徒、学生が軍艦迅鯨に便乗して着校、十月初めから教育が開始された。

たまたま、海軍兵学校においては八八艦隊計画に伴って増員された三〇〇名クラス三期合計九〇〇名を収容するための大増設を行なった後であり、大正十一年六月に五〇期二七二名、同十二年七月に五一期二五五名を送り出したのに対し、入校生徒が五三期五一名、五四期七九名と激減したため、生徒館および教育施設に余裕が生じていた。

教育はもちろん別個に行なわれ、分隊生活も兵学校は第一生徒館、機関学校は第二生徒館を使用し、相互不干渉が厳守されたが、入校式と卒業式は海軍兵学校長により両校合同で行なわれた。また、遠漕、遠泳、弥山《みせん》登山競技などの行事も両校合同で行なわれた。

このように海軍兵学校の五二期から五五期まで、海軍機関学校の三三期から三六期までの合計七〇〇名近い両校生徒が江田島生活を共にすることによって、友情と連繋感を深めたのであったが、大正十四年三月一日、機関学校生徒九〇余名は選修学生、職員、同家族と共に軍艦韓崎に便乗して舞鶴の新校舎へ移転するため江田島に別れを告げた。

教育参考館の創設

海軍機関学校の舞鶴移設によって、同校が使用していた第二生徒館が空室となった。時の海軍兵学校長谷口尚真中将は第二生徒館の階下を利用し、従来蒐集《しゅうしゅう》した記念品および訓育資料をここに陳列して、教育参考館を創設した。

「顧《かえりみ》るに大正六年、余が常磐艦長として遠洋航海に赴きたる際、卑見に基づき諸官協力して、巡航各地より教育資料となるべき記念品を蒐集して、之を兵学校に寄贈したることあり、爾来、余は教育資料の蒐集に関して多大の関心を有し来たりたるところ、偶々《たまたま》、兵学校在任中の大正十四年、関東大震災後、一時合併教育することとなり居たる機関学校が舞鶴に移転し、第二生徒館階下は全部空室となりたるを以て、此際、之を参考館として活用せん事を着想し、時の教頭向田大佐等と計り、趣意書を起草して之を海軍部内の古参者(大佐級以上)、幕末海軍の生存者並びに遺族、貴族、名士にして海軍に縁故ある人、若《も》しくは海軍文献を襲蔵せりと思われる方々に配布して其の後援と援助を求むることとし、又一方、海軍次官を経て海軍大臣に計画の趣旨を述べ、之が承認を求めたり。(中略)幸いにして、海軍大臣は直ちに之が承認を与えたるを以て大いに力を得、在来の旧記念品と新たに蒐《あつ》まり来たりたる各種訓育資料を此処に陳列し、之を教育参考館と名づけて、今日の基礎を築くことを得たり」

谷口尚真大将は、昭和十一年三月に本建築の教育参考館が完成したのを記念して、同館創設の経緯を以上のように述べている。

この時代の在校生徒であった五一期から乗艦訓練が始まった。五二期からは明治三十四年以後中断されていた馬術訓練が再開され、毎月一回、日曜日を利用して広島の騎兵聯隊へ訓練を受けに出かけるようになった。また、幕営も始められ、校庭に本格的の四〇〇米《メートル》トラックとフィールドが生徒の手で作られて各種陸上競技のほか、ラグビー、サッカーなども始められた。

ワシントン条約の影響で生徒採用数が減らされたのは五三期と五四期だけで、大正十三年四月入校の五五期からは一三〇名前後となった。大正十五年七月には入校志願者の年齢制限が、従来の満二〇歳以下から一九歳以下に改められた。

八方園神社創建

昭和三年十一月十日、京都御所において御即位の大典が行なわれ、在校生徒全員が京都東本願寺前に整列して御大典鹵簿《ろぼ》を奉迎した。

つづいて、同年十一月二十三日、御大典記念事業として、校内の一角に八方園神社が創建された。八方園とは第二生徒館の東側にあたる小高い丘で、周囲の斜面には老樹が鬱蒼と生い茂っていたが、頂上は小さな平地になっていた。たまたま、伊勢神宮で遷座祭が行なわれたので、もとの神殿の檜材を拝受して天照大神の神霊を祭る八方園神社を建てることになり、在校生徒全員の勤労奉仕によって神域が整備された。

「江田島の生徒は、イギリス人が考えているような宗教上の教典を信ずる意味においては宗教的ではない。兵学校では、宗教的な礼拝が行なわれるわけではない。校庭には一九二八年（昭和三年）に建てられた小さな神社があるばかりである。（中略）一般の生徒は仏教徒でも神徒でもキリスト教徒でもない。彼等が考えている宗教の意味は、忠義と孝行の他の何者でもない。君に忠ということが彼等の生活の中心である。人生最高の目的は、天皇陛下の御為めに粉骨砕身することであって、このためには死をも辞すべきではないという信念を生徒は持っている」

海軍兵学校に英語教師として在勤したセシル・ブロックは、以上のように八方園神社を紹介している。同神社が在校生徒に海軍将校生徒たる矜持《きょうじ》と自覚信念を深めさせるために与えた影響は大きかった。

なお、昭和十六年秋、この八方園神社に皇居遙拝所と方位盤が設置された。石でつくられた円形の方位盤には国内の主要地方のほかニューヨーク、ウラジオストック、シドニー等の方位が刻み込んであり、生徒は自分の出身地である家郷の方角に向かって思いを馳せたり、外国各地の方角を知って広い視野に立つことを自分に教えたりした。

ダルトン・プランによる新教育

昭和三年（一九二八）十二月、永野修身中将が第三二代目の海軍兵学校長として着任、翌四年四月九日に行なった校長訓示で、以後、ダルトン・プランによる新教育を実施する旨を通達した。

このダルトン・プランとは、米国教育家パーカスト女史がマサチュセッツ州ダルトン市の中学校で考案して成功した教育法であり、自由、自治、個性啓発、集団協同を基礎として、実験と勤労を重視し、創造能力の養成を目的とした教育であって、その原理はジョン・デユーイ（コロンビア大学教授、一八五九―一九五二）のデモクラシー理論の上に立つといわれた。

永野校長は大使館付武官として米国に駐在していた時、当時米国で評判になっていたこのダルトン・プランに新しい教育の在り方を発見したのであるが、海軍兵学校長を拝命したことから、この新教育法の実施に踏み切ったのであった。当然、この教育方針に反対意見を持つ教官も少なくなかったが、永野校長は断乎《だんこ》としてこのプランを推進した。その結果、生徒教育に次のような変革が行なわれた。

イ　以後、生徒は「自啓自発」をモットーとする。従来のように教えられて学ぶのではなく、自分から積極的に学ぶことをモットーとせよという意である。

ロ　生徒は「自学自習」によって勉学する。昭和四年五月一日から日課を改正し、授業時間を午前四時間、午後一時間に短縮、午後二時から三時二〇分までを「自選時間」とした。この自選時間が自学自習のために新設されたもので、何をするかは生徒各自にまかされた。また、図解が印刷してある以外は白紙になっている軍事学教科書を生徒に与えて、白紙のページには自分で勉強して必要事項を記入させる方式も実施された。

ハ　従来、普通学と軍事学の点数が決められていた成績に、訓育点と体育点が加味されることになった。

永野校長がダルトン・プランを導入した真意は、自啓自発と自学自習とによって、日本海軍の将来のリーダーとなるべき一部有能な人材の才能と資質を自由に伸ばすための秀才教育にあった。少数の超優秀な指揮官が日本海軍に絶対必要であるという信念を持っていたから、全力を傾倒してこのプランを推進したのである。そのため、当時「永野校長の頭を叩けば、自啓自発の音がする」といわれたりした。

なお、この教育を徹底するために、昭和五年卒業の五八期から修業年限を八か月延長して、四月第四学年に進級、一月卒業ということになった。

この劃《かっ》期《き》的教育も、永野校長退任の後は次第に旧に復し、自選時間がつぶされて、哲学、心理学、論理学などが精神科学という科目として取り入れられた。

昭和七年入校の六三期からは在校年限が四か年に延長されて、四月入校、三月卒業となった。在校年限三年のときの教育総時間は、三一五三時間で、内訳は文科系普通学一三%、理科系普通学四二%、軍事学四三〜四四%であったが、四年制の総時間は四三七〇時間で、文科系普通学一三%、理科系普通学四六%、軍事学四二%となった。これからの数年間が教育内容のもっとも充実した時代であり、とりわけ、理化学等の理科系教育と並んで教養としての文科系の教育が重視されていた。飛渡の瀬往復の一万米《メートル》競争、江田島一周の総短艇競漕、広島高等師範学校とのサッカー対校試合などが行なわれたのもこの時代であった。

天皇陛下行幸と記念軍艦旗

昭和五年(一九三〇)十月二十三日、今上陛下には御召艦羽黒で海軍兵学校へ行幸された。当日、陛下には練兵場で観兵式および相撲と棒倒しを御覧になった後、校内の特別官舎(高松宮御殿)に御宿泊になった。

翌二十四日には、御昼食後、大湊校長の御先導で古鷹山に登られる御予定であったが、御出発の時刻から雨が降り出したので御取り止めとなり、御召艦羽黒に御帰艦、二十六日に神戸沖で行なわれる特別大演習観艦式御親閲のため、神戸に向かわれた。

天皇陛下が海軍兵学校に行幸されたのは、明治五年一月九日、東京築地の海軍兵学寮で行なわれた海軍始めの式に、明治天皇が御臨幸されたのが最初で、明治六年、七年、八年と続いて海軍始めの式に御臨幸になった。

明治九年に海軍兵学校と改称されてからも、明治十年、十一年の海軍始めの式に御臨幸、明治十二年十二月二十五日には事業御参観および御督励のため行幸された。

明治十四年十一月十九日には生徒卒業証書授与式（八期の卒業式は同年九月十五日挙行ずみ）に、つづいて明治十六年十月十五日に一〇期の卒業式に御臨幸になった。これが卒業式に行幸された最初であり、つづいて一一期卒業式（明治十七年十二月二十二日）、一二期卒業式（明治十九年十二月七日）と江田島移転まで一一回行幸されており、江田島移転後は明治二十三年四月二十二日の一六期卒業式に行幸。以後、大正時代は一度もなく、この回が移転後二回目の行幸であった。

これよりさき、昭和三年三月十六日に挙行された五六期卒業式に、今上陛下が行幸され、翌十七日には古鷹山へ御登攀《ごとうはん》の旨の内示があったため、全校挙げて奉迎準備を整えていたが、御不例のため急に御取り止めとなり、校長鳥巣玉樹中将に羽二重を御下賜になった。その一反をもって調製されたのが、四旒の特別軍艦旗であって、それ以後、終戦にいたるまで、千代田艦橋に掲揚された。

「五省」始まる

昭和七年（一九三二）四月二十四日、勅諭下賜五〇周年記念式祝賀会および観兵式が挙行された後、校長松下元少将は訓示を行なって、「生徒は自習室に東郷元帥謹書の聖訓を掲げて五省を始める」よう指示した。

つづいて同年五月二日、左記文面から成る兵学校訓第三七号が出された。

1　爾今朝食時生徒は当直監事の「着け」の令にて着席し「勅諭五ヶ条」を黙誦することに定める。黙誦終り当直監事の「食事に掛れ」の令にて朝食するものとす。

2　夜間自習止め五分前、喇叭《ラッパ》「G一声」にて生徒は自習を止め、「勅諭五ヶ条」及び「五省」を黙誦（各分隊一名輪番拝誦）して一日の行為を反省自戒すべし。

それ以後、生徒は自習止め五分前になって「G一声」のラッパが鳴り響くと、素早く書物を机の中に収めて、粛然と姿勢を正す。当番の生徒が、自習室正面に掲げられている東郷元帥謹書の「勅諭五箇条」を奉読、つづいて「五省」の五項目を問いかける。

一、至誠に悖《もと》るなかりしか
一、言行に恥ずるなかりしか
一、気力に欠くるなかりしか
一、努力に憾《うら》みなかりしか
一、不精に亘《わた》るなかりしか

生徒は瞑目して心の中で、その問いに答えながら今日一日を自省自戒する。「自習止め解散」のラッパで緊張が解かれる。

国際的孤立と生徒増員

昭和五年（一九三〇）四月二十二日調印されたロンドン条約によって、主力艦建造中止の五か年延長と、補助艦制限が決まった。このとき、政府の回訓案の決定をめぐって、いわゆる「統帥権干犯」問題がおこり、同年十一月、浜口雄幸首相が東京駅で狙撃される事件まで発生した。

昭和六年九月には満州事変、翌七年一月には第一次上海事変が発生した。上海事変は間もなく収まったが、満州事変は進展を続け、昭和七年三月、満州国が独立を宣言した。国際連盟は同年四月から満州事変に関する実地調査を行なうために、リットン調査団を派遣して、その報告書を採択した。わが国はこのリットン報告書採択を不満として、昭和八年三月、国際連盟脱退を通告した。この頃、国内でも、昭和七年三月の血盟団事件、同年五月の五・一五事件と血腥《ちなまぐさ》い事件が続いた。

海軍兵学校生徒採用数は五五期から六三期までは一三〇名前後であったが、昭和八年四月入校の六四期一七〇名、同九年の六五期二〇〇名、同十年の六六期と十一年の六七期は共に二四〇名と次第に増加されていった。これと共に、六三期から始まった在校四か年の制度は六五期までの三期だけで、六六期は六か月、六七期、六八期は八か月卒業が早くなった。

この生徒採用人員の増加は、国際関係の緊張の反映であったが、航空要員の増加も大きな原因をなしていた。士官搭乗員の養成が本格的に始まったのは、大正十年（一九二一）に海軍航空隊練習部令が制定されてからであるが、一般士官に対する航空教育も五三期から一か月間霞ヶ浦航空隊に入隊して、一〇回程度の操縦訓練を行なうこととなり、六六期からは入隊期間が三か月に延長された。搭乗員採用数も五三期九名、五四期一五名、五五期二八名から次第に増加して、六八期では一〇〇名を突破するようになった。

軍縮会議脱退と支那事変勃発

昭和九年（一九三四）六月から開かれていた第二次ロンドン会議予備交渉は、わが国の提唱した共通最大限度案を米英が納得せず、同年十二月二十日休会となったので、わが国は同年十二月二十九日、ワシントン条約廃棄通告を行なった。

昭和十年（一九三五）十二月から開かれた第二次ロンドン会議は、わが国の共通最大限度案を米英が受諾せず、建艦通報案の討議には永野全権が参加を拒否して、翌十一年一月五日、会議を脱退した。その結果、ワシントン条約およびロンドン条約は昭和十一年（一九三六）十二月三十一日をもって失効となった。

日本が脱退したあと、米英仏三国は軍艦の質的制限と建艦の予告および情報交換を中心とする第二次ロンドン条約に調印（三月二十五日）した。新条約は新しく建造する主力艦を三五〇〇〇屯《トン》以下、備砲一四吋《インチ》以下と定めており、わが国に対しても備砲一四吋制限に同意するよう申し入れてきたが、これを拒否したので国際的孤立の度をさらに深めた。

この虚に乗じて結ばれたのが日独防共協定であり、昭和十一年十一月二十五日に調印されてから、日本は次第に独伊枢軸側に接近し、やがて第二次世界大戦にまきこまれていったのである。

昭和十二年（一九三七）七月、蘆溝橋事件が勃発し、八月には戦火が中支に波及して全面的支那事変となった。これに伴って、昭和十二年四月入校の六八期三〇〇名、同十三年の六九期三五四名と増員されると共に、六九期は在校年限が三か年に短縮された。

教育参考館と新生徒館

生徒増員に伴って問題となったのが収容施設であるが、機関学校舞鶴移転後の第二生徒館の空室を利用して創られた教育参考館が先ず《ま》俎上に上った。

「海軍兵学校教育参考館は、大正十四年、時の校長谷口尚真中将が創設せられたるものにして、其の趣旨とするところは生徒をして帝国海軍の淵源甚《はなは》だ遼遠なるを知らしめ、且先人苦心の跡を味得せしむると共に身を以て国に殉じたる幾多先輩偉人の忠烈に私淑せしめ、光輝ある帝国海軍の伝統を永遠に継承発揮せしめんが為なり、爾来歴代校長相継ぎ鋭意整備を重ね今日に至れり。従って之等資料の多くは諸遺族を始めとし賛助諸家の寄託に負う所多く、就中《なかんずく》侍従職並びに各宮家より貴重なる御下賜品を拝受するの光栄を荷《にな》い、益々其の内容充実し現に一万余点の貴重なる資料を蒐集し、今や海軍兵学校生徒並びに学生訓育上至大の効果あるのみならず実に帝国海軍の至宝と成るに至れり。

然るに同館の収むる資料の大部は僅かに木造建築物たる、第二生徒館の一部に収蔵しある実情にして危険此の上もなく、依って学校当局は勿論各関係当事者は適当なる参考館新築に付き常に考慮しつつありしも、財源其の他の関係上未だ之が現実の域に至らず甚だ遺憾とするところなるに、更に本年度よりは生徒採用員数二百人に増加せられたる結果、速に参考館新築問題を解決せざれば遂に之を閉鎖するの已むなき状況にあり。斯くの如きは再び得難き天下の至宝を永遠に保持し以て生徒訓育の資とせんとする同館創設の趣旨に悖《もと》るのみならず御下賜品拝受の光栄に反《そむ》き、門外不出の珍宝を寄贈したる各位の好意を無にするものなり。今や同館の建設は実に緊急を要する問題なりとす。然らば同館建設並に維持は如何なる方法に依るを可とすべきや、又如何にせば最も有意義なりや、之れ又大に検討を要する事項なるが、具体的方策としては凡そ次の諸案の何れかに依らざるべからざるものと思考す」

昭和九年一月、海軍省教育局第一課長佐藤市郎大佐の名で、以上のような「海軍兵学校教育参考館建設基金に関する件提案」が海軍兵学校卒業各期代表に配布せられ、大方の賛意が得られた結果、卒業者および一般有志から醵金《きょきん》をえて、教育参考館を新設することとなり、翌昭和十年二月起工。第二生徒館と第一講堂の中間に、鉄筋コンクリート造り二階建て、一部三階建て、近世古典様式、延べ四四八一平方メートル（一三五八坪）、近代建築の教育参考館が翌昭和十一年三月に完成したのである。

なお、旧教育参考館に保存されていた教育参考資料は、後掲の室配置によって新教育参考館に陳列された。

教育参考館の中心をなすものは『東郷元帥室』と『戦公死者名牌』であった。

建築設計が始まって間もない昭和九年五月三十日死去した東郷元帥の遺髪を、教育参考館創設者谷口尚真大将および東郷吉太郎中将の尽力によって、海軍兵学校に安置することとな

室名称	室数	坪数	記事
御下賜品室	1	50	御下賜品
特別室	1	40	戦死者殉職者遺品
水軍室	1	40	近世海軍以前ニ於ケル海権史料竝ビニ一般史料
古兵書室	1	25	野沢文庫，鷲見文庫，其他本校複写兵書類
開国資料室	1	30	幕末外船来航記録，維新前後志士資料等
初期海軍室	1	30	海軍創設ヨリ日清戦争頃ニ到ル迄ノ海軍資料
戦役事変室	2	100	日清，日露其他ノ戦役事変ニ関スル史料
兵学校史料室	広間両側廊下		兵学寮竝ビニ兵学校史料，卒業生写真等
列国軍事室	1	50	各国海陸軍参考品竝ビニ文献
遠航資料室	1	40	遠洋航海ヨリ持帰リタル資料，寄港地参考文献等
艦船兵器室	1 1部廊下	90	艦船兵器ノ発達ニ関スルモノ及其ノ模型等
科学室	2	50	
展観室	1	30	記念日又ハ臨時ニ参考資料竝ビニ新着品ヲ集メテ展観ス
事務室及倉庫	2	40	搬入，荷造，整理，編輯，保管，カード作成図書出納等
閲覧室	1	30	四周ニ書架ヲ設ケ図書雑誌ヲ配備ス
書庫	1 1，2階	120	鋼鉄推積式書架ヲ設ケソノ間ニ机椅子ヲ配備シ閲覧室ヲ兼ネシム
応接室	1	15	応接，調査研究等ニ充ツ
広間	階下1	118	
	階上1	51	
計	20	949	

り、六月七日、及川古志郎校長が遺髪を戴《いただ》いて帰校、大講堂階上正面に安置した。将来、教育参考館が完成した暁には同館に安置して、同館の中心とすることが生徒訓育上最も相応《ふさわ》しいとの決定を見たので、『東郷元帥室』設置のために設計の変更を行なった。

また、及川校長の発意によって「元帥遺髪安置の精神に就《つい》て」と題する次の一文が起草された。

「元帥の遺髪を兵学校に頂戴して安置するは偏《ひと》えに生徒をして元帥に私淑せしめ居常の間

元帥の霊的感化を蒙らしめ以て元帥の如く偉大なる海将たるを希念せしむる為に外ならず。然るに今兵学校に於て遺髪を神社として奉安し或は参考館内の一部を神社化して奉祀し生徒生活に対し全く超越的なる意義を帯びしむることは啻《ただ》に元帥の人間味ある御風格に副《そ》わざる感あるのみならず又処をえたるものとも称すべからず。蓋《けだ》し元帥は如何なる後輩に対しても啻に溢るる如き恩情を以て接せられたるのみならず又殊に将来元帥の偉勲を恥ずかしめざる後継者を出すべき兵学校としては元帥を最も理想的なる大先輩として敬仰すると共に努めて其の霊的感化に浴することを念とせざるべからざるを以てなり。若し夫れ元帥を神として奉祀するは自ら他に適当なる処と施設あるべし、例えば東郷神社の如き靖国神社の如き然り。是等は何れも護国の英霊として元帥を敬仰する心意の表現に外ならず。勿論我兵学校に於ても一面此意義を以て元帥を仰ぐべきことは言う迄もなき所なるも同時に他の一般社会の敬仰方法とは多少趣《おもむき》を異にする方面を有せざるべからざるものなるべし。即《すなわ》ち元帥は我兵学校に取りては恰《あたか》も一家族の中に於ける祖先の英霊の如く最も緊密親縁なる霊として日夜敬仰私淑せらるる対象たらざるべからず。俗の語を以て云えば元帥は我兵学校或は海軍に取りては全く『うち』の人として偉大なる先輩たるなり。換言すれば元帥は我帝国の護り神たるのみならず又我海軍にとりて最も偉大なる理想的大先輩として我等の行手に燦然として光を発する太陽の如き存在ならざるべからず。されば元帥の英霊を代表する御遺髪は一面に於て勿論神体としての意義は有するも同時に最も親しく感化を受くべき『我等の聖将』の表現ならざるべからず。

此意義よりして遺髪安置の方式を考うる時之を神社の如くすることは兵学校として必ず

しも相応わしからず。然らばとて一般戦死者遺品の如く或はネルソン遺髪の如く取扱うことも勿論元帥を敬仰する道にはあらず、要は我々の先輩として衷心より敬慕尊崇の気分を以て敬仰し得る如く安置するを趣意とせざるべからず。別言すれば吾々が家庭の神棚又は仏壇に祖先を祭る如き意味を以て恰も「在すが如く」仕え奉る意義を以て敬し得る如く安置すべきものなるべし。（後略）」

この結果、中央階段上の正面に『東郷元帥室』が設置され、その内部に特別設計の『遺髪室』を設けて、永久保存のため生前愛用の硝子コップ内を真空化して納めた遺髪を、昭和十一年三月十八日の竣工式当日に安置した。

また、従来は大講堂の玉座に面して奉掲されていた『海軍戦死将校名牌』（昭和七年五月停戦の第一次上海事変までの一五〇霊位の氏名および戦死年月日）を二階特別室正面の壁面に移すと共に、新たに『元帥室』真正面の壁面に、海軍兵学校出身公死者（明治二十年から昭和十年末までに殉職した二九八霊位）の氏名および公死年月日を大理石に刻んだ『海軍公死将校名牌』が新設された。

教育参考館竣工直後の昭和十一年四月一日入校した六七期二四〇名の入校特別教育は、第一種軍装を着用して『東郷元帥室』と戦死者、公死者の名牌に参拝することによって始められた。以後、各期の入校特別教育も同様であった。

なお、昭和十一年十月二十七日、御召艦愛宕で江田島へ行幸された今上陛下は、この教育参考館にも立ち寄られたが、これが最後の海軍兵学校行幸になった。

在校生徒数の増加に対して次に採られたのは、新生徒館の建設である。赤煉瓦の生徒館の西側海岸寄りにあった木造の教官室、選修学生関係施設、剣道場、砲台等を他に移して大きな生徒館を建てることになり、昭和十年九月七日起工、同十二年四月完成した。中庭を囲んで四角に造られた鉄筋コンクリート三階建ての清楚な建物で、その白色に輝く直線美は、赤煉瓦の旧生徒館と並んで好対照をなしている。

本部は大講堂の南側に移されたが、木造の粗末なものであった。砲台は練兵場の南西端に移されて近代的なものとなり、その隣りに四十糎《センチ》砲塔が新設された。また、練兵場の南側を埋め立てて、敷地が拡張された。

支那事変中の海軍兵学校

地中海コース、アメリカコース、濠州コース、時に世界一周コースもあった正規の遠洋航海は、支那事変によって、六四期が最後となった。昭和十二年三月二十三日卒業の六四期一六〇名は、八雲、磐手に乗り組んで、内地、朝鮮、満州を三か月間巡航した後、六月七日、横須賀を後に地中海コース遠洋航海の途に上った。七月七日、華北の蘆溝橋に端を発した支那事変の戦火は華中にまで波及して、八月九日、第二次上海事変が発生、緊迫した情勢になった。このため、最後の内南洋寄港を取り止めて、予定より二週間早く横須賀に帰港した。

昭和十三年三月卒業の六五期は内地航海半か月、遠洋航海三か月に短縮されて、台湾、中国、シャムまで航海しただけで第一期候補生を終わり、十一月一日付で海軍少尉に任官した。次の六六期は昭和十四年三月卒業の予定であったが、昭和十三年五月になってから同年九月卒業に繰り上げることに決まった。このため五月以後、早朝授業、夜間授業、自習時間の授業転用、夏期休暇半減等の非常措置による速成教育が実施され、九月二十七日にあわただしく卒業した。遠洋航海もフィリピン、内南洋方面で、翌十四年一月下旬、横須賀に帰港した。

六七期と六八期は最初から在校期間が短縮されて、第一学年八か月、第二学年、第三学年各一か年、第四学年八か月、計三年四か月となった。昭和十四年七月二十五日卒業した二四八名の六七期はハワイへの遠洋航海を行なったが、同十五年八月七日卒業の六八期は、新しく練習艦隊用として設計建造された香取、鹿島に乗艦、近海巡航を終わって横須賀に入港すると、「遠洋航海取り止め、少尉候補生は拝謁の後、霞ヶ浦航空隊に配属」の命令に接した。

昭和十三年九月十八日には江田島移転五〇周年記念式が挙行されたが、この頃から戦時体制が進み、外国語教育が次第に軽視されるようになって、同年末には外人の英語教師が姿を消し、昭和十五年十二月一日入校の七二期からは独、仏、支、露語の授業が廃止された。

七〇期は六九期入校と同じ年の昭和十三年十二月一日に入校した。同じ年度に二つのクラスが入校したのは、明治二十九年の二六期、二七期と明治三十一年の二八期、二九期のほかは、この六九期と七〇期だけである。四五五名の入校によって、在校生徒が四期一三〇〇余名になり、四部三六個分隊に編成された。

六九期からは在校期間が三か年となり、また、従来の練習艦隊が廃止された。昭和十六年三月二十五日卒業した六九期三四三名は、山城、那智、羽黒、北上、木曾で臨時に編成された「実務練習艦隊」に分乗して、各海域で実戦訓練を受けた後、艦船部隊、航空部隊等の実施部隊に配属された。

昭和十六年十二月下旬卒業の予定であった七〇期は、卒業式が十一月十五日に急に繰り上夜着任した者や、金華山沖で洋上移乗の離れ業を演じた者もあった。

艦隊各艦に配乗した者が多いが、広島から特別急行列車で横須賀に行き、出撃直前の艦に深げられて、直ちに全員、艦船部隊配属を命ぜられた。江田内から榛名で柱島沖に行き、聯合

戦時下の江田島

昭和十六年十二月八日を在校中に迎えたのは、七一期、七二期、七三期の三クラスであった。午後五時、校長草鹿任一中将は全校生徒及び学生を大講堂に集めて「宣戦布告の御詔勅」を奉読した後、次のような訓示を行なった。

「既に一同承知の通り、我国は今暁を以て、米英に対し戦闘状態に入り、宣戦の詔勅も渙発された。

愈々《いよいよ》矢は弦を離れたのである。

此際、諸子は、素より武人として若き血潮が湧き立つのを覚えるであろう。校長も、そうである。

今や、吾々は、此の心持を以て、所謂《いわゆる》打てば響くが如き、生き生きしたる気分の下に堅き決心覚悟を新たにして武人の本分に必死の努力をなすべき秋《とき》である。

就《つい》ては、此の際、次の二項を改めて注意して置く。

1　飽く迄落ち着いて課業に精進せよ。

戦争気分は腹の底に確《しっか》りと収めて、其の意気を以て諸子、当面唯一の職責たる課業に対し、従来以上の努力を望む。今後、多少、就学年限の短縮さるることあるやも知れざ

ることを慮《おもんぱか》り、教程内容の臨時改正、教科時間の増加などを実施するかも知れぬから、これまでに倍する意気ごみを以て勉強せんことを望む。殊に、此の際、学術技能の習得に細心の注意を以てし、苟《いやしく》も放漫に流れず、一層、綿密なる頭脳の養成に努めんことを望む。頭が空では如何に気張っても戦《いくさ》には勝てぬ。

2　敵襲に対し、常住不断の気構えを持て。如何なる場合も油断に基く不覚を取ってはならぬ。江田島といえども、敵襲なきを保し難い。本校に於いても最悪の場合に応ずる準備を講ずるが、諸子は、万一の場合に対しても敵襲何物ぞという落着きを養うと同時に、課業中に於いても、就寝中に於いても、何時如何なる場合にも敏速、部署に就き得るだけの気構えを失う勿《なか》れ。此の際の不必要の緊張と共に油断を厳に戒しむ」

この日以後も、課業は平常どおり行なわれ、生徒たちも少しも動揺するところがなかった。その後、学科内容では軍事学の座学の時間が占める割合いが若干多くなって、歴戦の武官教官による実戦即応の講義が行なわれるようになり、また普通学のうち、実戦に不可欠の数学、数理学、力学、熱力学、流体力学、三角、物理学、化学などの理科系科目が多くなった。

これ等の諸学科は、在校期間の短縮に備えて、午前三時間、午後二時間の課業では足りなくなって、七三期では夜間授業まで行なわれるようになった。

この時代の海軍兵学校の生活を最もよく伝えた記録として大本営海軍報道部監修の報道写真集『海軍兵学校』がある。写真家の真継不二夫氏が、この写真集に掲載する写真を撮影するために来校して、一万枚以上も撮影したのは、昭和十七年四月から八月にかけてであった。従って、この写真集に収録されて、永遠に海軍兵学校生徒の顔と姿を残すことになったのは、七一期、七二期、七三期の三クラスの生徒であった。

「兵学校に来て、私が強く印象づけられたのは、生徒の顔の端正なことである。これほど揃って、整った容貌を持つ生徒が、他の学校にいるであろうか。眉目秀麗の謂《い》いではない。精神的なものの現れた、きびしい美しさである。鍛えたものの美しさだといってもよい。無垢で、清純で、玲瓏である。

そして、ここには一号、二号、三号の段階を明瞭に現している。清純なうちに可憐さを残す三号生徒に比して、一号生徒には鍛えたものの強さがあり、凛然とした美しさが一層強く現れている。環境は人をつくるというが、私は兵学校へ来て、男の男らしさを見た」

真継氏は同写真集に、海軍兵学校生徒から受けたありのままの印象を、このように書きしるしている。

三年九か月の太平洋戦争中、昭和十七年十月から昭和十九年八月まで二年間近くの間、校長であった井上成美中将は、ラジカル・リベラリスト（合理的自由主義者）といわれていたが、人間尊重の立場から次のような教育方針の実施によって、決戦下の海軍兵学校に人間的であって、リベラルな空気を注入し、在校生徒の人間形成に大きな役割を果たした。

教科内容については、普通学に特に重点を置き、各科目に細かい要望を出した。たとえば、歴史では、担当の文官教官が書いた教科書に「満州事変と支那事変は、国民精神の高揚と軍隊の士気鼓舞に役立っている」とあるのを削らせ、生徒に正しい歴史を学ばせるようにしたのも、その一つである。

また、英語教育の必要性を強調した。英語を使用すると非国民扱いされるような当時の風潮であったし、陸軍士官学校では、昭和十五年以降、入学試験科目から英語を除外したので、秀才だが英語が苦手の生徒が海軍兵学校を敬遠して、陸軍士官学校を志願する傾向が強くなったことから、海軍兵学校でも入学試験科目から英語を除外すべきであるという議論が強まった。

一五〇人の教官のうち、英語廃止に反対したものは六名の英語教官だけだったが、「優秀な生徒が陸軍へ流れるというのなら、流れてもかまわない。外国語一つ真剣にマスターしないような人間は、帝国海軍では必要としない。本職は、校長の権限において、入学試験から英語を廃することを許さない」と命令した。

教科内容が多いのに加えて、規律やセレモニーが多過ぎるために生徒は忙しすぎ、また張り切り過ぎているため、もっとアットホームで、ナチュラルで、リベラルで、イージーな空気をつくって、心豊かな紳士を養成しなければならぬとして、杓子定規を止め、自由時間を与え、一日に一度でもよいから心の底から笑う時間を与えるように指示した。

井上校長は、自らの所見を二か月にわたって教官に講話し、『教育漫語』と題する小冊子四冊にまとめて、昭和十八年五月ごろ部内に発表した。これは同校長の主義主張をくわしく説明したものであり、教育方針の根本から教科書作成上の注意まで万般にわたっている。

七一期五八一名は三年の教育を終わり、昭和十七年十一月十四日卒業、第一艦隊の戦艦六隻で二か月間、実戦即応の訓練を受けた後、実施部隊に配属された。七二期は二か月短縮して、昭和十八年九月十五日に卒業すると、半数の三一七名は聯合艦隊の戦艦その他で実務訓練を受けたが、三〇七名は特別列車で霞ヶ浦海軍航空隊に向かい、四一期飛行学生として入隊した。

開戦直前の昭和十六年十二月一日に入校した七三期は九〇四名、昭和十七年十二月一日入校の七四期は一〇二八名と採用生徒数が年々増加し、教育期間が二年四か月に短縮された。戦争の規模が予想以上に大きくなり、人的消耗が急増するので、さらに劃期的増員が要求された。江田島では北生徒館や各科講堂が急造されたけれども、到底要求に応ずることが出来ないので、急遽、分校を設けることになった。

分校急設

昭和十八年十一月十五日、岩国航空隊内に海軍兵学校岩国分校が開校された。江田島本校九部九〇分隊、岩国分校二部二四分隊となり、三学年の七三期一六〇名、二学年の七四期二三〇名が岩国分校に移った。

昭和十八年十二月一日、七五期、三四八〇名の入校式が千代田艦橋前で行なわれた。校庭で行なわれた入校式の最初である。式後、約三〇〇名が岩国分校に配属された。一号生徒である七三期の在校期間は二年四か月で、昭和十九年三月卒業の予定であるから、四か月の間に四倍以上の三号生徒に海軍兵学校の伝統を受け継がせなければならない。七三期が海軍兵学校各期の中で最も獰猛なクラスと呼ばれ、厳しき指導を下級生に行なった理由もここにあった。

昭和十九年三月二十二日、七三期八九八名の卒業式が高松宮殿下御臨席の下に挙行された。式後、巡洋艦香椎、鹿島に乗艦して江田内を出航、大阪から特別列車で伊勢神宮に参拝した後解散、三月末日まで特別休暇を許された。

三月三十一日、東京品川の海軍経理学校に参集した七三期少尉候補生は、海軍機関学校五四期、海軍経理学校三四期と共に四月二日参内、拝謁の後、宮城前広場で解散、それぞれの配属先へ急いだ。航空要員五〇〇名は四二期飛行学生として霞ヶ浦航空隊に入隊、艦船要員四〇〇名中三〇〇名近くは呉に直行、戦艦大和に便乗して四月二十四日出航、五月一日、リンガ泊地に到着して第一機動艦隊各艦に配乗した。

昭和十九年九月三十日に海軍機関学校が海軍兵学校舞鶴分校となったのに続いて、同年十月一日、大原分校が設置された。江田島本校九部九〇分隊、岩国分校二部二四分隊、大原分校四部四〇分隊となり、七四期二八〇〇名、七五期六〇〇〇名が大原分校に移った。

大原分校は本校の北二キロの津久茂にあり、江田内に面した農地その他を埋め立てた二〇万坪（六六万平方メートル）の校域に、庁舎、生徒館、各科講堂があり、昭和十九年五月起工、同年九月に竣工した。

東側に木造二階建ての第一、第五、第三、第七生徒館、西側に同型の第二、第六、第四、第八生徒館があり、渡り廊下で結ばれ、その北にはそれぞれ二〇〇〇名収容の東食堂、西食堂、その中間に大浴場があった。生徒館の西側と北側に各科講堂、東北側に柔道場、剣道場があり、南側は練兵場になっていて、その南端に桟橋とダビットが設置されていた。

七六期と七七期の採用試験は昭和十九年七月、同時に行なわれた。採用予定者と決定した七三〇〇余名の中から、昭和三年四月までに生まれた三五七〇名が七六期、残りの三七七一名が七七期に振り当てられた。

昭和十九年十月九日、七六期三五七〇名のうち機関専攻生徒五四二名は直接舞鶴分校に入校、残りの三〇二八名は江田島本校の千代田艦橋の前で入校式を行なった後、本校、大原分校、岩国分校に分属した。

七四期生は岩国航空隊で実施された航空実習中の適性検査と志望調査によって、在校中に航空班六〇〇余名と艦船班四〇〇余名に分けられ、昭和十九年五月から分離教育が行なわれ、同年十一月末には航空班の半数三〇〇余名が在校生徒のまま霞ヶ浦航空隊に入隊して飛行訓練をうけることになった。

二年四か月の修業期間を終えた七四期の卒業式は昭和二十年三月三十日、御名代久邇宮御臨席の下に江田島本校千代田艦橋前の校庭において挙行され、本校、岩国分校、大原分校の七〇〇余名が参列した。霞ヶ浦航空隊へ派遣されていた三〇〇余名の卒業式は、同航空隊に於てささやかに行なわれた。

卒業式を旬日後に控えた三月十九日、江田島に敵機動部隊の初空襲があり、グラマン戦闘機の機銃掃射を受けて、七四期二名、七六期一名の生徒が戦死した。また、霞ヶ浦航空隊では離着陸訓練中の事故によって、生徒一名が殉職した。在校中に戦死者が出たのも、卒業式が二か所で行なわれたのも、七四期が初めてである。

卒業後の七四期生は練習艦隊による実務練習も、拝謁も行なわれなかった。霞ヶ浦派遣の航空班は、少尉候補生拝命と同時に四三期飛行学生を命ぜられ、五月上旬、練習機の翼を連ねて北海道の千歳基地へ移動して、六月、練習機教程を終了した。江田島等に残った航空班の三〇〇名は五〇名が四四期飛行学生として千歳基地に配属されただけで、残り二五〇名は航空基地要員、水上水中特攻隊要員、陸戦隊要員などに振り換えられた。

一方、艦船班の四〇〇名は瀬戸内海の島蔭に分散退避していた艦船、潜水、砲術、電測などの各術科学校、水上、水中特攻基地などに小分けして配属された。世界最大の新鋭戦艦大和乗組を命ぜられた四二名と、新鋭軽巡矢矧《やはぎ》配乗の二四名は、ようやく連絡がとれて、四月二日、三田尻沖で両艦に乗艦出来たが、両艦が海上特攻として沖縄に突入することになり、四月六日午前二時に出撃準備であわただしい中を、涙ながらに退艦するという一幕もあった。

前年九月に採用予定の通知を受けていた七七期三七七一名の入校式は、昭和二十年四月十日、江田島本校と舞鶴分校で行なわれた。

この日、江田島は雨であったので、大講堂で入校式が行なわれたが、憧れの短剣が支給されず、上級生の短剣を借りて式に臨むという逼迫《ひっぱく》した有様であった。本校組一五〇〇名、大原分校組久邇宮邦昭王殿下以下一三〇〇名、岩国分校組三〇〇名に分かれて訓練が始められた。なお、舞鶴分校で入校式が行なわれたのは機関科専攻生徒六五六名であった。

この頃から兵学校の教育も実戦即応的になり、八雲、磐手による乗艦実習、短艇巡航等は行なわれたが、遠泳は乗艦が撃沈されたときの脱出訓練に換えられた。兎狩りや幕営等の行事は廃止され、夜間上陸訓練や野外演習が実施された。しかし、普通学、とくに語学と理科学の教程を減らされることはなかった。

最後の予科生徒七八期

昭和二十年四月三日、七八期生徒四〇四八名の入校式が海軍兵学校針尾分校で挙行された。

教頭兼監事長林重親少将が代読した栗田校長の訓示の中に、「予科生徒の教程というものは、本校生徒に必要な諸準備を完成する為め課せられて居ると言うことである」とあるように、明治十九年に廃止された予科生徒が、五九年振りに復活したのである。

勤労動員強化のため体力と基礎学力が低下した中学四年修了者を採用したのでは、将校生徒としての教育を海軍兵学校在校期間中に終了させることが困難であるため、修業年限一か年の予科を設置して、基礎体力と学力の充実をはかった上で本科である海軍兵学校へ入校させるという海軍当局の教育方針に基づいて、予科生徒制度が始められたのである。

昭和三年一月一日から昭和六年三月三十一日までに出生したもので、学歴に制限はないが中学二年終了程度の学力ある者という条件の下に、九万名を越える志願者の中から、内申書で八〇〇〇名を選び、昭和十九年十二月上旬から江田島本校で身体検査、学術試験及び口頭試問を行なった。昭和二十年三月二十七日、針尾分校に集まった採用予定者に最後の身体検査を行ない、中学三年修了者を主として、一部四年終了者及び五年終了者を加えた四〇四八名に入校を許可した。

針尾分校は長崎県東彼杵郡江上村の針尾島に既設の針尾海兵団に隣接して新設され、昭和二十年三月一日に開校された。同島東南端に位し、南側は大村湾、東側は早岐瀬戸に面していた。生徒館七棟、講堂七棟のほか雨天体操場、武道館、食堂、浴場等が設けられ、西側の裏山には、江田島本校の八方園に上下を加えるという意味の十方園神社が祭られ、養浩館も設けられた。

約一か月の入校教育の後、基礎普通学と体育に重点を置いた日課が開始された。英語の授業は全部英語で行なわれ、体操は海軍体操生みの親として知られる堀内豊秋大佐の英語の号令で行なわれた。陸戦、短艇、游泳等の諸訓練は各部毎に行なわれ、游泳では佐世保海兵団に入団中の遊佐正憲、鶴田義行両オリンピック選手の指導を受けた。日曜外出は警報が発令されていない限り許可されたが、クラブはなく市街地は遠く、古鷹山に相当する山もなかったので、校内または島内で休日を送ることが多かった。

敵の九州上陸が考えられるので、山口県防府市に既設の海軍通信学校校舎へ移転することになり、昭和二十年七月八日から各部ごとに移転、同月十五日以後は事実上、防府分校となった。ところが、移転後間もなく敵機来襲が相次ぐようになり、八月八日には艦載機の空襲によって、生徒館五棟が焼失した。第一部生徒は小郡の嘉川へ、第二部生徒は四辻にある防府海軍通信学校へ移転した。

防府に残った生徒は講堂を生徒館に兼用して急場を切り抜けたが、各分隊から一三〇〇名におよぶ赤痢患者が発生して、講堂の半数近くが隔離病室と化し、屋外に露天厠《かわや》を急造して猛烈な下痢に備えるという不測の事態が発生した。八月十五日までに一四名の生徒が死亡し、約三〇名の重症患者は復員不能という不運の中で終戦を迎えることになった。

江田島本校では五、六月頃から空襲に備えて木造の北生徒館を解体し、重要施設を地下防空壕に移すための穴掘り作業が六時間交替制によって開始された。その防空壕は御殿山の麓に間口一間、高さ一間の入口を十数個掘り、松材の支柱で岩盤の崩れ落ちるのを防ぎ、トロッコのレールを敷きながら次第に広く深く掘り進め、網目状にするもので、各分隊五〇名が五乃至《ないし》六班に分かれて、鑿岩機《さくがんき》で穴を掘ったり、ノミでこつこつやったり、ダイナマイトで爆破した岩石をトロッコで運び出す作業を六時間連続して行なった。

大原分校でも防災上、八棟の生徒館のうち一棟おきに四棟をとり壊し、本校と同様、防空壕掘りが開始された。

七月十三日、江田島は二度目の空襲を受け、機銃掃射によって七五期生一名が戦死した。

七月二十四日には江田内に碇泊中の巡洋艦利根、大淀が艦載機の爆撃を受けて沈没する悲劇を目撃しなければならなかった。

終戦、廃校

昭和二十年八月十五日の江田島は無風快晴であった。平日より一五分早い一一時三〇分、「食事ラッパ」が鳴り響いた。不思議に思いながら食堂に急いだ生徒に対して、当直監事は「本日、一二〇〇から、天皇陛下の御放送がある。全員急いで食事をすませて、第二種軍装に着替えておけ」と命令してから着席を命じた。食後、歯を磨き、入浴して身を清めてから、新しい下着と軍装に着替えて部監事室に集合した。

玉音放送はほとんど聞き取れなかったが、ただ玉音から伝わってくる悲壮感と、途切れ途切れに聞き取れる「堪え難きを堪え、忍び難きを忍び」「……止むなきに至れり」というような言々句々に肺腑を衡かれて、両眼に涙を浮かべ、放心したように玉音放送に耳を傾けた。

午後一時、千代田艦橋前に整列した在校生徒四五〇〇名に対して、副校長大西新蔵少将は次のように訓示した。

「只今の陛下の御放送は、さきに米英ソ支四か国によって共同宣言されたポツダム宣言を受諾した旨のものであった。実に降服ということは、三千年来の我が国史上空前の大汚点であり、将来も永久に忘れることのできない痛恨事である。われわれは最も信頼ある天皇陛下の股肱《ここう》として、今日の事態を迎えざるを得なかったことは、上御一人に対し奉り、全く不忠きわまることで、これを思うと、苛責の念に堪えない。また数百万人の我々の同胞を殺し、非戦闘員である国民の家財を焼いた敵国に対しては、激昂のあまり血は逆流するかと覚える。しかし……、われわれの祖国は降服した。日本は完全に敗れたのである。このような冷たい現実の前に立つわれわれが、血気にはやって軽挙すれば、却《かえ》って日本の立場を不利にする口実をつくらせるだけである。諸子はくれぐれも自重せよ。今日の午後の課業は中止する。その他のことは追って達する」

副校長の話が終わったとき、広い練兵場を埋めつくした生徒達は全員泣いていた。

江田島本校は、こうして終戦を迎えたのである。午後二時頃、江田島本校の上空へ海軍の夜間戦闘機月光が二機現われ、低空で旋回しながら伝単を撒《ま》いた。その伝単には、ガリ版で次のような文句が印刷してあった。

「戦争終結の事、聖断に出ずれば我々何をか言わん。然れども、こは敵の傀儡《かいらい》たる君側の奸の策謀に過ぎず。帝国海軍航空隊〇〇基地は断じて降服を肯《がえん》ずるものに非ず。これより本機は沖縄に突入せんとす。諸子は七十余年の光輝ある海軍兵学校の伝統を体し、最後の一員となるまで本土を死守し、以て祖国防衛の防波堤たるべし」

その夜自習後、生徒隊監事花田卓夫大佐は全校生徒を千代田艦橋の前に集めて、伝単を撒いた航空隊員のような軽挙妄動は絶対に慎むべきであると懇々と諭《さと》した。

終戦三日目の八月十八日、司令塔に菊水のマークをつけ、八幡大菩薩の幟《のぼり》を立てた潜水艦三隻が江田内に入ってきて、白鉢巻姿の乗員が手に日本刀を振りかざしながら、悲痛な声で徹底抗戦を呼びかけたが、生徒は礼儀正しく答礼したのみであった。

休暇帰省が発令されて、八月二十一日朝、四国地方出身生徒の一団が表桟橋から「第1まいづる」に乗船、江田島を離れたのを皮切りに、次々と故郷に向けて復員していった。

江田島本校の終戦処理では、重要資料を如何にして守るかが問題になって、何度も教官会議が開かれた。その結果、大講堂二階と教育参考館に展示してあった御下賜品、戦死した先輩が残した遺品、軍の機密に属する文書などは大部分焼却処分することとなり、生徒たちは三日間にわたって練兵場で焼却作業を行なったが、燃えあがる炎を囲んで両眼から涙を流しながら軍歌を合唱し続けた。

東郷元帥の遺影その他の貴重品は、宮島の厳島神社や大三島の大山祇神社に奉納して、国外に持ち去られることを防ぎ、赤煉瓦造りの門柱に嵌《は》めてあった青銅製の「海軍兵学校」の門標は、江田島本浦の八幡神社に預けた。

海軍兵学校生徒の復員は、八月二十四日をもってほぼ完了した。その後、その年の十月一日に、七五期生徒には卒業証書、七六期、七七期、七八期生徒には修業証書を渡された。それには、次のような校長訓示が添えられていた。

「百戦効空しく、四年に亘る大東亜戦争茲《こと》に終結を告げ、停戦の約成りて帝国は軍備を全廃するの止むなきに至り、海軍兵学校も亦《また》近く閉校され、全校生徒は来る十月一日を以て差免のことに決定せられたり。

諸子は時恰《あたか》も大東亜戦争中志を立て身を挺して皇国護持の御楯たらんことを期し選ばれて本校に入るや厳格なる校規の下、加うるに日夜を分たざる敵の空襲下に在りて、克《よ》く将校生徒たるの本分を自覚し拮据精励、一日も早く実戦場裡に特攻の華として活躍せんことを願いたり。又本年三月より防空緊急諸作業開始せらるるや、鉄槌を振るつて堅巌に挑み、或は物品の疎開に建造物の解毀《かいき》作業に、或は又簡易教室の建造に、自活諸作業に酷暑と闘い労を厭《いと》わず尽瘁《じんすい》之努めたり。然るに天運我に利非ず。今や諸子は積年の宿望を捨て、諸子が揺籃の地たりし海軍兵学校と永久に離別せざるべからざるに至れり。惜別の情、何ぞ云うに忍びん。又諸子が人生の第一歩に於て、目的変更を余儀なくせられたこと誠に気の毒に堪えず。然りと雖《いえど》も、諸子は年歯尚若く頑健なる身体と優秀なる才能を兼備し、加うるに海軍兵学校に於て体得し得たる軍人精神を有するを以て、必ずや将来帝国の中堅として、有為の臣民と為り得ることを信じて疑わざるなり。生徒差免に際し、海軍大臣は特に諸子のために訓示せらるるところあり、又政府は諸子の為に門戸を解放して、進学の途を開き、就職に関しても一般軍人と同様に其特典を与えらる。兵学校亦監事たる教官を各地に派遣して、洩れなく諸子に対し海軍の好意を伝達せしむる次第なり。

惟《おも》うに諸子の先途には、幾多の苦難と障碍とが充満しあるべし。諸子克く考え克く図り、将来の方針を誤ることとなく、一旦決心せば目的の完遂に勇往邁進せよ。忍苦に堪えず中道にして挫折するが如きは男子の最も恥辱とする処なり。大凡《おおよそ》ものは成る時に成るにあらずして、其因たるや遠く且微なり。諸子の苦難に対する敢闘はやがて帝国興隆の光明とならん。終戦に際し下し賜える詔勅の御主旨を体し、海軍大臣の訓示を守り、海軍兵学校生徒たりし誇を忘れず、忠良なる臣民として、有終の美を済《な》さんことを希望して止まず。
茲に相別るるに際し、言わんと欲すること多きも、又言うを得ず。唯々諸子の健康と奮闘とを祈る。

昭和二十年九月二十三日

海軍兵学校長　栗田健男」

創立以来七七年の歴史を持つ海軍兵学校は昭和二十年（一九四五）十月二十日付を以て廃校となった。

海軍兵学校が明治二年（一八六九）に創立されてから七七年間における卒業生は、総計一万一一八二名に上り、戦公死者総数は四〇一二柱に達し、全卒業生の三三％が護国の英霊と化した。この英霊のうち、支那事変までの七三年間の戦公死者五％であるのに対し、三年八か月の太平洋戦争における戦公死者は九五％に達している。

以上のうち期別の戦公死者数では七二期の三三七名がもっとも多く、戦公死率では六八期と七〇期が六六％でもっとも高い。また、昭和十九年三月卒業の七三期は、終戦まで僅か一年五か月の間にクラス総員八九八名の三三・四％にあたる三〇〇名が「水漬《みづ》く屍《かばね》」となった。これは、二日に一人の割りで戦死者が出たことになる。

一方、終戦時の在校生は四期合計で一万五一二九名、七七年間の卒業生より四〇〇〇名も多い。この多くの在校生は戦後日本再建の原動力となり、現在も各界の要職を占めている。これ等の人達こそ日本海軍が残した最大の遺産ではあるまいか。

歴代海軍兵学校長

代	官（在職時）	氏　名	補　職	代	官（在職時）	氏　名	補　職
1	兵部大丞	川村純義	明 3.10	23	少　将	吉松茂太郎	明41. 8
2	少　将	中牟田倉之助	4.11	24	少　将	山下源太郎	43.12
3	大　佐	松村淳蔵	9. 8	25	中　将	有馬良橘	大 3. 3
4	中　佐	伊藤雋吉	10. 2	26	中　将	野間口兼雄	5.12
5	大　佐	松村淳蔵	10. 8	27	中　将	鈴木貫太郎	7.12
6	少　将	中牟田倉之助	10.10	28	中　将	千坂智次郎	9.12
7	大　佐	仁礼景範	11. 4	29	中　将	谷口尚真	12. 4
8	大　佐	伊藤雋吉	14. 6	30	少　将	白根熊三	14. 9
9	少　将	松村淳蔵	15.10	31	中　将	鳥巣玉樹	昭 2. 4
10	中　将	伊東祐麿	17. 1	32	中　将	永野修身	3.12
11	少　将	松村淳蔵	18.12	33	中　将	大湊直太郎	5. 6
12	少　将	有地品之允	20. 9	34	少　将	松下　元	6.12
13	少　将	本山　漸	23. 9	35	少　将	及川古志郎	8.10
14	少　将	山崎景則	25. 7	36	中　将	出光万兵衛	10.11
15	少　将	坪井航三	25.12	37	中　将	住山徳太郎	12.12
16	大　佐	柴山矢八	26.12	38	中　将	新見政一	14.11
17	大　佐	吉島辰寧	27. 7	39	中　将	草鹿任一	16. 4
18	大　佐	日高壮之丞	28. 7	40	中　将	井上成美	17.10
19	少　将	河原要一	32. 1	41	中　将	大川内伝七	19. 8
20	少　将	東郷正路	35. 5	42	中　将	小松輝久	19.11
21	少　将	富岡定恭	36.12	43	中　将	栗田健男	20. 1
22	少　将	島村速雄	39.11				

海軍兵学校期別卒業者数・戦死者数

期別	卒業者数	戦死者数	比率	期別	卒業者数	戦死者数	比率
1	2			41	118	22	18.6
2	17			42	117	32	27.3
3	16			43	95	27	28.4
4	9	4		44	95	32	33.6
5	44	3		45	89	24	26.9
6	17	1		46	124	40	32.2
7	30	2		47	115	32	27.8
8	35	3		48	171	50	29.2
9	18	3		49	176	44	25.0
10	27	6		50	272	85	31.2
11	26	1		51	255	95	37.3
12	19	1		52	236	81	34.3
13	36	4		53	62	21	33.8
14	44	4		54	68	26	38.2
15	80	8		55	120	43	35.8
16	29	2		56	111	38	34.2
17	88	11		57	122	43	35.2
18	61	8		58	113	50	44.2
19	50	7		59	123	45	36.5
20	31	6		60	127	53	41.7
21	32	3		61	116	60	51.7
22	24	3		62	125	66	52.8
23	19	1		63	124	70	56.4
24	18	2		64	160	81	50.6
25	32	5		65	187	107	57.2
26	59	7		66	219	119	54.3
27	113	20		67	248	155	62.5
28	105	11		68	288	191	66.3
29	125	27		69	342	222	64.9
30	187	21		70	432	287	66.4
31	188	31		71	581	329	56.6
32	192	9		72	625	337	53.9
33	171	23		73	901	282	31.3
34	175	21		74	1,024	20	1.9
35	173	48		(計)	11,184	3,327	29.7
36	191	17		75	3,227	(20年10月卒業)	
37	179	15		76	3,578	戦死1	(在校)
38	149	15		77	3,778		(在校)
39	148	27		78	4,032		(在校)
40	144	40	(1～40計)13.5	合計	25,788		

(注) 昭和28年3月の厚生省援護局資料による。但し一部各期申告による訂正分を含む。

海軍士官である前に紳士であれ

実松　讓（51期）

ジェントルマンを育てる

「海軍に籍のあった人々が、主計兵から提督にいたるまで、みな私どもが一見してわかる海軍の面差しを持っておられるのは……やはり**異種の文明**を体験されたからだと思います」（太字筆者、『東郷』昭和四十七年五月号）

これは、作家の司馬遼太郎がM氏に宛てた手紙の一節である。司馬のいう「異種の文明」なるものが日本海軍にあったとすれば、イギリス海軍の影響を濃密に受けたことにそれは起因すると言っていい。

日本海軍は諸制度をはじめ、艦隊の編成、軍艦の部署や内規、日課と週課、さらに船体・兵器・艤装品などの名称に至るまでイギリス海軍を模範とした。もちろん人材育成についても同様で、ことに士官の養成機関である海軍兵学校の教育にはそれが顕著だった。たとえば、こんなエピソードが残されている。

昭和七年のことである。海軍兵学校の英語教師として招聘《しょうへい》された英国人セシル・ブロックが江田島に着任し、挨拶のために校長室を訪れた。そのとき、校長松下元少将（のち中将）は次のように言った。

「ブロックさん、私はあなたに、イギリス紳士とはどういうものであり、またいかに振る舞うべきであるかを、本校の生徒に教えていただきたいのです」

松下校長のこの言葉は、ブロックに強烈な印象を与えたらしく、後に彼は、著書〝Eta-jima――Dartmouth of Japan〟（邦訳『英人の見た海軍兵学校』）の中で、感激のペンを走らせながらこう書いている。

「……私に要求されたことは、生徒に英語を教授するばかりでなく、彼らにイギリス人の理想を紹介することもふくんでいたのだ。この第二の勤めは、第一の勤めよりも、よりむずかしいにちがいない、とそのとき私は直感した」

「士官である前に、まず紳士であれ」という教育方針は、海軍兵学校における草創期以来の基本であり、それは終戦まで守られた。たとえば、昭和十七年十月から十九年八月まで兵学校長の職にあった井上成美中将（のち大将）は、「私は、ジェントルマンをつくるつもりで教育しました」と語っている。

「つまり、兵隊をつくるんじゃないということです。丁稚教育じゃないということです。それではそのジェントルマン教育とは何かということになれば、いろいろ言えるでしょうが、一例を言ってみれば、イギリスのパブリック・スクールや、オックスフォード、ケンブリッジ大学における紳士教育のやり方ですね。……『ジェントルマンなら戦場に行っても兵隊の上に立って戦える――』ということです。ジェントルマンが持っているデューティとかレスポンシィビィリィティ、つまり、義務感や責任感――戦いにおいて大切なのはこれですね」
（井上成美伝刊行会編『井上成美』）

印象深い校長の訓示

前述の松下校長が始めた有名な「五省」も、井上のいう「ジェントルマン教育」の一環である。

「自習やめ五分前」のラッパが鳴り響くと、生徒たちは素早く書物を机の中に納め、粛然と姿勢を正す。当番の生徒が、自習室正面に掲げられた東郷平八郎元帥の筆になる「勅諭五箇条」を奉読し、次いで「五省」の五項目を問いかけるのだ。

一、至誠に悖るなかりしか
一、言行に恥づるなかりしか
一、気力に缺くるなかりしか
一、努力に憾みなかりしか
一、不精に亘るなかりしか

生徒たちは瞑目して、心の中でその問いに答えながら一日を自省自戒する。そして「自習やめ、解散」のラッパによって、その緊張が解かれるのである。

海軍兵学校は軍人の学校でありながら、校長の訓示などでも武張った話はほとんどなかった。たとえば、大正二年九月三日、第四四期生として入校した小島秀雄（のち少将）は、半世紀を過ぎてもなお「あの日のことは鮮明に覚えている」と熱っぽく語るのだった。

「入校式には、校長山下源太郎少将（のち大将）の訓示があるというので、私たち生徒は緊張していた。やがて入校式がはじまり、校長はやおら壇上に立った。

『新しくはいった生徒諸君！』

と呼びかけた。あと何とつづくか、と生徒らが思っていたところ、ただ一言、

『自分がいいと思ったことはやり、悪いと思ったことはやらない』

といっただけだった。要するに、山下校長の私たちに対する訓示は、〝自分の良心にしたがって行動せよ〟というのであり、それは人造りの道を要約したものだった。このことを上級生に話したところ、

『うちの校長は訥弁《とつべん》の雄弁だよ』

という言葉がかえってきた」

小島ほどではないが、筆者が兵学校生徒時代に受けた訓示で強く印象に残っているのは、入校（大正九年八月）して間もない頃、時の校長鈴木貫太郎中将（のち大将、終戦時の首相）が「足るを知る者は富む」という古語を引用して説いたものである。これは『老子』に出てくる言葉で、「分に安んじて満足できる者は、たとえ貧しくとも精神的には豊かだ」という意味である。

校長が直接生徒に対して行なう訓示や訓話は、すべて校長が自ら起草し、幕僚には一切タッチさせなかった。訓示の草案は、たとえば艦隊なら主務参謀が書くのが一般的だったが、兵学校では校長自ら起草するのが伝統になっていた。だからこそ、生徒に強い印象を与える名訓示が多かったのだと思うし、同時にそれは、歴代の校長がその全人格をもって生徒に接

しようとした姿勢を物語っているとも言えよう。

このような「士官である前に、まず紳士であれ」というムチでしつけられた海軍士官には、どこか土俗的なものから〝脱皮〟したところがあったようだ。それが、司馬の指摘する「異種の文明を体験」した結果でもあるわけだが、とすれば、その「異種の文明」はいつ、誰が日本海軍へもたらしたのだろうか。

甲板で煮炊きした草創期

慶応四年三月二十六日（この年九月に明治と改元）、日本最初の観艦式が大阪の天保山沖で行なわれたが、参加した艦はわずか六隻にすぎなかった。その合計排水量六四五二トンは、式典に参列したフランス東洋艦隊の『ジュープレッキス』一隻にも及ばなかったのである。

維新政府にとって艦船の建造と整備が急務であることは、これによっても明らかである。だが、それにもまして急がなければならないのは、海軍の中核となるべき士官の養成だった。多くの技術の習熟が必要な一人前の海軍士官は、一朝一夕で得られるものではないのだ。

早くも慶応四年七月、太政官に「海軍を起こすの第一着手は、海軍学校を起こすより急なるはなし」という上申が行なわれ、太政官も「海軍は、当分、第一の急務なるをもって、速やかに基礎を確立すべし」と同意した。だが、当時は戊辰戦争の真っ最中であり、その早急な実現は望むべくもなかった。

年が改まって明治二年となる。その年の六月、官軍の諸艦が箱館戦争を終えて品川へ帰還するにおよび、海軍学校設立の気運がようやく熟し、九月二十八日に東京・築地の旧芸州藩屋敷（現在の東京中央卸売市場の一角）に海軍操練所が開かれた。これが海軍兵学校の始まりとも言うべきものである。

明治三年一月十一日、海軍操練所は始業式を行ない、九月にはイギリス海軍大尉アルバート・ホーズを招いて、横浜港の『龍驤艦』において砲術操練を実施し、各艦の士官や水夫らに伝習させる。その中には、若い日の東郷平八郎もいた。

十月二日、太政官は兵制統一について布告を出し、海軍はイギリス式、陸軍はフランス式でいくことになった。当時のイギリスは、七つの海を支配する世界第一の海軍国だったのである。そして十一月四日に海軍操練所は海軍兵学寮（明治九年から海軍兵学校になる）と改称され、兵部大丞の川村純義が兵学頭（校長）を兼任した。

海軍兵学寮となった最初の頃は、練習艦の居住区も畳敷きであり、冬は火鉢を使用していた。これを見たホーズ大尉が川村兵部大丞に献策する。

「見苦しい上に火の用心が悪い。艦内では、何にもまして火気の取り締まりを厳重にする必要がある。よろしくハンモックに改めよ。また火鉢も廃すべし。喫煙の場所を定め、かつ喫煙の時間も定めよ。すべて制度は、英国海軍にならうほうがいい。……」

この献策は受け入れられ、帝国海軍は日本式生活と訣別する。明治四年のことである。この海軍における日本式生活について珍談が残っている。

幕府が初めての海軍伝習所を長崎につくり、オランダ人教師により海軍士官の養成を始めたのは安政二年（一八五五）だが、その頃は昼飯どきになると、伝習生たちは甲板上にめいめい鍋と七輪を持ち出し、団扇《うちわ》でバタバタと火をおこして煮炊きし、オランダ人を閉口させたというのだ。

兵学寮の秩序を回復

明治四年二月、川村純義は兵学頭の兼任を解かれ、海軍中佐中牟田倉之助が兵学権頭となり、兵学寮の仕事を管掌する。中牟田は同年八月に大佐、さらに十一月には累進して少将になり、兵学頭に就任した。そして八年十月に他へ転じるまで、彼は兵学寮の最高責任者として将校生徒教育の基礎を確立するのだ。

中牟田は安政二年、一九歳で佐賀藩の蘭学寮に入り、翌年、幕府が開設した海軍伝習所で勉学するために長崎へ行く。安政六年、伝習生の業を終えた中牟田は、佐賀に帰って海軍方に出仕し、「佐賀海軍」の発展に貢献する。そして維新後は、藩の先輩佐野常民の推挙によって明治海軍に進んだ。

佐野常民も長崎海軍伝習所の出身で、「佐賀藩伝習生の進退、船舶の事の統領となりて周旋した」（勝海舟『海軍歴史』）人物である。維新後は兵部小丞の地位にあり、兵学寮の実質的責任者だったから、中牟田の兵学権頭就任も佐野の運動によると見ていいだろう。もっとも、当の佐野は文官志向が強く、ほどなく工部省へ転じてしまうのだが……。

川村が兵学頭を兼任した明治三年当時、海軍における勢力は薩摩藩と佐賀藩（廃藩置県は四年七月）が二分しており、しかも両者の関係は微妙だった。薩摩に『春日』『乾行』の堅艦があれば、佐賀には『日進』『孟春』の新鋭艦がある。箱館海戦における両藩出身士官の戦功も、ほぼ伯仲していた。それだけに佐野としては、士官教育の主導権を佐賀藩で握りたかった（川村は薩摩藩出身）にちがいない。

ただし、佐野が藩閥意識だけで中牟田を推したわけではない。箱館海戦での勇将ぶりと、その際に負った火傷の痕が生々しい容貌は、兵学寮の生徒たちに脅しがきくと考えたのではないか。

中牟田は『朝陽』艦長として箱館海戦で奮戦したが、艦が敵弾を受けて沈没、その際に大火傷を負いながらも九死に一生を得た。江藤淳は『海は甦える』で、彼の勇将ぶりをこう書いている。

「そのとき中牟田は、顔面を焼かれ、失明しそうだと思いながら泳いでいたが、肥前早津江の源助という水夫が波間に浮き沈みしながら、

『御主人様、敵が近づいて来ますがどうしましょう』

と叫んだのに対し、怒鳴りかえしたという。

『お前の小銃をぶっぱなせ』

『その銃がありませぬ』

源助は泣き声を出した。中牟田は怒号した。

『それなら敵の喉に喰いついて死ね！』

あたかもこの瞬間に、観戦の英艦ヘーグ号の端艇が来て、彼と源助を救助した。……」

中牟田は火傷の痕が両頬に残り、その風貌は自ずから人を慴伏《しょうふく》させるものがあったという。

こういう人物が来たのだから、確かに兵学寮の生徒たちは震え上がったろうが、逆にいえば、怖い人間を持って来なければならない事情が兵学寮にはあったのだ。

というのは、山本権兵衛（のち大将）や伊集院五郎（のち元帥）ら戊辰戦争で砲火の洗礼を浴びた生徒たちは、戦場を踏んだことのない教官から教えを受けるのを潔《いさぎよ》しとせず、彼らはときとして、教官排斥運動を起こすこともあったのである。

中牟田の兵学頭就任は、確かに兵学寮の秩序回復に効果があった。しかし、彼は教官たちの教授法に満足していたわけではない。いつしか思いは勝海舟の下で過ごした長崎海軍伝習所時代のことに及ぶ。

「あのときは、ペルス・レイケンやカッテンディーケのような優れたオランダ人教官がいた。自分は彼らの指導によって、学習に励んだものだ。いずれ近いうちにもう一度、外国人教師団を招いて『海軍伝習』をやり直す必要がある」

ダグラス少佐の来日

中牟田は以前から、イギリス海軍の士官を招いて教師とするよう、当局に強く進言していたのだが、それは経費の点で採用されなかった。というのは、兵部省の総予算九〇〇万円のうちから陸軍が八五〇万円を取り、海軍は五〇万円を得ているにすぎなかったからだ。

陸軍が伝統的な武士の任務を継承しているのに対し、海軍は昔の「お船方」に毛の生えた程度にしか思われていなかったのだろう。いずれにせよ八五〇対五〇という配分は、当時の陸海軍の勢力比を端的に示している。しかし、中牟田は挫けることなく、むしろそうした状況を逆手に取るのである。

このように少ない予算では、軍艦の建造はまず無理だろう。それは我慢するとしても、その代わり、いつ新鋭艦を入手してもいいように、人材だけは養成しておくべきである。それが国家百年の大計だ——という論法で熱心に主張し続けた。本省もその熱意に負けて、イギリス政府に対して教師団の派遣を申し入れ、その人選を依頼したのである。

イギリス政府は日本海軍からの依頼を快諾し、明治六年七月二十七日、アーチボルト・ダグラス少佐ほか各科士官五名、下士官一二名、水兵一六名、合計三四名の教師団が来日した。これを契機として、海軍兵学寮の面目は一新されるのである。

兵学頭中牟田倉之助が生徒教育に関する実際面のすべてをダグラス少佐に任せ、一任されたダグラスは、中牟田の期待に応えるべく全力を注入する。彼は、ダートマス海軍兵学校において自ら体験した、あるいは、パブリック・スクールで行なわれている〝仕来り〟を取り入れ、兵学寮の中に〝イギリス〟をつくろうとした。

その仕来りは「まず紳士であること」を基本とするもので、ここに「士官である前に、まず紳士であれ」という海軍兵学校の伝統が生まれたのだ。ちなみに、ダグラス少佐は当時のイギリス海軍でも第一流と目されていた士官で、のちに大将になる。

イギリス式教育秘話

明治六年十月から始まったダグラスの教育は、学科は英語と数学に重点を置き、教科書も講義もすべて英語だった。しかも座学より実地訓練が重視され、午前は座学、午後は外業であった。

それ以前の兵学寮教育はもっぱら座学だったから、やがて予想もしないことが起こった。

生徒の被服の破損がはなはだしいのだ。かくて翌年一月二十三日付で、兵学寮から海軍省に対して次のような申請書が出される。

「生徒着服は従前おもに座学につき破損も少なく候ところ、去年十月、英国教師の授業はじまり候以来、もっぱら実地稽古につき運動烈しく、したがって服の裂け損じおびただしく、そのつど縫職に下げ繕《つくろ》い致させ候には、手数のみならず、生徒事業の妨げにも相成り不都合に候間、自今縫職一人一日金三五銭宛にて定傭申しつけたくこの段申し出仕り候なり」（『海軍兵学校沿革』）

ダグラスが着任してからの兵学寮では、生徒のスタイルも変わった。制服が定められ、それまでの羽織・袴に草履か下駄という姿を改め、洋服を着て帽子をかぶり、靴を履くようになった。制服の上衣はジャケット型詰め襟《えり》、ボタン一行の仕立てでカラーは使わない。そのため羅紗《ラシャ》地で首をこすり、痛みを覚える者もいたという。

頭も変わった。従来の結髪を廃止して散髪するようになったのだ。もっとも、当時の東京には散髪のできる床屋が非常に少なく、たとえできても、その技術は幼稚なものだった。明治七年一月に兵学寮生徒になった沢鑑之丞は、著書の中でこう述懐している。

「兵学寮に雇入れた床屋は、南北両寮間の南廊下に、畳一枚ぐらいの場所で生徒の理髪をしていたが、すこし延びた向きは、矢張り剃刀でけずり取ったので、いずれも、この痛さに閉口した」（『海軍七十年史談』）

改められたのは服装にとどまらなかった。公休日もイギリス式になったのである。沢が記す。

「天長節（天皇誕生日）のつぎに、英国女王誕生日がはいったり、耶蘇更生祭（復活祭）というものが追加されたりした。生徒にもキリスト教の説教を聞かせる。予科生徒は、日曜日をまるまる休ませないで、半日はどうしてもアーメンの講釈を聞かされる。これは、ずいぶん辛かった。だから、いくら講釈を聞かされても、頭にははいらない。居眠りをしていて、叱られたこともある」

ダグラスのイギリス式教育は徐々に成果を挙げるようになり、それまで低迷と混乱を続けてきた日本海軍における初級士官養成も、ようやく本格的な軌道に乗ることができた。しかし当初は、生徒たちの間には不満が大きかった。ただでさえ難しい数学を英語で叩き込まれ、生活もすべてイギリス式なのだから、ひと騒動起こらないほうが、むしろおかしいかもしれない。

生徒たちはイギリス人教官団を、「彼らは、仮面をかぶった軍事探偵にすぎない」と決めつけ、兵学頭は彼らに委任しすぎる、といって非難する。しかしダグラス少佐は、「自分たちは、学術上の一教師としてではなく、日本海軍を新しく建設する任務を双肩に担って来たのだ」と言って頑として譲らず、万事に世話をやいて、それが聞かれぬときは憤慨した。

中牟田は両者の間にあって苦労したが、騒ぎがそれ以上に大きくならなかったのは、やはり、彼の人徳と指導力ゆえだろう。

「五分前」の由来

ダグラス少佐らの教官団を招くに当たって、日本海軍はイギリス政府と十三条からなる契約書を交わしたが、その第六条に「兵学寮規則条令を改定する」という内容の項目があった。

七月に来日したダグラスは、直ちにその仕事に取り組み、二ヵ月余りで「海軍兵学寮は、海軍士官たるべき者を教育する学校たるべし」という第一条で始まる、イギリス海軍の定例を採用した新しい規則条令をつくり上げた。兵学寮における前述のイギリス式生活は、それに基づくものなのだが、その法令第四条に次のような一文が記されている。

「教官は時刻を違えざるように己れの任じたる科業につくべし。生徒は授業のはじまる時刻より**五分時間前**に講堂、あるいは船具操練場、あるいは大砲操練場に集まるべし」（太字筆者）

「五分前」という言葉が法令上に見られるのはこれが最初であり、どうやら日本海軍における「五分前」の始まりは、ここにあるらしい。してみれば、それはイギリス海軍から来たものであり、ダグラス少佐はその始祖ということになる。

大正九年から昭和二十年まで、四分の一世紀にわたって筆者は海軍に籍を置いたが、この「五分前」という言葉は耳にタコができるほど聞かされた。総員起こし五分前、課業始め五分前、定期五分前、巡検五分前……。海軍の生活は「五分前」で明け、「五分前」で暮れたと言っても過言ではない。

「五分前」の号令がかかると、今の仕事をかたづけて、次の作業の準備を始めるが、それは物心両面にわたっている。つまり「五分前」の狙いは、定刻になったときに予定された行事が少しの遅滞もなく流れ出し、その効率を最大にすることにあった。

それにしても、どうして日本海軍はこうも「五分前」が好きだったのか。立派な海軍を築くためには、その基本となる人をつくらなければならない。それには、まず第一に躾《しつけ》をよくする必要がある。「五分前」は、万事を整然と実行することがマネジメントの不可欠な前提条件である、と先人が貴重な体験から残した平易にして実践的かつ普遍的なモットーであるといえよう。

古語にいう、「習性となる」と。習慣はついに天性のようになる、という意味である。日本海軍が消滅して四〇年になるが、かつて海軍で過ごした人々の間には「五分前」が今も生きている。

この「五分前」と並んで、筆者たちがよく聞かされた言葉が「スマート」である。たとえば、日本海軍にはこんなモットーがあった。

「スマートで、目先がきいて几帳面、負けじ魂、これぞ船乗り」

ただし、ここで言う「スマート」は、粋とかこぎれいという意味ではなく、敏捷さ、機敏さを指す。

日露戦争後の海軍兵学校では、「シーマンシップの三S精神」がモットーとして強調された。三Sというのは、Smart（スマート＝機敏）、Steady（ステディ＝着実）、Silent（サイレント＝沈黙）のことである。

千変万化する海上においては、すべての措置が機敏でなければならない。また、その措置は着実であることが要求される。そして、海上において諸事をスマートかつステディに実施するためには、発令者以外は沈黙して、静粛を保つ必要がある。つまり、三つのSはいずれも、海軍士官には不可欠な資質なのである。

ついでに説明すれば、日本海軍が「サイレント・ネービー」と呼ばれるようになったのは、このモットーに端を発したらしい。

こうした「三S精神」はその後も受け継がれ、昭和に入ってからの兵学校教育においても「海軍士官は船乗りであり、船乗りはスマートでなければならない」ということが強調され、日常生活の中でもそれが厳しく教え込まれたのである。

生徒館生活の一日は、早朝の起床（夏季五時、冬季六時）動作から始まる。起床ラッパが鳴り終わると同時に飛び起き、カーテンを引いて窓を開け、白の事業服に着替え、毛布を定められた形にきちんとたたみ、ベッドの上を整頓する。

これを二分ほどで終わらなければならないのだから、すべてが秒単位である。新人生徒には、なかなかこれができない。「五秒前っ」「遅いっ」「グズグズするなっ！」と最上級生徒に大喝されながら覚えていくのである。

訓育のための「分隊」組織

海軍兵学校の教育は、徳性の涵養と体力の練成を目指す「訓育」と、知識技能の養成を目的とする「学術教育」とに分けられていた。前者を指導する者は監事、後者の担当は教官（武官）ないし教授（文官）と呼ばれていたが、兵科武官はすべて教官兼監事であり、この両者を統合監督するのが教頭兼監事長である。

訓育のための基本組織として、兵学校では「分隊」を編成していた。これは最上級生徒（一号）から最下級生徒（三号ときには四号）まで、ほぼ同数の各学年生徒で構成される四〇名ほどの自治組織である。各分隊の最先任（成績最優秀）一号生徒が伍長、次席が伍長補に任じられて分隊員を誘導する。さらに各分隊は分隊監事に指導され、それらが部監事、生徒隊監事、監事長兼教頭、校長の順へとピラミッド型に統轄されていた。

生徒館生活と諸訓練はこの分隊単位で行なわれたが、その際における一号生徒の権限は絶対的なもので、分隊内の家父長的立場であった。そして二号生徒は母親的な役割を担う。だから新入生徒に対する教育も、一号は厳しく、二号は温かくが基本だった。

各学年混合の分隊編成は兵学校独特のものであり、将校生徒の育成に大きく寄与したといっていい。この縦割りの分隊編成で訓育が行なわれたのに対し、学術教育の場合は横割りの学年編成だった。このように兵学校生徒は、縦横のバランスがとれた教育を受けることができたのである。

ところで、海軍兵学校独特の分隊組織も、実は「ジェントルマン教育」の一環であり、そのルーツはイギリスである。冒頭に紹介した江田島の英語教授セシル・ブロックは、兵学校の分隊組織についてこう書いている。

「それは英国のパブリック・スクールのハウス組織に類似しているのであるが、分隊組織においては、生徒が別々の家に住むのではないという点で、ハウス組織と違っている。つまり、分隊は、イギリスのハウス組織のハウスに相当し、分隊監事はハウス・マスターに相当し、伍長と伍長補はハウス・キャプテンと副キャプテンに相当するように考えられる」（『英人の見た海軍兵学校』）

明治初年の兵学寮における生徒隊の編成は定かでないが、生徒教育に関する実際面のすべてを任されたダグラス少佐は、おそらく分隊編成に類似したイギリス式組織を採用したのであろう。

分隊編成が前述のように制度として確立したのは、明治十九年二月に制定された海軍兵学校条例で「生徒は分隊を編成し……」と定められてからだが、その始祖は「五分前」と同じように、ダグラスと言っていいかもしれない。

学年編成で行なわれる学術教育は、軍事学と普通学に区分され、低学年のときは普通学が中心で、学年が進むに従って軍事学が多くなった。海軍兵学校は軍人養成の学校だから、軍事学が大部分であって、普通学はほとんど取るに足らない、と世人は往々にして考えていたようだが、実際はそうではなかった。

普通学の重視は、「士官である前に、まず紳士であれ」という兵学校創立以来の基本方針によるもので、それは廃校まで続けられた。たとえば、日本中の学校から英語教育が消えた戦争末期でも、海軍兵学校では英語の授業が行なわれていたのである。

もっとも、兵学校の教育に問題がなかったわけではない。大正元年九月に入校した高木惣吉は、著書『自伝的日本海軍始末記』の中でこう批判している。

「それは想像もできない詰めこみ丸暗記で、それも大砲、魚雷、機雷、航海兵器などの構造の暗記におそろしく大きな点が予定され、物理、数学、英語などの基礎科目の点数は刺身のツマ扱いであった。……早くも思考停止の丸暗記教育になりかけたものと思われた」

この追想は、兵学校教育の全貌を示すとは速断できないまでも、学術教育が形式化し、硬直化していたことは否定できないようだ。

日本最初の運動会

兵学校では体力・気力の向上を実現する手段として体育を奨励したが、これも、ダグラスの遺産である。彼は兵学寮の生徒たちに洋式体育と遊戯を行なわせ、日本で最初の運動会を開いている。

明治七年二月のある日、兵学寮の教官会議において、かねてスポーツに熱心なダグラスが提案した。「イギリスでは、小学校から大学校に至るまで、また陸軍や海軍の学校においてさえも、さかんにスポーツを奨励し、一年に一度は〝アスレティック・スポーツ〟というスポーツの催しを盛大に行なっている。日本でも、わが海軍兵学寮が率先して、アスレティック・スポーツをやってみようではないか」

もちろん、イギリス人教官たちは大賛成である。日本人教官も、ダグラスのスポーツ熱にはすっかりあてられていたし、ビリヤードという面白い遊戯の手ほどきも受けていたので、今さら異論の唱えようもなかった。

さっそく準備が始まった。まず最初に問題になったのは会の名称をどうするか、つまり「アスレティック・スポーツ」をどう訳すかであった。やたらと横文字を使う今日とは、何しろ時代が違うのだ。そこで、英語と皇漢学（国語と漢文）の教授たちが集まり、頭をひねった。その結果、「競闘遊戯会」という言葉が生まれた。

間もなく、兵学寮から海軍卿に開催許可願いが提出される。海軍省も大いに乗り気で、ノートや毛布などを賞品として奮発するという。しかも、政府の各省や東京府にまで通達を出して、観客動員に努めたのである。たとえば東京府庁に対しては、三月八日付で次のような通達文が届けられた。

「……人体の健康を進め候ため、当省兵学寮をして来る二十一日、別紙標目の競闘遊戯興行候につき、外国人来観かつ諸人縦観差し許し候条、その旨心得のため通達候なり」

いかにも明治初期らしい封建的なお達しだが、「人体の健康を進め候ため」というのは注目すべき一句といっていい。すなわち、この競闘遊戯は単なる遊戯ではなく、人間の健康を増進するためのものだという、スポーツと体育を結びつけるイギリス流の学校体育の思想が映されているからである。

明治七年三月二十一日、ダグラス少佐の発案による日本最初の運動会が行なわれた。長谷川栄次によれば（『水交』昭和三十六年十一月号「海軍とスポーツ」）、プログラムの原案はすべてイギリス人教官がつくったが、英語と皇漢学の教師たちは例によって鳩首《きゅうしゅ》凝議し、一週間かけてそれらをことごとく和漢両様に翻訳したのである。

最初の競技種目は「雀雛出巣」とあり、これを「雀の巣立ち」と読ませる。一二歳以下の生徒による一五〇ヤード競走である。二番目が「燕子学飛」で「燕の飛び習い」と読む。一五歳以下の三〇〇ヤード競走だ。「暁鴉乱飛」の「あけのからす」は、どうやら見物人の飛び入り競技だったようだ。題名だけを見ると、運動会というよりも歌舞伎である。

ダグラスの功績

これまで述べてきたように、兵学頭中牟田倉之助少将は、生徒教育に関する実際面のすべてをダグラス少佐に一任したが、決定的な問題については、断固として自らの所信を貫いた。したがって、両者の衝突はしばしばあったようだ。

ダグラスは、教育効果を挙げるには鉄拳で鍛えるほうがいいと判断して、その採用を中牟田に申し入れた。彼自身、命令に違反する水兵に対しては仮借なく鉄拳を加えていたのである。しかし、中牟田は武士の伝統と作法を説き、頑として承諾しなかった。

「われわれは日本海軍を建設するためにやって来た」という自負の強いダグラスは、教育以外の問題にまで口を出すことが少なくなかった。そんなとき、中牟田は火傷の痕が残る顔を真っ赤にして怒鳴るのだった。

「それは貴官の権限外のことである。余計な口出しはしないでもらいたい」

もちろん、ダグラスも負けずに大声でやり返す。

「生徒に技術を教えるだけなら、誰にでもできます。なにも小官らが、英国からはるばる招かれて来る必要などないではありませんか」

しかし、声の大きさでは負けなくとも、兵学寮の最高責任者は中牟田であり、ダグラスは不承不承ながら引き下がらざるをえない。彼は、中牟田の下にあっては素志を伸べがたきを知り、契約期限三年の満了前にもかかわらず、明治八年八月二十五日、在職二年で栄転に名をかりてイギリスへ去った。

「……後年、日清戦争の直後、当時の生徒の一人中溝徳太郎が渡英し、ある宴会でダグラスに邂逅《かいこう》したことがあった。彼は日本海軍の発展にすこぶる満足していたが、にわかに語調を変えて、

『中牟田提督は御健在ですか。いまはなにをしておられますか』

と訊いた。中溝が、

『いまは後備に属し、枢密顧問官として日夜、陛下の御下問に答えておられます』

と答えると、ダグラスは突然、椅子から立ち上がって、ゴリラのようなかっこうで傲然と歩いてみせ、

『提督はいまでもこういう歩き方をしておられますか』

といったので、満座は抱腹絶倒した。ダグラスも、中牟田の頑固さは相当腹に据えかねていたものとみえる」（江藤淳『海は甦える』）

『海軍兵学校沿革』は、ダグラスの兵学寮における教育方針や功績について、次のようなことを述べている。

「ダグラス氏は威貌堂々たる偉丈夫にして、また一段の和気があり、一個の人物である。そして、実際にわが生徒に学業を授けるに当たって初めに思ったのは、未開の野蛮人に対する観念であったようだが、わが青年たちの理解力が鋭敏であることに驚嘆した。

しかし、彼が授けたところは主として実地の修練だけで、理論にわたることはほとんどなかった。こうしたことは、英国特有の風習によるものなのか、あるいは特にわが生徒に対してそうしたかは知らないが、当時にあっては、おそらく最良のものであったと思われる。

わが海軍の今日の発達は、ダグラス氏の力に負うところが、まことに少なくない」

（一九九四年七月刊『日本海軍の功罪』プレジデント社より）

海軍のリーダーシップとは

吉田俊雄（59期）

別天地での純粋培養

海軍の指揮官（リーダー）教育は、海軍兵学校に始まる。海軍には、ほかに機関学校、経理学校があったが、ここでは混乱を防ぐため、兵学校で代表させる。

海軍兵学校は受験資格が、旧制中学校卒業または四年一学期修了者となっていたから、新入生は満年齢で一七歳か一八歳という「少年」たちだ。

この少年たち全員を三年間で、あるいはある時期、約四年間のこともあったが、当時の科学技術の粋を集めた軍艦に乗り、新鋭兵器を使いこなす一方、部下の下士官兵の先頭に立ち、率先範を示し、士気の中心となり、海軍戦力の一翼を担う「強い」指揮官に育て上げようとしたのである。独特な教育にならざるをえなかった。

瀬戸内海の内海広島湾。その湾内の江田島がもう一つの内海を抱いた岸辺の一角に、広大な敷地を持った海軍兵学校。独特な教育をするにふさわしい環境——海軍では娑婆《しゃば》と俗称した「世間」と隔絶された別天地、教える者と教えられる者とが一つ場所で生活しながら昼夜の別なく教え鍛えた精神と肉体との道場であった——教育密度の極端にまで高い、無菌室での純粋培養である。

第七五期生が兵学校へ入校した当日、ある分隊監事（大尉または少佐、軍艦で言えば分隊長に当たる）は、新入生たちにこう訓示した。

「お前たちは、今日から光輝ある帝国海軍軍人となった。兵学校生徒の身分は、下士官の上、准士官（兵曹長）の下と定められている。ここでの教育をおさめて、お前たちが艦や飛行機に乗り組んだとき、お前たちは、お前たちよりも遙かに年かさの下士官や兵たちの指揮を執らねばならない。体力においても、知力においても、気力においても、彼らを凌ぐものでなければ、海軍士官の資格はない」

昭和十八年十二月の話だった。米軍がソロモン諸島のブーゲンビル島に手をかけてきたとはいえ、まだ戦火は遠かった。訓示のトーンも尋常だった。

まず、新入生たちに使命感を持たせた。次に、兵学校でこれから教育を受ける場合の達成目標を示した。そして、その目標を達成するには、何よりも心構えを、第一歩を踏み出すところで固めさせようとした。この考えは正しかった。

最初に使命感がある。使命を果たすためには責任感が必要であり、また私心を去ることが必要である。デシジョン・ツリーを描くようにして木を描けば、幹になるのが使命感で、大枝の一本が責任感、もう一本が私心を去ること。そして木を育てる養分は、言うまでもなく人間性ないし人間味である。

極限状態で責任を果たす

こんな話がある。

鈴木孝一中佐（海兵五九期）は、青森県弘前市の出身。兵学校に入るまで、泳いだことがなかった。酷暑日課が始まると、「カナヅチにつき取扱注意」の印の赤帽をかぶらされ、同じ赤帽の数人と一緒に特訓を受けた。教官（士官）、教員（下士官）がつきっきりの兵学校式濃密教育、そして三週間後、教官も目をむく成果が上がって、江田島湾内一周一一キロの分隊対抗遠泳を見事に泳ぎ抜いた。

小柄ながら頑張り屋で、闘志満々。「花も嵐も踏み越えて、行くが男の生きる道」というあの『旅の夜風』の歌が好きで、ときどき小声で口ずさみながら、戦艦「武蔵」の主砲発令所長から、昭和一八年、軽巡ながら一万トンの大型新鋭艦「大淀」の砲術長に転じた。

そのうち「大淀」は連合艦隊旗艦となり、三代目連合艦隊司令長官豊田副武大将が乗り込んできた。普通ならば、たくさんの艦艇に取り巻かれているはずだが、十九年半ばのことで、「大淀」は単独旗艦。一隻の護衛駆逐艦もついていなかった。敵機の奇襲を受けたとき、戦いに勝てるかどうかは砲術長の腕一つにかかっていた。

彼は考えた。

「山本、古賀の二人の長官を失い、豊田長官までも『大淀』で戦死ということになれば、海軍は敗北のほかなくなる。海軍の敗北は、日本の敗戦だ。自分の任務から日本を敗戦させたら、自決したぐらいでは追っつかない」

人事を尽くして天命を待つ、という。だが、人事を尽くせば、どんな重大な結果になろうと、いたしかたなかった、と言っていいのか。不可能とされるところまで踏み込んで、力の限りを尽くし、あくまで豊田長官を護り通すべきではないか。慎重の上にも慎重に、深慮遠謀すべきではないか。

初め木更津沖に、ついで柱島泊地（広島湾）に「大淀」は停泊していたが、大将旗が下ろされ、連合艦隊司令部が日吉（横浜）に移るまでの正味五ヵ月間、彼は自室に戻らず、艦橋の上、一番高いところにある射撃指揮所で毎晩寝た。考えられる夜明けの奇襲に対抗するためだ。

朝五時から一〇時まで、連日「大淀」は戦闘第一配備についた。機関は即時待機。一〇時頃、索敵機と哨戒艇から「東方海面異状ナシ」の報告が入って、初めて緩やかな警戒配備に戻った。

夜の闇にまぎれて沖合の哨戒線を突破した敵潜水艦の集団が、夜明け前に搭載機を放ち、二〇機も編隊を組んで「大淀」を集中攻撃すれば、こちらは一隻しかいない。多勢に無勢で、やられるのは必至だ。

猛訓練を続けた。早朝訓練に始まり、午前訓練、午後訓練、薄暮訓練、夜間訓練を連日繰り返した。「今までにない激しさで、みなアゴを出した」と乗員が言うほどの猛訓練だった。

豊田長官を護るのが目的である。敵機を撃墜するのが目的ではない。敵機を墜《お》としても「大淀」に敵弾が命中したのでは、何もならぬ。爆弾や魚雷を持って攻撃してくる敵機に、「大淀」の全射弾を浴びせろ。顔も向けられぬ弾幕を張れ。その他には目もくれるな。

そして彼は、胸のポケットにいつも薬を忍ばせ、もし「大淀」が敵弾を受けて沈没し、海に投げ出されることになったら、薬を飲み、息をいっぱい吐いたまま水に潜って、そのまま浮いてこない覚悟であった。

幸い「大淀」は五ヵ月の間、敵機の攻撃を受けなかった。

猛訓練で腹が座り、鈴木式射撃を体で覚えた乗員たちは、その後、レイテ沖海戦の囮《おとり》部隊として、またサンホセ飛行場（フィリピン）強襲部隊として、十分に腕前を発揮した。そのたびに敵機集団の猛烈執拗な反復攻撃を受けたが、ことごとく撃墜撃退、見事に作戦目的を達しながら、傷一つ負わなかった。

使命の完全な理解を前提とし、使命達成のために私心を捨て、情熱を傾け、創意工夫を含めて全力投球をすれば、どんな極限状態でも責任を果たすことができる――「強い」リーダーのあるべき姿を示した例であった。

兵学校では、昭和七年から、夜の自習時間が終わる前の五分間、全生徒は瞑目、その日一日の自分自身を「五省」によって自省自戒することとなった。

一、至誠に悖るなかりしか
一、言行に恥づるなかりしか
一、気力に缺くるなかりしか
一、努力に憾みなかりしか
一、不精に亘るなかりしか

戦後来日した米海軍の高官が、この「五省」に感銘を受け、英訳して、現在、アナポリスの米海軍兵学校で使っているという。

強いリーダーになるために

リーダーシップのかなめは、海軍用語で言う「指揮官先頭・率先垂範」である。リーダーが先頭に立ち、率先して模範を示せば、それが信頼を集めたリーダーなら、部下は喜んでついていく。ただ問題は、リーダーをその境地にまでもっていくことの難しさである。

人を指揮しようと思えば、まず人に指揮されることを学ばねばならない。また、知識や経験がないと、自信が持てず、とかく萎縮して、部下の信頼を集めた「強い」リーダーにはなれない。

中学生を三年間で「強い」リーダーに仕立てる——この難問を解決するために、兵学校では生徒を分隊編制にして、一年生、二年生、三年生の人数をほぼ同数に割り当て、自習室でも寝室でも一緒に生活させ、その生活を分隊監事の下、生徒の自治によって運営させることにした。つまり、三年生がリーダーになり、自分も生徒の一人として日課どおりの生活をしながら、「指揮官先頭・率先垂範」しつつ、一年生をほとんどマンツーマンで指導するのである。

一方、生徒全体についての隊務処理を三年生に輪番で担当させた。この二つが、艦に乗り、部隊に行ったときの部下指導と初級士官勤務の原型になる。

兵学校教育には、このようにして将来、海軍で勤務する上での体験を生活の中で積ませようとする面と、課業時間に講堂で教官から学問を教わる面と、二つの面があった。リーダーシップを体験的に学ぶのは、もちろん、前の生徒生活の間になる。

ここで、兵学校流のスパルタ教育について触れておこう。

三年生が一年生を、生活の間でみっちり仕込む。仕込む目的は、中学生を一人前の海軍士官に仕立て上げることにある。自治制だから、三年生は全力投球しなければならない。一年生は一七歳か一八歳。三年生は一九歳か二〇歳だ。厳しくシッケる。毎日の日課が分刻みにギリギリに決められて、たえず駆け足をしていなければ時間に間に合わないくらいである。一年生がヘマをするチャンスは、いっぱいある。

さて、それを三年生が指導するわけだが、このとき、面白い現象があった。一年生のとき三年生から擲《なぐ》られて育った硬派クラスの三年生は、一年生を擲って硬派に育てる傾向を持つ。その三年生のやり方を、いわば無風帯にいて、横から内心批判していた二年生が三年生になると、一年生を擲らずに育てる傾向を持つ。それが、一年おきにダンダラになって、硬派クラスとおとなしいクラスがサンドイッチ状を呈する。

もともと海軍士官を育てるのだ。ファイト満々の「強い」人物にするのが目標なのである。なよなよとした、引っ込み思案の、勇気も覇気もない人間に仕立てるわけにはいかない。その意味で、三年生が、一年生を体当たりするような迫力で厳しくシッケることは大事だが、といって擲《なぐ》ることが必要条件にはならない。

事実、おとなしいクラスと硬派クラスとが、教育の成果を発揮したはずの戦場で戦いぶりに格差があったという話を聞かない。前出の鈴木中佐、後出の山本唯志中佐は、共に硬派クラスの第五九期生だが、一方おとなしいクラスの第五八期生からも、真珠湾攻撃の名飛行隊長である村田重治大佐や江草隆繁大佐など剛の者を出している。

要は、スパルタ式教育法は手段であり、目的ではないのである。目的をしっかり捉え、それを達成するのに有効適切であれば、スパルタにこだわる必要はない、と言いたい。

明暗を分けた二人のリーダー

次に、物事の本質を頭でなく体で理解していないと「強い」リーダーになれないことについて、例を挙げる。

真珠湾攻撃（昭和十六年十二月八日）、ミッドウェー海戦（同十七年六月五日）、南太平洋海戦（同年十月二十六、二十七日）で、機動部隊指揮官であった南雲忠一中将。

南雲中将は、もともと水雷出身。中央や艦隊司令部勤務の多い優秀な人だが、艦隊に出ると、水雷戦術の権威とし、勇猛果敢、大活躍をして、全海軍の目を見はらせた輝かしい経歴の持ち主であった。

ところが、昭和十六年四月、第一航空艦隊司令長官に補せられると、当時、旗艦「赤城」の飛行隊長であった淵田美津雄中佐の言葉によれば、なんだか因循姑息《いんじゅんこそく》で、潑剌颯爽とした昔の闘志が失われ、作戦を指導する態度も退嬰《たいえい》的だったという。そして、それを「年のせいで、早くもモウロクしたんではないかと感じた」と言い、山口多聞第二航空戦隊司令官の「南雲長官は、作戦に関して自分の意見を言わぬ。そして、おっくうがり屋である」とする評に、評し得て妙だと拍手する。

だが、それは「年のせい」だろうか。航空を知らず、航空機のイメージが描けず、ケタ外れの変化のテンポと圧倒的な攻撃威力を前に、当然ながら危機感を抱き、指揮官としての重い責任との狭間で、むしろ萎縮したせいではないか。

三〇ノット以上の高速で駆逐艦が突進して、五〇ノット近い速力で疾走する魚雷を撃つ。これぞ男子の本懐——といった世界に没入している者に、二〇〇ノット、三〇〇ノットで飛び回る航空戦の感覚が掴めず、イメージが描けないのは無理もないのだ。

しかも、南雲中将は自分で飛行機を操縦したことさえない。ミッドウェーで空母が全滅すると、彼は「今より攻撃に行く。（水上部隊）集まれ」と命じ、夜戦を挑んで敵を撃滅しようと勇み立った。そのときの彼には、因循姑息で退嬰的な様子は微塵もなかったという。

もう一つの例は、山本唯志中佐。ブーゲンビル島沖海戦（昭和十八年十一月二日）で、沈没した軽巡「川内」から深夜の海に放り出され、幸運にも泳ぎついたカッターを指揮して約二〇〇キロを敵中突破、五日がかりでニューアイルランド島南端のセント・ジョージ岬の味方基地にたどりついた話である。

問題は、カッターに海図はもちろん、肝心な羅針儀が備えてなく、普通、一三人のクルーが乗る小艇に五七人も乗っているのに、積んである食糧（ビスケット）と飲料水が雀の涙しかない、そんなカッターを指揮して、敵に制空権を奪われた海面を、オールを漕いで突破しようというところにあった。

彼は脚を負傷し、カッターに引き揚げられたあと気を失った。しばらくして我に返ったが、乗っている連中が暗夜どちらに進むべきかを決めかねているのを聞いた。そして自分が先任者であることを知ると、「これから私が指揮を執る」とまず宣し、目的地をセント・ジョージ岬と決めた。

彼は、オールを四本ないし六本（片舷二本ないし三本）で漕ぎ続ければ、たぶん三日か四日で目的地近くに着くだろうと見積もった。そしてコースを、今日、ラバウルからブーゲンビル島のタロキナ岬沖に南下したときの反対方向――北北西にとって進めばよい。「南十字星に背を向けて漕げ」と命じた。そうすれば、風や潮に流されることがあっても、敵の占領地区に漂着するまでには至るまい、と考えたのである。

第三水雷戦隊通信参謀の彼は、幸い、その日のタロキナ突入作戦の航路計画を立てる番に当たっていた。それが役に立ち、自信をもってカッターの針路を決め、航路のイメージを描くことができた。

二日目から食糧と飲料水が尽きた。昼は、遮《さえぎ》るものもない、痛いような赤道直下の太陽の直射を浴び、夜は、思いのほかの寒さに震え上がった。渇きで狂いそうになるのを、南の海特有のスコールで助かった。ところが、降り始めるといつまでもやまず、体温を失い、互いに肌と肌とを密着させて、かろうじて死を免《まぬか》れるヒドい目にあった。

その間に数回敵機に遭い、うち一機の執拗な銃撃を受けて六人の戦死者を出す。カッターは弾痕だらけとなり浸水大。さらに血の臭いを嗅いだ鱶《ふか》の群れに襲われた。カッターに体当たりするもの、船底を突き上げてくるものありで、生きた心地もしなかった。

そんな三日目の夜明け前、空腹に耐えかねた一人が、あかね色の雲の下の島影を指し、あの島に上陸して椰子の実を腹いっぱい食べようと言い出した。はからずも艇員の意見が二つに割れたが、山本参謀は、「島」までの距離が遠すぎること、そのうちには目的地に達するはずだと考え、所信断行、「針路北北西」と指示した。

しばらく恨めしそうに彼の顔を見ていた空腹兵も、日が昇り、島のように見えた雲が消えると、黙って漕ぎ始めた。そして四日目、ついに目的地の島に近づき、五日目に上陸を果たし、敵中突破に成功した。

この間、成否を分ける重要な転機が数回あった。

まず、指揮を執ると宣言して、艇員の心をまとめ、北進を命じたこと。敵機の空襲を受けたとき、個人の状況に応じながら、全員を海に飛び込ませて被害を最小限に食い止めたこと。わずかな飲料水とビスケットを士官・下士官・兵の区別でなく、漕ぎ手の若い兵たちに多く与え、率先して「漕がざる者は食うべからず」を貫いたこと。島の幻影を言い立ててきたとき、所信断行したこと。そして、それまでに数回、この海面を往復した知識を加えて航路のイメージを描き、それを艇員に伝えて、彼らに目的意識と希望を持たせたこと。

階級章や参謀飾緒といった服装による士官の威厳など、このときはゼロに等しかった。彼は、大破し沈没に瀕した軽巡「川内」から流れ出した重油の中を泳ぎ、顔の裏表もわからない状態でカッターに拾われた。二三個所もの敵機による弾痕から浸水するのを防ぐため、身につけた繊維製品を破り、丸めて破孔を塞いだ。三日目と四日目は帆走したが、応急の帆と帆索は、すべてめいめいの着ている繊維製品でつくった。

こうして、みんな素裸も同然になっていながら、リーダーの人間らしさと識見が、艇員たちに安心感と勇気を与え、途中ふらつかずに所信を貫いたことで、いっそう彼らの信頼を強めた――つまり、成功する指揮の要諦を忠実に実行したのである。

セント・ジョージ岬に着き、味方の基地員に助けられて上陸した兵たちが、乗ってきた満身創痍のカッターを顧みて、溜息と一緒に言ったという。

「ようこれで、生き残って帰ったもんだ」

体で得た「自信」

山本中佐や鈴木中佐の例で見られる「自信」を植えつけ、現在から将来へのイメージが描けて「先見」できるようにするため、海軍兵学校では、猛の字をゴシック書体にしたいような猛訓練をした。

腕を磨くことはもちろんだが、体力、気力を振り絞って限界近くまで耐えさせ、そこを乗り越えさせて不撓不屈の意志の力を養い、自信を身につけさせることが目的であった。体で得た自信は絶対に忘れない。十分に危険防止を図りながら、それらを生徒全員参加の分隊対抗競技の形に仕組んだ。うまく考えたものだった。

たとえば、酷暑訓練の終わりの遠泳。

兵学校生徒になったといっても、水泳が上手とは限らない。前に述べたような赤帽もいれば、イルカと親戚のような黒帽もいた。むろん、大多数は白帽だが、中にはピンクにしたほうが似合うのもいたはずだ。

さて、遠泳の日。江田内と言った江田島湾内一周一一キロのコースを、一個分隊約三〇人の生徒が三列に並んで平泳ぎで進む。黒帽の一人がリーダーになって先頭に立つ。難しいペースメーカーの役で、速すぎてもいけないし、遅すぎてもいけない。その分隊と少し距離をあけて、次の分隊の三〇人が平泳ぎで続く。次にまた三〇人、次に三〇人……。

分隊には、一隻ずつ櫓漕ぎの通船（伝馬船）がペースを合わせてつき、分隊監事が水着をつけて白線の二本入った黒帽をかぶり、白い袢纏《はんてん》みたいなのを引っかけて、危険を見張る。

各分隊の三年生の水泳担当者である水泳係は黒帽を助手にして、分隊の全員が一人残らず一一キロを泳ぎ終わるよう、特に泳ぎの下手な者、スピードの遅い者をマークする。列の中をグルグル回り、激励したり、テコ入れをしたりする。こむら返りを起こしたくらいでは、通船に上げず（減点される）、浮き身をさせ、助手を使って治してしまう。要領が悪くてスピードの遅い者は、後ろから押していく。全員が泳ぎきらねばならないから、泳ぎの上手な者は下手な者を助け、分隊としての成績を上げるのに懸命である。

平均的な白帽が一一キロをまっすぐ泳ぐ間に、上手な者は二〇キロ近くも泳ぎ回り、押したり引いたり、分隊の所要時間を一分でも短くするため、精いっぱい頑張る。むろん、白帽には、精いっぱい頑張らねば泳ぎきれない距離である。そして、もっと下手な者は、分隊監事が監視していて、危険な状態に陥る前に、「〇〇生徒は通船に上がれ」と命ずる。この生徒も、精いっぱい頑張ったのである。

こうして全員が精いっぱい頑張り、一一キロを泳ぎきって、計り知れない自信と満足感を体に刻む。

付け加えたいのは、高飛び込み。五メートル、一〇メートルの飛込台から全員に飛ばせる。波に揺れるポンツーン（平底船）に組まれた一〇メートル飛込台に立つと、ユラユラしてこれがまず気持ち悪いばかりか、眼下の海が青黒いコンクリート道路のように見えて足がすくむ。手は大きく動いても、足が動かぬ。

戦争中の話では、下から教官が「男だ。思いきって飛んでみろ。絶対死にゃあせん」と励ましたそうだが、戦前の私たちの頃は、単刀直入に「用意、飛べッ」と、一喝した。こっちのほうが、勇気というか、度胸をつけるのには有効のように思われるが、いかがなものか。遠泳と同じような状況が、宮島遠漕一五キロにも、宮島の弥山《みせん》登山にもあった。どちらも分隊対抗競技で、遠泳と同じように、弱い者、遅い者を、強い者、速い者が助けながら漕ぎ、登る（むろん駆け足で）。ここでも全員が精いっぱいの力を出し切った。

海軍の「伝統」と人間性の練磨

彼らに自信を持たせるための猛訓練のラインアップをお目にかける。

兵学校の年中行事――二月に厳冬訓練とその間の短艇撓漕と遠漕、三月に期末考査、四月に銃剣術試合と体育競技、五月に小銃射撃競技、六月に拳銃射撃競技と柔剣道試合、七月に酷暑訓練と、その間の水泳競技と遠泳、八月に幕営と夏季休暇、九月に柔剣道試合と相撲競技、十月に弥山登山競技と野外演習、十一月に体育競技と期末考査、十二月に年末年始休暇ということで一年が終わる（年により変更あり）。

どの日も日課で満杯だから、夜の自習時間が終わって寝るまでの一五分を工面したり、爪に火をともすような苦労をして捻出した分刻みの時間を利用した一ヵ月の練習期間を置いて分隊対抗競技があり、終わると「一丁あがり」的に、前の記憶を振り捨てて次にかかる――分隊という小集団単位の一目標驀進主義。

まるで休む暇がなく、小人閑居して不善をなす余裕もなく、目が回るような忙しさのうちに、一年、二年、三年と過ぎ、いつの間にやら、海軍士官らしきものになっていた、というのが私たちの実感であった。

そんな中での勉強であり、考査であった。だから、教官の講義を手早く要領よく理解し記憶して、毎日二時間四五分しかない自習時間内に整理し、考査場で記憶を手早く要領よくたぐり出して、紙の上に復元する。それの上手な者は学術点が良くなる。同じ要領で積み重ねる訓育点も良くなれば、やや大げさながら、海軍生活の一生を決めるハンモック・ナンバー（席次）が上がる。

その結果、大器晩成型や、目から鼻に抜ける秀才型ではなくじっくり本質を捉えようとする者、闘志満々で細事にこだわらぬ戦闘者型は、せいぜい中位以下にとどまらざるをえないという、妙なことになってしまった。

話がそれた。

心の修養、知識体験の習得と並行して教えたのは、これから述べる人間性・人格の練磨であった。

兵学校には、精神教育ということとごとしい部分もあったが、人間性の練磨には、海軍の「伝統」の勉強と、しつけ教育によったところが多かった。「伝統」の勉強は、国史と海軍史にわたった。めいめいの置かれた立場を知り、使命感を摑むうえでの基本であったが、ここで国史や海軍史を述べてみてもしようがないので、やめる。

それよりも海軍には、戦闘者の典型であり、日本の運命を危機一髪の境に救った日露戦争のときの連合艦隊司令長官・東郷平八郎元帥があり、沈没した潜水艇内で刻々と追ってくる死を前に、少しも乱れず、まず艇を沈没させたことを詫び、部下の働きを褒《ほ》め、将来のため、沈没の原因、経過、改善意見などを克明にメモして果てた沈勇の第六号潜水艇艇長・佐久間勉大尉がいる。

また、軍縮会議後の危機感から夜間の猛訓練を繰り返すうち、軽巡二隻と駆逐艦二隻の二重衝突（美保ガ関事件）が突発、駆逐艦「蕨」を轟沈させるに至った事件について、軍法会議の陳述を含めた後始末を立派にすませた後、責めを一身に負って自決した軽巡「神通」艦長水城圭次大佐もいる。そのような先輩たちの行動や人となりは、若い生徒たちに強い感動を与え、彼らの人間形成に最高の指針となった。

「甘え」を抜き取るセレモニー

次に、しつけ教育。

タイプこそ違え、「強い」リーダーのあり方を示した鈴木・山本両中佐の例で見られるように、軍隊では、部下はリーダーに命がけでついていく。だからこそリーダーは、それにふさわしい知識・識見を持つと同時に、絶対に部下から信頼されていなければならなかった。

このリーダーの言うとおりにすればお国のためになる、と信じて働くからこそ、士気が揚がる。困難を乗り越えるし、不可能を可能にもする。

大事なのは、部下に信頼される人をつくることである。

今井善樹主計少佐（二年現役出身）が書いている。

「（重巡）羽黒に尾崎という少尉候補生がいた。その後少尉に任官したが、彼は兵学校の席次が、たしか五番以内であった。航海士や甲板士官として立派な青年士官だったが、彼がどこだかに転勤することになった。甲板の見送りの位置に並んで、みんなが帽子を振っていた。ふと横を見たら、彼の部下だった一人の兵曹長が、ジッと手を合わせ、だんだん遠ざかる彼の姿を見つめて涙を流していた。彼は、部下にとって慈父のようであったらしい。うら若い青年、というより少年であった彼が、いいおやじ連中に神様のように敬愛されていたことを、あとで知った」

部下に信頼される、人間味の溢れる人間であると同時に、もう一つの「強い」リーダーの条件――毅然とした自立的人格を持つことが、これはどの若さでも可能だった。そういう勇気を与えてくれる話である。

自立的人格を与える手段の一つとして、新入生の入校式当夜、兵学校でやった「娑婆気を抜く」ためのセレモニーは、たしかに浮世離れした壮烈なものだった。

今から約二〇年前、菊田一夫先生に頼まれ、東宝現代劇公演『今日を限りの』（海軍兵学校物語）の監修兼演出助手みたいなことをやらされた。その一幕に、この入校式当夜の姓名申告の場があった。

若い俳優諸君に、ありったけの声で怒鳴ってもらった。自習室で、一列に並んだ新入生が出身校と姓名を申告するのを、「声が小さい」「聞こえーン」「やり直せッ」と怒鳴りつける。三年生役の俳優諸君、興が乗ったとみえ、足踏み鳴らす、デスクをガタガタいわせる――私から見ると、少なからずオーバーながら迫真の演技となり、舞台は、新入生はむろん、観客を含めて肝を潰させ、顔面蒼白、足がブルブル震えるほどの迫力になった。

すると、観劇に来てくれた先輩・後輩から、キツいクレームが出た。先輩からは、「あんな暴力的な、海軍士官の品性を疑われるようなやり方はすぐやめろ」と言われた。後輩からは、「あれじゃあナマぬるい、われわれはもっと激烈にやった、舞台の底を抜くくらい思い切ってやってくれ」と言われた。プラス・マイナス、ゼロで、そのまま押し通したが、兵学校のマナーも、時代によって、ずいぶん変わったらしいことを痛感した。

入校当夜のセレモニーは、言うなれば世間（娑婆）風の「甘え」を断つのが目的である。「甘え」を捨てねば、自立的人格は得られない。してみると、時代が下がると、それだけ世間風の「甘え」の根が深くなり、抜き捨てるのにそれだけ大きなエネルギーが必要になったということか。

それにしても、この洗礼を受けて、これはエライところに来た、と私などガックリしたものだった。若かったからこそ、間もなく雰囲気に溶け込むことができたけれども。

「秀才」は「優秀」にあらず

兵学校のしつけ教育は、まず海軍士官であるのにふさわしい人格をつくり、海軍の戦闘単位である軍艦の機能を十分に発揮させることを目的に、人間関係を良くし、起居動作をリファインしようとするものだった。たとえば、こんな言葉があった。

「スマートで、目先が利いて几帳面　負けじ魂これぞ船乗り」

「目に見せて、耳に聞かせてさせてみて、ほめてやらねば、だれもやるまい」

その他、海軍ではどんなことを教えたか、ご参考までに、しつけの二、三をかいつまんで述べておく。

▼五分前の精神

定時の五分前には着手の準備をすませ、定時にはすぐ仕事が段取りよく始められるよう、心構えを怠らぬ。同時に、時間待ちをしている五分間に、これから起こるべき事態のイメージを描き、最悪の事態が起こったときにとるべき処置を心づもりする。そして、いつも油断のない気構えを持たせようとしたものだった。

▼指揮官先頭・率先垂範

既に述べたから繰り返さないが、こうも考えた。部下はいつも上司を注目している。上司の態度や行動はすぐ部下にも移る。上司が不様なことをしながら、部下の不様を叱ったとすれば、たちまち部下の不信を買う。不信は、人間関係をむしばむ癌である、と。

▼出船の精神

船が港に入るとき、そのままの向きで桟橋などに横着け（または前後繋留）するか、いったん向きを変え、港口に船首を向け直して横着け（前後繋留）するかの二つの方法がある。前者を入船、後者を出船と言う。出船に繋《つな》げば、「戦闘即応」で、すぐに出港できる。いつも出船の精神を持ち、次のステップが確実・迅速・正確に踏み出せるよう準備を整え、休むときは大いに休めと言った。

さて、海軍は「強い」リーダーをどう育てたか、というテーマで考えてきたが、一言付け加えておきたい。カギカッコをつけて「強い」と書いてきた理由である。

結論を言えば、平時の海軍では、「能吏」を育てるか「戦闘者」を育てるか、教育目標の設定にあやふやなところがあった。気持ちでは「戦闘者」を育てるつもりでいても、日露戦争以後三六年も平和が続き、戦争経験者もほとんどいなくなった状況で、複雑化・肥大化した官僚組織の中で毎日を過ごしていた。そのため、知らず知らず毎日のことに役立つ「能吏」を評価してしまった。

これは、海軍の重大な失敗であった。

これまでに述べてきた意味での「強い」リーダーをこそ「優秀」な士官と評価すべきところ、「秀才」を「優秀」な士官と評価してしまった。ハンモック・ナンバーが上位にある「優秀」士官が、実戦場で必ずしも「強い」リーダーではなかったという、海軍教育システムの中での「評価」基準の設定ミスが、図らずも戦争中――海軍の正念場で、さらけ出されてしまった。

文中、「秀才」中の「秀才」士官が昇進した将官よりも、戦場で働いた中堅以下の「強い」士官の例を多く引いたのも、実は、そんな気持ちからである。

（一九九四年七月刊『日本海軍の功罪』プレジデント社より）

海軍兵学校躾教育覚書

武田光雄（70期）

躾教育覚書制定の経緯

身体と美しいを組み合わせた「躾《しつけ》」という字は、日本で造られた所謂《いわゆる》国字である。辞書には「礼儀作法を身につけさせること」と書かれているが、私はもっと広く解釈して、日本伝統の芸道等を学ぶ際の「先ず形から入り心をつくる」という、精神的要素も含んだ教育法と考えている。

兵学校の躾教育については、「海軍兵学校例規」や「服務綱要」等の中に大方成文化されてはいたが、不文律の類も結構多く、伝承される間に誤り伝えられたり、解釈についても個人差が起きる等の問題が生じた。こうした口伝のものを取りまとめて文書化し、思想統一を図ろうということで、六九期が一号であった昭和十六年一月、藁半紙、ガリ版刷りの「躾教育覚書」（以下「覚書」と略記）が初めて作成され、各分隊に配布された。

七〇期は二号時代の末期から、この覚書を皆で検討した結果、一号になった当日の三月二十五日付でその改訂版が完成、再配布された。私の秘蔵する黄色く変色した、B5版の藁半

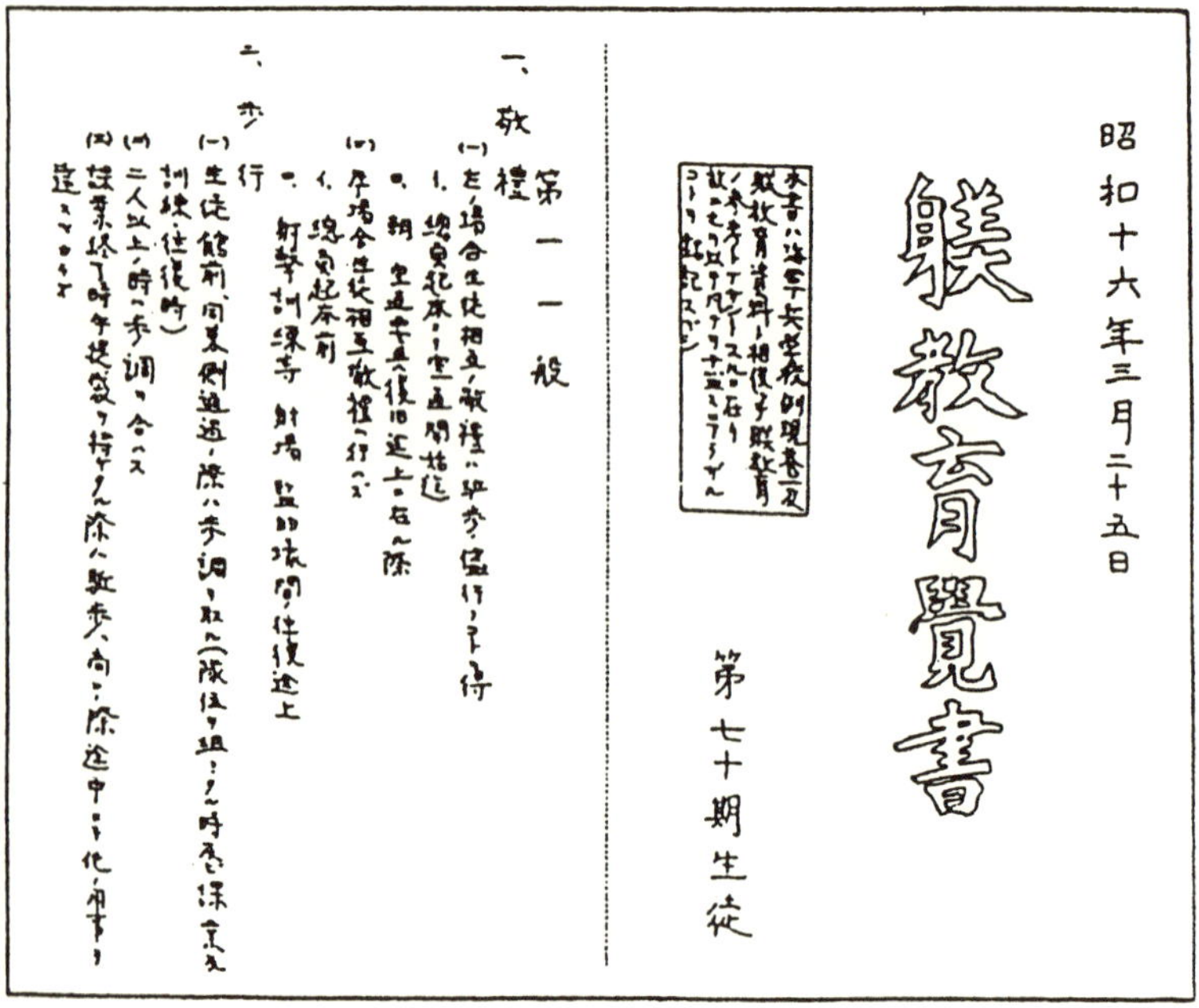
昭和十六年三月二十五日

躾教育覺書

第七十期生徒

第一　一般

一、敬禮

二、歩行

紙袋綴じ二五頁の原資料の、表紙と第一頁の縮小コピーを別図に示す。この改訂覚書は兵学校の躾教育用バイブルの七〇期版、当時の一号生徒のいわば虎の巻であり、ここにその全文を紹介する。開戦を八ヵ月後に控えた、当時の兵学校生活をうかがい知る一助ともなれば幸いである。

以下、覚書を旧漢字、片仮名交じりの原文の儘《まま》掲載し、蛇足ながら筆者の解説を当用漢字、新仮名遣いで付記する。

躾教育覚書の内容

第一　一般

一、敬禮

（一）左ノ場合、生徒相互ノ敬禮ハ駈歩ノ儘行フコトヲ得。

イ、総員起床ヨリ室直［室内掃除］

開始迄。

ロ、朝、室直要具復旧途上ニ在ル際。

(二) 左ノ場合生徒相互ノ敬禮ハ行ハズ。

イ、総員起床前。

ロ、射撃訓練等デ射場監的壕間ノ往復途上。

海軍の敬礼は狭い艦内生活を配慮し、陸軍式の肘を横に張り出し、掌を外に向ける堅苦しい形ではなく、肘を前にもって行き、掌を内に向けて立てて右顔面を隠す品の良い形であった。敬礼は通常の歩調で、相手の目に注目して行なうのが原則であるが、ここに示されているのは、その一部または全部を省略しても良い例外規定である。

(二)のイは、暗い上に寝衣には名札がなく、上級生の識別困難のため、また(二)のロは実弾射撃中の危険防止のためと考えられる。

二、歩行

(一) 生徒館前、同東側通過ノ際ハ歩調ヲ取ル(隊伍ヲ組ミタル時及ビ課業、訓練ノ往復時)。

(二) 二人以上ノ時ハ歩調ヲ合ハス。

(三) 課業終了時、手提袋ヲ持チタル際ハ駈歩、尚コノ際途中ニテ他ノ用事ヲ達スベカラズ。

(四) 整列ノ際小人数ナル時ハ右向ケニテ四列ヲ作ルニ及バズ(此ノ限度概ネ七名以下トス)

（五）「歩調取レ」「歩調止メ」ノ区別ヲ明ラカニスルト共ニ、両者共堂々タル行進ヲナスベシ。
「歩調止メ」ト雖《いえど》モ一分間百十四歩ニハ変リナク道歩ト判然ト区別スルヲ要ス。
（六）體操服装着、其ノ他身軽ナル服装ヲナセル際及ビ銃剣術防具、室直要具等ヲ持チタル際ハ、所要ノ場所ニ至ル迄駈歩ヲ用フベシ。
（七）左ノ場所ハ急ヲ要スル時ノ外、駈歩ヲ用ヒザルモノトス。
大講堂、食堂、廳舎、経線儀室前、参考館。

生徒館前及びその東側の通路は兵学校のメインストリートと考えられ、二人以上の時は校庭の散歩、休日の外出、休暇の際にも歩調を合わせることが求められた。
三、整頓
（一）整頓基準線ヲ第一、第二生徒館共夫々《それぞれ》中央廊下ニ定ム。
（二）整頓法
イ、帽子ハ庇《ひさし》ヲ基準線ニ向ク、但シ浴室及ビ道場ニ於テハ通路側ニ向ク。
ロ、雨衣及ビ水筒ヲ「帽子掛」ニ掛クルニハ水筒ハ裏側、雨衣ハ表側ノ「フック」ニ掛ケ、且ツ雨衣ハ下段ノ「フック」ニ掛ク。
ハ、靴棚ノ靴ハ爪先ヲ内方ニ向ケ、踵《かかと》ヲ前縁若《も》しクハ後縁ニ揃フベシ。草履及ビ運動靴ハ前部靴棚ニ、其ノ他ノ靴ハ前部及ビ後部靴棚ニ格納スベキモノトス。
整頓も挟い艦内生活に備え、海軍軍人の嗜《たしな》みとして厳しく躾《しつけ》られた。要は在るべき物が在るべき所にあり、緊急の場合、明かりがなくても、ちゃんと即応出来る態勢にあるということだ。また、整頓のためには基準となる線が必要で、訓練等で屋外で服を脱いだ際、帽子の庇や靴の爪先は生徒館の中央廊下の線に向けて整然と並べられた。

四、其ノ他

（一）作業中雑談禁止。
（二）號音ヲ聞カバ不動ノ姿勢。
（三）軍装ニテ上衣ヲ脱シ作業ノ際ハ、体操帯着用ノコト。
（四）上級生ヨリ「待テ」ヲカケラレタル時ハソノ儘《まま》不動ノ姿勢ヲナシ、「終リ」ヲ聞カバ敬禮ヲナシ、「掛レ」ニテ掛ルモノトス。
（五）外出時以外、病室ニ至ル通路ヲ左ノ如ク定ム。
参考館北側、化学講堂西側、新普通講堂北側、「ポスト」ノ傍、病室。
（六）体育時、衣服ノ装脱ハ、生徒館入口ニ通ズル各通路側ヨリ、各学年順序トス。
（七）掃除ニハ人目ニツカヌ所ヲ特ニ入念ニナスヲ要ス。
（八）窓、扉ノ開閉ハ静カニ為スヲ要ス。

（一）の作業中の雑談禁止は危険防止の意味からも特に厳重に躾られた。戦後会社に入って、仕事中の私語には大変気になったものだ。（二）の号音は、ラッパが鳴っている間は不動の姿勢、ラストサウンドで発動と決まっていた。

第二　自習室

一、自習時間中、自席ヲ離ルルヲ要スル時又ハ聲ヲ発スルヲ要スル時ハ、在室先任者ノ許可ヲ受クベシ。

二、上級生着席中ハ、特別ノ場合ノ外其ノ後ヲ通過スベカラズ。
三、着席中、後ヲ向カザルコト。
四、他分隊自習室ニ出入スル際ハ、在室先任者ニ対シ敬禮スベシ。
五、短剣、雨衣、水筒ハ帽子掛ニ掛クルコト。
六、短剣ハ歸校點検迄ニ各自ニテ取込ムコト。
七、黒板ハ私用又ハソノ無断使用ヲ禁ズ。
八、後ノ出入口ハ一號ノミ之ヲ使用ス。但シ大掃除中ハ此ノ限ニ非ズ。
九、銃架覆ハ自習始メ五分前ニ卸シ、室直時揚グ。但シ自習ナキ時ハ七時ニ卸スモノトス。
十、自習ハ特令アル場合ノ外自習室ニテ行フコト。
十一、机ノ蓋ハ一杯開ク。但シ自習及自修中ハ此ノ限りニアラズ。濫《みだ》リニ開カザルコト。
十二、窓ヨリ首、手等ヲ出スベカラズ。
十三、敷居ヲ踏マザルコト。
十四、自習（修）時間及五省時間中ハ生徒館ハ絶對静粛ヲ旨トシ、有志巡航員モ自習（修）時間中ハ生徒館内ヲ交通スベカラズ。
十五、机内ノ整頓ハ常時最善ヲ盡スヲ要ス。
十六、机ノ右側ニハ帽子、左側ニハ手提袋ヲ掛クルコトトシ、尚星座盤ノミ非通路側ニ掛クルコトヲ得。

自習室は分隊員が一緒に勉強する神聖な場所として、色々と細かい躾があった。七〇期が一号の時の一個分隊の標準構成は、一号九名、二号一二名、三号一三名の計三四名であった。席順は最後列の右端から始まって前列へ一、二、三号の順に並び、着席中、後ろは向けないが、最前列からは前に置かれた本棚のガラス戸に映る上級生の居眠り姿も見ることが出来た。十四の自習と自修とは、前者は普通の自習、後者は日曜、祝祭日の朝に行なわれる「勅諭奉読」とを区別したものと思われる。

第三　寝室

一、他分隊ノ寝室ニ入ル際ハ敬禮ヲ要セズ。
二、上級生ガ側ヲ通ル際ハ通路ヲ開ク。
三、止ムヲ得ザル場合ノ外、全裸体トナルヲ慎ムコト。
四、巡検中ハ一切動クコトヲ得ズ。
五、巡検後総員起シ迄、便所ニ赴ク以外、寝台ヲ離ルベカラズ、談話スルコトヲ得ズ。
　但シ納涼許可中ハ、例規所定ニ依ル。此ノ場合ハ特ニ静粛ヲ旨トスベシ。
六、総員起床ノ號音ノ鳴リ終ル迄ハ就寝シアルヲ要ス。
七、特ニ寝衣ノ整頓ニ留意スベシ。
八、寝室ニ於ケル教官出入ノ際ノ敬禮ヲ怠ラザルコト。
九、水筒ハ各自ノ被服箱内ニ格納スルモノトス。

寝室は自習室ほどやかましくはない。うら悲しい巡検ラッパの音を寝床の中で聞いていると、「巡検」の号令と共に当直監事、週番生徒が各分隊寝室を回り、軍紀風紀、整理整頓、衛生状態を点検する。これは軍艦で副長、甲板士官が行なう巡検と同じものである。

納涼は酷暑日課中の寝苦しい夜に限って、当直監事の判断で巡検後三〇分間、寝衣に草履で海岸付近を散歩することが許され、参加は自由。ここで満天の星を仰ぎながら、上級生から星座の見方を教えられることもあった。

第四　講堂

一、講堂ニ於ケル歩行ハ静粛ヲ旨トシ、階段昇降ニ駈足ヲ用ヒザルモノトス。
二、帽子掛ニハ教官ノ帽子ヲ掛ケラルル所ヲ二ツ明ケ置クベシ。
三、班名札ハ號令官之ヲ所要ノ位置ニ掛ケルモノトス。
四、名札ハ各自ノ右前方ニ置クモノトス。
五、講堂ニ到ラバ課業ノ準備ヲナシ、静粛ニ教官ノ來ラルルヲ待ツベシ。
六、講堂ヲ出ヅル際ハ、机、腰掛ノ整頓ニ留意シ、黒板ノ清潔ニ心掛クベシ。
七、講堂ノ器具ハ許可セラレタルモノノ外ハ触ルルベカラズ。
八、休憩時、廊下等室外ニ出ヅルモノハ帽子ヲ着用スベシ。
九、時間ナキ時ハ駈足ヲ以テ講堂ニ至リ、若シ遅刻セシ時ハ理由ヲ申告シ教官ノ許可アリタル後、席ニ就クモノトス。

講堂とは娑婆でいう教室のことで、講義は原則として各部単位で行なわれたが、二―六ヶ部合同の講義もあった。何れの場合も教官に対する礼節、静粛および整理整頓は極めて厳正で、授業態度の乱れた戦後の学生達に見せたいものである。

第五　便所

一、便所ノ敷石ハ決シテ汚スベカラズ。

二、大小便所使用後ハ必ズ流シオクベシ。
三、巡検用意後ハ巡検終了迄便所ニ赴クベカラズ。
四、巡検後、便所ニ赴ク際ハ草履ヲ用ヒ静粛ヲ旨トシ、付近分隊ニ迷惑ヲ及ボサザル如ク注意スベシ。
五、便所掃除ノ最肝要事ハ床ノ溜水ヲ絶無ナラシメ、乾燥ヲ保ツニアリ。
六、大便所ノ流水用引手ハ適度ナル力ニテ曳キ、之ヲ切断セヌコト。
断水時間中ハ如何程曳クモ水ハ出ヌモノナリ。
七、巡検後、便所使用ノ際ハ電灯四個ノ内一個ヲ点灯使用スベシ。

兵学校に来て初めて水洗便所を使った者も多くいたが、生徒は腕力が強いので、大便所の流水用引手を引きちぎることがよくあった。夏季にはしばしば断水があり、苦労した。「断水時間中ハ如何程曳クモ水ハ出ヌモノナリ」と分かっていても、一度は曳いてみるのが人情である。この場合は便所に備えられた大きな桶に蓄えた水を手桶で汲んで流すか、はるか彼方の第二生徒館の旧式な汲み取り便所を利用するしかなかった。

第六　洗面所

一、起床後、有志練習ヲ行ハザルモノハ、洗面所ニ到ラバ直ニ上半身裸体トナルベシ。
二、「コップ」ハ歯磨粉ノ附着セル儘格納シ置カザルコト。
三、大掃除ニハ床面下ノ汚水路ノ清掃ヲ忘ルルナ。
四、手拭ハ風ニ散乱セヌ様心掛ケヨ。
五、「コック」ノ締メ忘レハ絶対不可、「コック」ノ締メ方ハ水ノ滴下セザル程度トシ過緊ナラザルヲ可トス。
柔道、剣道等の有志練習を行なう者は、冷水摩擦はせず、着衣のまま洗面した後、隊伍を組んで駈け足で道場に赴いた。五はやはり生徒の腕力の強さを危惧した規定である。

第七　生徒館階段　廊下

一、階段ヲ上ガル場合ハ二段宛、降ル場合ハ一段宛何レモ駈歩トス、階段中程ノ廣場モ駈歩ヲ行フモノトス。但シ自習時、自選時、精神教育時、巡検後及ビ起床前ハ廊下、階段共駈歩ヲ禁ズ。
二、中庭周辺ノ鉄板ヲ踏ムベカラズ。
三、中央廊下、中央玄関ハ、裸体ノ儘又ハ異常ナル恰好ニテ通ルベカラズ。
四、靴磨台ニ於テ上級生アル時ハ已ムヲ得ザル場合ノ外、下級生ハ之ヲ遠慮スベシ。
五、大掃除用意ノ際、銃器手入箱下ノ油分ノ除去ヲ徹底的ニ行フベシ。
六、自習室前ノ帽子掛ノ整頓掃除ヲ怠ルベカラズ。

階段の駈歩は、艦内生活で狭い鉄の階段をスマートに昇降するための躾であるが、寝室が二階と三階では、後者はハンディキャップを免れない。まして屋上へ洗濯物を取り込みにでも行った際、たちの悪い一匹狼に捕まったら悲惨である。四階まで三往復もさせられたら腰が抜ける。捕まらないコツは、捕まりそうな人の後に付いて昇り、その人が捕まっているどさくさ紛れに逃げ延びるのが、生活の知恵である。

第八　食堂

一、食器ノ取扱ヲ静ニシ食器ノ音ヲ立テザル如ク注意スベシ。

二、食器ヲ持上ゲ或ハ食器ニ口ヲ触ルル程、体ヲ曲グルハ戒ムベシ。
三、食前、食後ニ報恩感謝ノ敬ヲ捧グベシ。
四、左手ハ使用セズ。但シ「パン」ハ左手ニテ食ス。
五、「パン」ヲ口ニテ噛切ラザルコト。
六、上官食堂ヲ出入セラルル時ハ、立上リ、不動ノ姿勢、敬禮ヲナスベシ。但シ着席中ノ者ハ此ノ限リニアラズ。
七、退室ノ際、忘レ物ナキヲ要ス。
八、食器ノ後始末ヲ完全ニナスベシ。

一、二、三、四、五、八あたりは、家庭の躾にも使えそうである。兵学校の朝食は、パン一斤、白砂糖大匙《おおさじ》一杯に味噌汁という珍妙な取り合わせであったが、パンは両手の指先で千切り、左手で皿の砂糖に圧着した上、口に入れるのが、英国紳士の流儀を取り入れた海軍の食卓作法であった。

第九　練兵場
一、散歩ハ南北方向ヲ立前トス。
二、美化ニ努ムルコト。靴踵用セルロイド、小石、紙屑、木切等見付ケ次第拾ヒ捨テルヲ要ス。
三、蹲《うずくま》リ又ハ座臥セザルコト。
四、堂々ト闊歩スルコト、冬季ハ寒相ナ恰好厳禁。
五、散歩ヲ励行スルコト。

二は美化と共に安全の目的もあり、棒倒しの前に全校生徒が一列横隊でごみ拾いをしたこともある。四は「寒そうな」と読む。「仰角三〇度！」、現代風にいえば、「上を向いて歩こう」ということになろうか。

第十　校庭

一、芝生内ニ立入ラザルコト、芝生ノ端ヲ踏マザルコト。

二、校庭、道路其他ニ於テ、塵等ヲ見付ケタルトキハ其都度之ヲ始末スルコト。

三、受持校庭ノ雑草ハ不断ニ除去根絶スルコト。

校庭は各分隊の自習室の前面が各分隊の受け持ちとされていた。三で除去の上に根絶と書かれているのが面白い。校庭の躑躅《つつじ》は初夏になると美しい花を咲かせ、終わると翌年の開花に備えて休み時間に分隊員総出で摘花をするのが、この時期の兵学校の風物詩であった。

第十一　酒保　養浩館

一、養浩館内ニ入ル際ハ外ニテ短剣、帽子ヲ脱シ、必ズ帽子掛ニ掛ケルコト。

二、備付ケノ蓄音機、「ピアノ」、「ピンポン」等ヲ下級生ニシテ使用セントスルモノハ、在席ノ上級生ニ一應断ルヲ要ス。

三、日本間ニ於テハ、外出許可時間ノミ上着ヲ脱スルコト及横臥スルコトヲ得。

四、傳票ハ食スル前ニ必ズ書キ、之ヲ入ルルトキハ必ズ所定箱内ニ入ルルヲ要ス。

五、日曜日以外ハ分隊固有「テーブル」ニ於テ食スルモノトス。

六、他分隊ノ酒保ハ當該分隊在室先任者ノ許可アルニ非ザレバ、決シテ採ルコトヲ得ズ。

七、酒保ニ赴ク際及酒保ヲ採ル際等、苟《いやし》クモ些《さ》々《さ》タル食欲ノタメ先ヲ争フガ如キ振舞絶無ナルヲ要ス。

八、後始末ヲ規定通リ確実ニナスヲ要ス。

酒保には生徒館の四階に文房具や日用品を販売する酒保もあったが、ここでいうのは「養浩館」のことである。当時は土曜の夕食後と日曜、祝祭日の外出許可時間に限って開館され、羊羹、餅菓子、豆菓子、うどん等を販売していた。

四の伝票方式は両方の酒保に共通するもので、物品の購入は全て伝票記入によって行なわれ、現金の授受はなく、月末にその合計金額が各自の預金通帳から引き落とされるという信用制度が採られていた。月末の棚卸しの際、現物と金とがどんぴしゃりと一致するのが、兵学校の誇るべき多年の伝統であった。

七の「些々タル食欲ノタメ」も分からんではないが、「腹が減っては戦はできぬ」という譬《たと》えもあり、猛訓練で腹ペコの四号は土曜の夕食をかきこんで、酒保への一番乗りを競ったものである。

一方、鬼の一号は養浩館に通じる、八方園神社下の薄暗い小道に網を張り、少しでも駈け足とおぼしき者には「待テイ」をかける。この駈け足と速足の微妙な兼ね合いで非常線を突破して、一番乗りをしてたらふく羊羹にありつくのは、餓鬼の四号の正《まさ》にスリル満点の楽しみでもあった。

第十二　剣道場

一、道場ニテハ道場十訓ヲ銘記シ、心身ノ錬磨、伎倆ノ向上ニ努ムベシ。

二、道場ニ於テハ特ニ礼儀ヲ正シクシ、且ツ道場出入ノ際ハ神座ニ封シ敬禮ヲ行フベシ。

三、道場内ノ整理整頓ニハ充分ノ注意ヲ拂ヒ、常ニ道場ヲ整然タラシムベシ。靴ハ先着順ニ逐次入口ノ側ヨリ整頓ス。但シ上方三段ハ納メザルヲ例トシ、雨天ノ際、雨衣ヲ入ルルモノトス。但シ大人数集合スル場合ハ此ノ限リニアラズ。

四、更衣ハ大人数ナルトキハ更衣場ノ混雑ヲ防グタメ、先着者ハ適宜道場内ニ於テ更衣スルヲ例トス。尚更衣ニ當リテハ、服ノ上下ヲ同時ニ脱シ全裸体トナラザル様注意スベシ。

五、道場内ニテハ、訓練開始前、更衣場ニ向フ場合及特ニ許可サレタル場合ノ外、必ズ靴下ヲ脱スベシ。

六、訓練中ニ於ケル交代及防具ノ装着ハ特ニ迅速ニ行ヒ、且ツ稽古ニ當リテハ短時間ニ全効果ヲ発揮シ得ル如ク努ムベシ。

七、竹刀ハ各分隊ノ竹刀箱内ニ納メ、決シテ他人ノ竹刀ヲ無断使用スベカラズ。又竹刀手入場ノ掃除整頓ニ留意スルヲ要ス。

八、各分隊予備竹刀ヲ準備シ置キ、訓練中、竹刀破損セル場合ノ用ニ供スベシ。訓練中ニ竹刀ノ修理ヲナスベカラズ。

九、体洗ハ稽古衣格納後行フモノトス。

第十三　柔道場

一、道場十訓ヲ銘記スベシ。

二、入場及退場

（一）道路上ニテ解放後、駈歩ニテ靴棚ニ至リ、靴ヲ靴棚ノ正面入口側ヨリ到着順ニツメテ納ム。上方三段ハ納メザルヲ例トス。但シ入レキレザルトキハ此限リニ非ズ。

(二) 道場出入ノ際、正面神座ニ對シ敬禮ヲ行フ。

三、更衣

(一) 速ニ更衣ヲナシ、衣服ハ畳ミテ之東側ニ整頓ス。

(二) 更衣ハ上或ハ下ヨリ交互ニ行フベシ。同時ニ脱シテ素裸トナルベカラズ。

(三) 帯ヲ帯掛ケニ掛クル場合ハ各等級毎ニ、又各帯ノ長サヲ整頓スベシ。

(四) 柔道衣ノ装着ハ、武装ニ準ズルモノナリ、整齊嚴格ニ装着スベシ。

四、訓練開始及終止

訓練開始(終止)ノ場合ハ指導官ニ對スル敬禮ノ前(后)ニ於テ、號令官ノ令ニ依リ神前ニ敬禮ヲ行フ。

五、試合及稽古ノ開始、終止

(一) 約一間半ノ間隔ヲ以テ相對シテ敬禮ヲ行ヒ、右足ヨリ一歩踏出シテ適當ノ間合ヲ取リ、自然本体トナリ、氣合ヲ充實シテ(試合ノ場合ハ審判官ノ「始メ」ノ令ニヨリ)開始ス。

(二) 試合或ハ練習中ハ旺盛ナル攻撃精神ノ体得ニ努ムルト共ニ、正シキ技ノ習得ニ努ムベシ。腰ヲ引キテ姿勢ヲ崩シ、或ハダラダラト氣合ノ抜ケタル練習ヲ行ヒ時間ヲ徒費スルガ如キコトアルベカラズ。

(三) 終止ノ場合ハ服装ヲ正シタル后、互ニ正シク敬禮ヲ行ヒテ練習ヲ止ム。

(四) 上級者ハ東側トナルヲ例トス。

六、休憩

(一) 上級生徒ハ東側、下級生徒ハ西側ニ休憩スルヲ例トス。
(二) 休憩中ハ端座又ハ起立トシ、安座又ハ蹲居《そんきょ》スベカラズ。
(三) 訓練時間中ハ例ヘ休憩時間中ト雖《いえど》モ、中休ニ非ザルヲ以テ紊《みだ》リニ更衣所、便所等彷徨スベカラズ。

七、其ノ他

(一) 爪ハ常ニ短ク切リ置クコト。
(二) 体洗ノタメ体洗場ニ行ク者ハ褌《ふんどし》ヲ自分ノ衣服ノ所ヘ脱ギテ行クコト。

剣道、柔道は海軍士官の表芸として、兵学校の訓育の項目である体育の中で最も重視された。とくに一月の十八日間に亙《わた》る厳冬訓練(娑婆でいう寒稽古)と、三月の四週間に亙る短艇・武道週間では、早朝と午後の二回、短艇訓練と交互に猛訓練が行なわれた。

覚書の項目を見ても、「礼に始まり礼に終わる」武道の伝統と、整理整頓および訓練時間の有効活用(例えば分隊の予備竹刀の準備)等が強調されている。とくに興味深いのは、柔、剣道両方を通じて「更衣ニ當タリ服ノ上下ヲ同時ニ脱シ、全裸体ニナラザルコト」という注意で、常に迅速な行動を要求した生活の中にも、こういう慎みは保たれていた。

「道場十訓」は躾教育の「形」に対し、「心」を示すもので、これにも書かれてある通り兵学校の武道は攻撃又攻撃、常に機先を制して敵陣内で戦うことが強調され、引き技や腰を引いた姿勢は注意された。

道場十訓

一、武技ヲ錬ルト共ニ氣力體力ノ鍛錬ニ努ムベシ
一、禮節ヲ重ンジ規律ヲ守ルベシ
一、試合中ハ眞劍對抗ト心得寸時モ油斷アルベカラズ
一、常ニ氣力ヲ充實シ敵ノ膽ヲ奪フノ氣勢アルベシ
一、常ニ攻勢ヲ取リ守勢ニ陷ルベカラズ
一、機ヲ見ルコト敏ニシテ常ニ機先ヲ制スベシ
一、攻撃ハ勇猛果敢ニシテ躊躇逡巡スベカラズ
一、敵ノ攻撃ニ動ゼザルノ膽力ト屈セザルノ忍耐沈毅ノ氣象ヲ養フベシ
一、態度姿勢ニ注意シ高潔ナル氣品ノ養成ニ努ムベシ
一、武技ノ練達及心的鍛錬ハ實習ノ裡自得ニ依リテ達成セラル専念工夫ヲ要ス

第十四　銃剣術

一、木銃ヲ右手ニ防具ハ左手ニ持ツベシ。尚防具ヲ持チタルトキハ駈歩ヲナスベシ。其ノ際、紐等ノ垂レ居ラザルヤニ注意スベシ。
二、有志訓練ノ場合ハ名札ヲ附スルニ及バズ。
三、防具ノ装着ハ、有志訓練ノトキニ限リ、格納所附近ニテ行フコトヲ得。
四、防具、木銃ハ元ノ場所に格納スベシ。決シテ手近ナル所ヨリ格納スベカラズ。
五、朝ノ訓練時ニ於テハ体操帽持参、軍帽着用。午後ノ訓練時ニハ体操帽ヲ着用ス。
六、上ハ体操服ヲ着用、下ハ事業服ノ儘トシ、運動靴、体操帯（名前ヲ後トス）ヲ着用

ス。

七、装面ノ際ハ必ズ手拭ヲ使用スベシ。

八、掛嚢ハ決シテ紛失セヌ様特ニ留意スベシ。

九、防具毀損セルモノハソノ儘格納スルコトナク、必ズ教員ニ申出シ、別ニ納ムベシ。

銃剣術も武道の一つとして、主に生徒館前の白砂の広場で実施され、防具を格納所から持参する場合は必ず駈歩とされた。心構えは「道場十訓」そのままに、先制攻撃を強調された。

なお、武道の一つである遊泳術（水泳）も、海軍士官の表芸の一つとして酷暑日課中、重点的に訓練が行なわれたが、どうした訳か覚書の中では全く触れられていない。

第十五　体操、体技

一、朝ノ体操有志練習ノ際ハ、体操帯ヲ着用シ体操靴ヲ穿クヲ例トス。

二、体技倉庫ノ鍵ハ起床後直ニ開キ、午后訓練後掃除、整頓ヲナシ閉スコト。

三、裸体ニテ体操ヲナシ、其ノ儘ノ服装ニテ訓練後、浴場ニ赴カントスル者ハ隊伍ヲ整ヘ大講堂前、第二生徒館東、八方園下ヲ通リ、教育参考館ノ北ヲ通ルベシ。

四、体操帽ノ後ノ紐ハ帽子ノ内ニ収メオキ外部ニ垂レザル如クス。

五、体操訓練時及有志訓練時ハ、節度アル動作ト活発ナル呼称トヲナスベシ。

六、見学者モ爲シ得ル限リ体操ヲ行フ。

七、使用器具ハ使用後必ズ定所ニ格納ノコト。

八、砲丸投ノ際ハ芝生上ヲ使用セザルコト。

海軍体操（デンマーク式柔軟体操）の創始者である堀内豊秋教官（五〇期）が、兵学校に着任されたのは我々が二号になった昭和十五年秋のことで、既に四〇歳に近いお年だったと思うが、身体は柔軟そのもので、体操はもとより剣道、水泳、短艇橈漕など何をやらせても教官にはかなわなかった。

一号になると、教官自ら体操の指導法と号令の掛け方について徹底的に仕込まれた。自分で模範を示し、号令を掛け、持ち前の毒舌でこてんぱんに一号をやっつけながら、一時間以上も連続体操を行ない、我々がへとへとになっているのに、教官はしれっとして呼吸も乱れていなかった。

このご指導のお陰で、卒業していきなり艦隊に配乗され、何も知らぬ七〇期候補生にとって、唯一つ自信の持てる体操指導が、部下統御の上でどんなに役立ったか知れない。堀内教官は、戦後オランダの報復裁判によって亡くなられたが、今でも忘れることの出来ない教官の一人である。

第十六　相撲

一、土俵ノ昇降ハ東西南北ニ設ケアル上リ場ヨリナシ、他ノ場所ヨリナサザルモノトス。

二、土俵上ニテ訓練開始直前（砂ヲ擴ゲタル後）及訓練終了後（砂ヲ盛リ土俵ヲ清掃シタル後）一同土俵ノ周囲ニ立チテ係ノ令ニテ土俵ニ對シテ敬禮スルモノトス。教官並ニ教員土俵ニ來ラレタル場合、係ノ令ニテ「気ヲ付ケ」ヲナシ、敬禮シタル後、再ビ續行ス。

三、教員ニ稽古ヲ戴ク際、其ノ終始ニ於テ剣ガ峰ニテ各人敬禮ヲナスモノトス。

四、訓練後、浴場ニ赴クニハ左ノ通路ニ依ルモノトスル。

（一）　東側浴場　大講堂前、八方園下、第二生徒館東、参考館北ヲ通ルベシ。
（二）　西側浴場　練兵場南縁ヲ通リ海岸松並木、第一生徒館西側ヲ経テ至ル。

相撲も四、五、六の三ヵ月にわたり集中的に訓練が行なわれ、個人、分隊の対抗競技で締め括られた。訓練時には各分隊が一つの土俵を占有したので、土俵の数も全部で二四面ぐらいあったかと記憶する。

「砂を盛り、砂を拡げ」とあるのは、砂におが屑をまぜた土俵中央の円錐形の小さな山のことで、訓練開始前には崩して土俵上に拡げ、訓練後には集めて小山に盛り上げてあり、突き固めた土俵の緩衝用に敷き、怪我を防ぐものと教えられた。四の規定のように、第一、第二生徒館の前の広場と、その間の通路は神聖な場所として、裸体で通行することは禁じられ、必ず迂回するように定められていた。

武道の「道場十訓」に対応する相撲守訓八ヵ条があるが、これにも「常ニ機先ヲ制シ敏捷果断、一突一倒ノ妙味ヲ獲得スルニ務ムベシ」とか「攻撃ハ勇猛果敢、押シニ次グニ押シヲ以テシ防衛ノ暇ナカラシムベシ」等と書かれ、「押サバ押セ引カバ押セ」とい「筈押し」一点張りで、常に敵の側の土俵で戦うよう指導された。

第十七　弓道

一、弓道ハ日課作業ニ差支ヘナキ限リ、随時弓道場ニ赴キ實施スルコトヲ得。
二、服装ハ當日ノ服装。上着、帽子ヲ脱シ体操帯着用ノコト。
三、實施ニ際シテハ、道場心得（道場ノ壁ニ掲ゲアリ）ヲ厳守スベシ。
四、上家出入ノ際ハ神棚ニ敬禮スベシ。但シ實施中ハ之ヲ省略ス。

第十八　庭球
一、庭球ヲ行フ時ノ服装
（一）軍装、事業服ノ場合
上着ヲ脱シ体操帯、体操靴着用。帽子ハ軍帽、体操帽何レニテモ可。
（二）体操終了后ハ其ノ儘ノ服装ニテ可。
二、殿下「コート」御使用中、生徒ハ遠慮スベシ。上級生多数在ル時ハ、下級生ハ成ル可ク遠慮スルモノトス。
三、用具ハ丁寧ニ取扱ヒ、用済後、定所ニ格納スベシ。尚用具毀損亡失ノ際、亦ハ之ヲ発見セシ者ハ速ニ係主任ニ申出ズベシ。
四、体操靴以外ノ靴着用ノママ「コート」内ニ入ルベカラズ。
五、石灰ニヨルモノ以外濫《みだ》リニ「ライン」ヲ記入スベカラズ。
六、雨天ノ際ハ「ラケット」使用ヲ禁ズ。
七、濡レタル球使用セバ「ガット」弛緩スルヲ以テ、十分乾キタルモノヲ使用スベシ。
弓道や庭球は正規の訓練科目ではなく、少数の同好の士が休日や自選時間にやっていた。
第十九　球技
一、「チーム」を編成シ野球試合ヲ行ハントスル場合ハ、其ノ旨主任ニ申出シ、且ツ週番生徒ニ報告ヲナスモノトス。
二、個々ニ「キャッチボール」等ヲ行フ場合ハ、右ノ手續キヲ要セズ随時使用差支エナシ。

三、要具ハ能フ限リ活用シ、体位ノ向上ヲ計リ、心氣更新ニ資スベシ。又使用中、破損亡失アリタルトキハ必ズ主任ニ申出ズベシ。
四、要具ハ特ニ丁寧ニ取扱ヒ、使用後ハ定所ニ格納シ整理整頓ニ留意スルヲ要ス。
五、特ニ野球ニ於テ「バット」ヲ以テ杭ヲ打込ム如キコトアルベカラズ。

野球は主として分隊内の融和のため、日曜などに行なわれたが、七〇期の中にも蔵田脩君（神戸一中）のように甲子園に出場級の名手も結構多かったようだ。ここでは野球しか触れていないが、球技としては他にサッカーやラグビーの同好会も結構盛んで、当時の名門校、高師付属中、神戸一中、浦和中等の出身者が中心でチームを編成し、休日には試合を楽しんでいた。

第二十　外出及倶楽部《クラブ》
一、外出許可時ノ心構ヘハ服務綱要ニ明示シアリ。即チ専《もっぱ》ラ爾後ノ準備トシテ心機ノ更新ニ努ムルヲ以テ本義トス。倶楽部モ又此ノ爲設ケアルハ勿論ナリ。然ルニ終日倶楽部ニアリテ益ナキ讀書ニ耽リ、頭ヲ疲労セシメ、必要以上ニ暴飲暴食ヲナシ、帰校時ハ外出時ノ元氣全ク沮喪セルハ根本ニ於テ誤レルモノニシテ、此ノ點充分膽《きも》ニ銘ジ置クヲ要ス。
二、定メラレタル使用区分ヲ嚴守セズシテ己ノ欲スル倶楽部ニ赴クガ如キ事アルベカラズ。
三、生徒ノ分ニ不相應ナル食事ヲナスベカラズ。
四、食事其ノ他依頼ノ件ニ関シテハ左記事項ニ留意スベシ。

（一）同志取纏メ頼ム事。
（二）成ルベク早目ニ頼ミ混雑セザル如ク努ムベシ。
（三）時局ヲ認識シ贅沢ナル飲食ヲ慎ミ、倶楽部ニテ作リ得ル料理ノ大体ヲ聞キ置クコト。
（四）常ニ倶楽部ノ人ノ苦労ヲ察シ、自己本位ナ事ヲナサザルコト。
五、倶楽部へ行キタル時及帰ル時、挨拶、御礼ノ言葉ヲ述ブベシ。
六、倶楽部ニ於テ寝ルハ差支ヘナシ、然レドモ附近ニ果物、食器等ヲ雑然ト散乱スベカラズ。飲食シ終リタル食器ハ直チニ返却スベシ。
七、飲食物ニテ畳ヲ汚シタルトキハ、直ニ處理スベシ。
八、帰ル際ハ徹底的ニ整頓ヲナシ、箒《ほうき》ニテ掃クヲ要ス。
九、會合ノタメ倶楽部ヲ使用セント欲スルトキハ主任ニ許可ヲ得、然ル後倶楽部ニ依頼スルヲ要ス。
十、倶楽部ニ於テ利己主義ナル行爲ハ絶対ニナスベカラズ。
十一、臥シタル儘食事、讀書ヲナスベカラズ。
十二、金ハ金高ヲ間違ナク所定ノ場所ニ必ズ置クベシ。
十三、蒲団ハ出來得ル限リ丁寧ニ取扱ヒ、掛蒲団ヲ敷クガ如キ事アルベカラズ。
十四、要スルニ倶楽部ハ生徒ガ一週間ニ一度之ヲ使用シ、生徒生活中相當ニ重要ナル役割ヲ演ズルモノナレバ、之ガ醇化向上ヲ計リ、生徒ニ相應《ふさわ》シキ休養、修養、団欒ノ場所トナス如ク努力スベシ。

其ノ他

一、書籍店ニ於ケル立チ讀ミハ固ク愼ムベシ。

二、外出時ノ敬禮ハ嚴正活潑ナルベシ。特ニ歸省中父兄同伴ノ場合、上級者在ルニモ拘ラズ、缺礼シテ尚平然タルガ如キ敬讓ノ念薄キ行爲アルベカラズ。

三、外出時風呂敷包ハ確ト保持シ、不体裁ニ下ゲテ歩ク如キコトアルベカラズ。

外出は原則として、日曜日と祝祭日の〇八〇〇（午前八時）から一七〇〇（午後五時）まで許可された。校内に残って勉強に励む聖人君子もおれば、手紙書き、衣服の繕いや洗濯等に専念する家庭的な人や、球技を楽しむスポーツマンもいたが、大部分の凡人は外出して山野を跋渉《ばっしょう》したり、倶楽部でごろ寝をきめこんで一週間のストレスを解消した。

倶楽部は、学校当局が近くの大きな民家と契約して外出時間の間だけ間借りをする制度で、勿論、学校からの金銭的な補償や、食材、寝具等の現物支給もあったようだが、その間は母屋を生徒に明け渡して、家族は一間で小さくなっておらねばならず、料理の手間（主としてその家の主婦やお嫁さんが当たられ、年齢にかかわらず「小母さん」と呼ばれた）も大変で、全くのボランティア活動であった。

倶楽部は厳しい兵学校生活の中で、例外的な自由と息抜きの場所であると同時に、海軍と娑婆との接点の第一歩でもあるという意味で、校内とは全く違った細かい生活の躾が盛られており、その実行はあくまでも各自の自律自制に任されるという点も違っていた。

要は、自制心をもってはめを外さないことと、娑婆の代表である倶楽部の人に接するには、海軍士官らしい礼儀と感謝の気持ちを忘れずに、少しでも迷惑をかけないようにということであった。

贅沢な飲食とあるが、当時倶楽部での最高の食事はすき焼きであったが、値段は忘れた。飲食代の支払いは料理や菓子の単価表に食べた数量を掛け、所定のお盆に現金で支払ったが、必ず実際より多めに支払うよう指導されていた。

倶楽部を退去する時の後始末や整理整頓の習慣は今でも残っていて、旅行にいって旅館を出る時は無意識に実行している。中には家族の一員のように生徒の面倒を見て下さる小母さんもおられ、我々もちょっぴり家庭的な雰囲気を味わったものだ。

第二十一　短艇巡航

一、其ノ趣旨ヲ体シ、土曜、日曜、祝祭日ヲ大イニ利用シ努メテ海上ニ出テ、困苦缺乏ニ堪ヘ、慣海性ヲ養ヒ併セテ伎倆ヲ錬磨シ、以テ海上諸作業ニ依リ心身ヲ鍛錬シ、協心戮力堅忍不抜ノ精神、機敏敢為ノ気魄ヲ養成スベシ。

二、短艇員ノ編成ハ努メテ各学年ヲ網羅シ、将来部下指導ノ根本ヲ會得スルト共ニ、分隊ノ融合一致ノ精神ノ涵養ニ資スベシ。

三、短艇ハ軍艦ノ分身ナリ、一度軍艦旗ヲ翳《かざ》シ巡航ニ出ンカ艇指揮ハ一ノ独立指揮官タルヲ自覚シ、苟《いやしく》モ艇ノ整備、保安、栄辱ニ関シ絶對ノ責任アル行動ニ出ヅベシ。

四、帰校時刻ヲ翌日一二〇〇ト定メラレタル所以《ゆえん》ヲ思ヒ、風無キ時ハ橈漕ニテモ予定ノ航路ヲ走破シ計画ノ貫行ヲ期スベシ。

五、『「スマート」デ眼先ガ効イテ几帳面、負ケジ魂之ゾ船乗リ』ノ海上ハ、人ノ品性陶冶ニ絶好ノ機會タルヲ思ヒ、準備復旧ハ迅速ニ、短艇軍紀ハ嚴正ニ、之ガ完遂ヲ期スベシ。

六、生徒隊、主計科借用物品、酒保入箱返却ノ際ハ、艇指揮其ノ全責任ヲ持チ手入ヲ完了シ、萬遺憾ナキヲ期スベシ。

短艇巡航は、兵学校生活の中でも思い出に残る楽しい行事の一つで、土曜日の総員訓練が終わってから、夕食材料、酒保（お菓子）、かんてき（七輪）、炭を短艇に積み込み、湾口を出て宮島付近まで巡航を楽しんだ。この時ばかりは、堅苦しい上級生、下級生の裃を脱いで、満天の星を眺めながら涼風にうたれ、巡航節を歌い、人生を論じ、人間同士の付き合いができた。

五の船乗りの心掛けを詠《よ》んだ歌の「スマート」は、昨今の「カッコイイ」という意味ではなく、動作が敏捷ですぐに行動に移ること。「眼先が効く」は、千変万化の海上気象の変化を見越して、早め早めに適切な手を打つこと。「几帳面」は狭い艦内を常に整理整頓して、あるべき物があるべき処にある状態。「負けじ魂」とは、如何に狂瀾怒濤が荒れ狂うともびくともしないファイトである。

躾教育覚書の意義

卒業五十年余を過ぎた今日、覚書を読み直してみると、一見煩瑣にわたると思われる向きもあろうが、将来の軍艦生活への適応を主目的とした各項は、概して常識的かつ合理的で、現在の荒廃した教育環境の中でも十分役に立つ項目もすくなくない。

入校当時はとても覚え切れず、しばしば現行犯で捕まったが、上級生になるに従って自然

海軍兵学校構内図

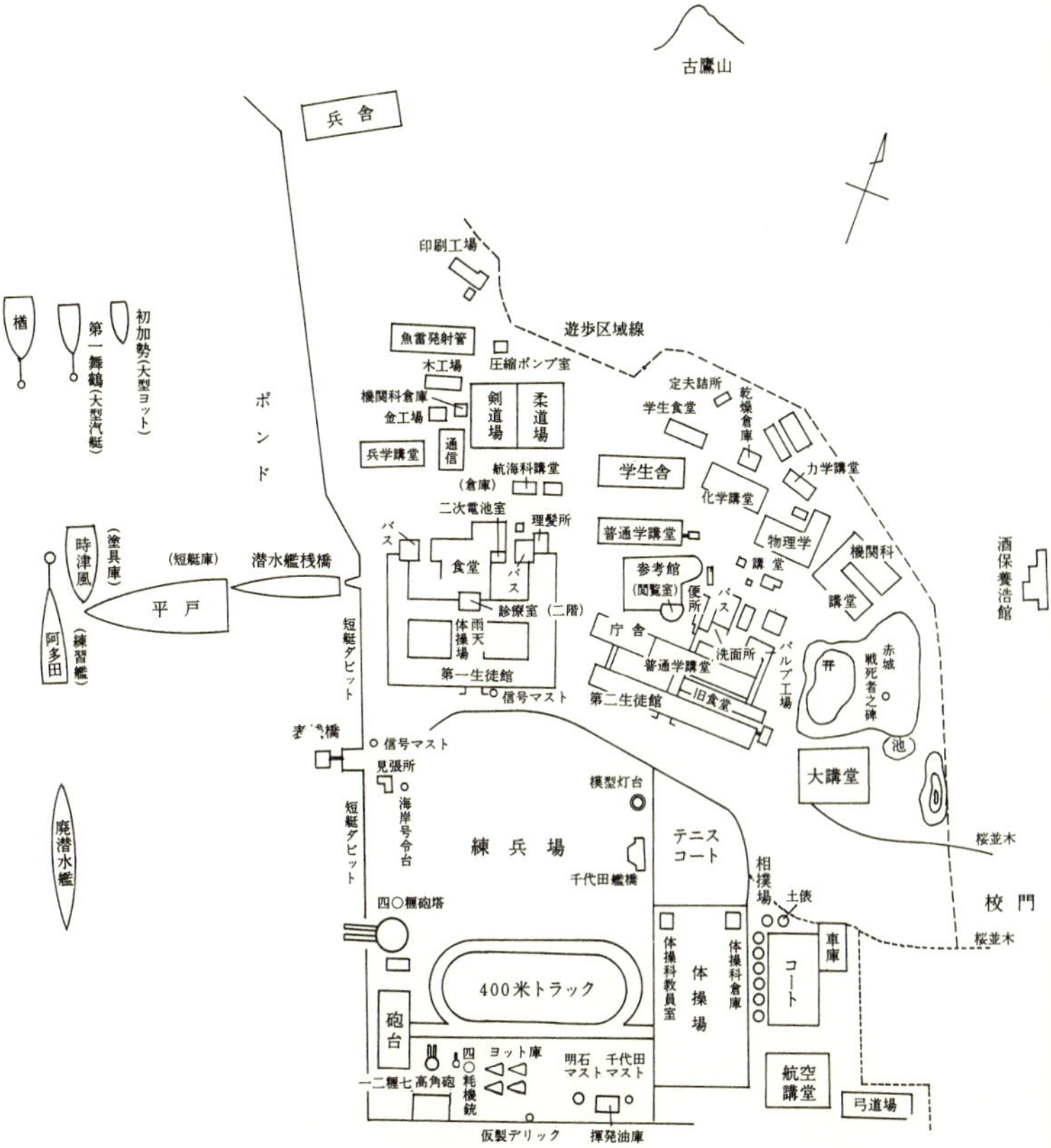
古鷹山
兵舎
印刷工場
遊歩区域線
魚雷発射管
圧縮ポンプ室
木工場
機関科倉庫
金工場
剣道場
柔道場
兵学講堂
通信
航海科講堂
(倉庫)
二次電池室
理髪所
バス
食堂
診療室(二階)
体操場
雨天
第一生徒館
信号マスト
檣
第一舞鶴(大型汽艇)
初加勢(大型ヨット)
ポンド
時津風
(塗具庫)
(短艇庫)
潜水艦桟橋
平戸
阿多田
(練習艦)
短艇ダビット
信号マスト
見張所
海岸号令台
練兵場
模型灯台
千代田艦橋
廃潜水艦
四〇糎砲塔
400米トラック
砲台
一二糎七高角砲
四〇粍機銃
ヨット庫
明石マスト
千代田マスト
仮製デリック
揮発油庫
定夫詰所
学生食堂
乾燥倉庫
学生舎
力学講堂
化学講堂
普通学講堂
物理学講堂
機関科講堂
参考館
(閲覧室)
便所
庁舎
洗面所
普通学講堂
バルブ工場
第二生徒館
旧食堂
赤城戦死者之碑
池
大講堂
酒保養浩館
テニスコート
相撲場
土俵
体操科教員室
体操場
体操科倉庫
コート
車庫
桜並木
校門
桜並木
航空講堂
弓道場

に身について行くもので、昭和十六年十一月の繰り上げ卒業でいきなり艦隊配乗になったが、比較的スムーズに軍艦生活に溶け込んで、何とか初級士官としての任務を全うすることが出来たのも、この躾教育のお陰と思っている。

なお、覚書では、どちらかといえば他律的な面が強調されているが、兵学校では「自習止め五分前」に行なわれる「五省」のような、英国型の紳士教育を取り入れた自律を重んずる面もあった。この両面が相俟《あいま》って、真に充実した兵学校教育が行なわれたことを強調しておく。

参考までに、昭和十五年末の兵学校の構内図を添付する。七二期が入校して生徒数が二〇〇〇名近くに達し、分隊数も三六から四八に増え、鉄筋四階建ての第一生徒館に一—五部、七—一一部、赤煉瓦二階建ての第二生徒館に六、一二部と八部の一部（三二、四四分隊の自習室）が入っている状態は七〇期の卒業まで続いた。本図は当時三号の臼淵磐生徒（七一期、大和で戦死）が対番の四号粒良久雄生徒（七二期、宮崎空で戦死）に与えた「新人生徒心得」の手書きの原図をもとに作成したものである。

特攻隊の誕生について
〈戦時下における兵学校での訓話(1)〉

猪口力平（52期）

本日は特攻隊について話をし、全員特攻が叫ばれているこのとき、兵学校生徒だけにでも真の特攻精神に徹し、皇国の大事に当たってもらえれば幸いである。

その前に、私がサイパンの戦い、比島の戦線で常に感じていた事を話す。それは「我は日本男児なり」という事である。戦いは深刻苛烈であり、ともすれば心もひるみがちになる。これを正しく強く戦わしむるもの、実に「我らは日本男児たり」という自覚である。この自覚の下にあっては、弱音、言い訳、不平、愚痴は絶対に許されない。しこうして戦いに臨みては、独断専行、常に先取を心掛け、部下をして雑念を起こさしめざる要がある。

また戦争は現実であって、理想でもなく、希望でもなく、予想でもない。信念をあくまで堅持して落ち着きを失う事なく、部下をして良き死に場所を得さすことこそ、真に指揮官の責務であると思う。

次にいよいよ特攻の話になるが、昨年六月サイパンを奪取した敵は、遂に比島侵攻の野望を露呈して来た。敵がその機動部隊を比島沖に遊弋《ゆうよく》して、比島上陸を企図し出したのは十月ごろである。この時は台湾沖海戦の後で、敵は空母一二隻を失い、相当の痛手を蒙《こうむ》ってはいたが、まだその勢力は空母その他の艦隊を合わせて、相当なものと予想されていた（後に幻の戦果と判明した）。それに引き替え味方はというと、この空戦で三〇〇機を失い、比島を護る第一線機は戦闘機八機、攻撃機五機といった風で、全部合わせても三〇機を出ない有様であった。

敵はレイテ島に二〇〇〇の飛行機を揃え、空母の放つ攻撃機と相呼応して毎日、味方基地に来襲する。敵船団は刻一刻と近接し、上陸の意図は覆うべくもない。

この時、比島方面海軍航空隊の長官が更迭され、大西瀧治郎・新長官の第二航空艦隊の三〇〇機が、比島クラークフィールドの飛行場へ到着した。この日は夕方から飛行機の収容を開始し、全部収容し終わったのは夜中の一時すぎ、勇士は飛行場の上を旋回し、自分の番がくるのを待っていた。

この飛行場は練習航空隊のこととて、宿舎まで一里相当の道程があったが、勇士はガソリン節約のため、この道を歩かねばならなかった。やっと宿舎に着いたが、そこに待っていたのは三角に結ばれた握り飯であった。勇士はそれを感謝の面持ちで食べたのである。

明くれば〇日、この新鋭部隊を合わせた飛行隊の二〇〇機は、敵を求めて基地を発進した。しかし、いくら探してもいくら飛んでも、敵は見当たらなかった。夕方、基地に帰りついたのは、僅かに三分の一に過ぎなかった。遂に敵をみる事なく、味方の百数十機が失われてしまったのである。

翌日、敵は艦上機数百を放って、我が基地に来襲した。基地上空では華々しい空中戦が展開され、敵機は次々に落ちていったが、しかし味方の損害も少なくなかった。二航艦到着以来三日にして、再び全勢力五〇機という勢力になってしまった。

敵の野望は一段と深まるばかり、比島上陸は断じて阻止せねばならぬ。敵の来襲は益々激しい。味方は悲痛の涙をのんで大空の彼方を睨んだ。「飛行機が欲しい。一機でも多くの飛行機を」、これが航空隊員のみならず、地上部隊の兵士全員の願いであった。

大西長官は長い瞑想にふけられた。そして固い固い決心を固められたのである。それは断じて敵の上陸を阻止しようという事である。しかし味方機は五〇機、それは不可能に近かった。不可能を可能にする！　そこに特攻が生まれたのである。長官は私を呼んで、堅い決意を伝えられた。

「自分は敵の上陸を断然阻止し、本艦隊の使命を達成しようと思う。それには比島を取り巻く二〇数隻の空母を攻撃し、少なくとも一〇日間は全空母の甲板を、発着艦不能ならしめねばならない。しかし味方機は五〇機だから、どうしても一機一艦を屠《ほふ》らねばならない。一機一艦を屠る。そのためには飛行機が弾丸になって、敵艦に突入せねばならない」

長官の言には固き信念が窺《うかが》われた。遂に歴史的特攻は生まれたのである。

早速、第一次特別攻撃隊が編成されることになり、その人選が行なわれた。この歴史的壮挙に参加するもの、特にその指揮官の人選には慎重なるを要した。各参謀協議の結果、選ばれたのが関行男大尉（七〇期）である。大尉は常に大義を説き、自らまた身の修養に努力していた若武者であって、維新の志士を思わせるものがあった。

私は彼を呼んで、この緊迫せる状況と大西長官の固い決意を伝えたが、彼は「はい、やらせて頂きます」そう言って微笑を浮かべた。この男を死なせるか。そう思うと何とも言えぬ感情に打たれて、眼には熱い涙が込み上げて来た。翌日、大尉は部下四名の名簿を提出して来た。いずれも隊長と生死を共にせんとする若桜であった。かくして第一次神風特攻隊・敷島隊は編成されたのである。

そして遂に出撃の日は来た。友軍偵察機は○○洋上に空母三隻を基幹とする機動部隊を発見したのである。零戦に爆装を施した我が特別攻撃隊五機は、大西長官以下全員の見送りのうちに帰らざる壮途に就いたのである。しかし、目指す敵はいくら探しても見当たらない。日暮れ方帰って来た関大尉は、「申し訳ありません、申し訳ありません」と言って、私のところに来て泣くのであった。後からの特攻隊でも命中を果たせなかった隊の隊長は、決まって同じように泣いていたのである。かくして必死の出撃をすること三回、あのスルファン沖の大戦果を上げたのである。

第一次神風特別攻撃隊は、歴史的成果を上げてその一頁を開いたが、その後、陸続として特別攻撃隊は編成され、なお神州護持のため、貴き突入《とうと》を報じているのである。

遺　書

特攻隊の英霊に曰す
善く戦ひたり深謝す

最後の勝利を信じつつ肉彈として散華せり
然れ共其の信念は遂に達成し得ざるに至れり　吾死を以て舊部下の英霊と其の遺族に謝せんとす
次に一般青壯年に告ぐ
我が死にして輕擧は利敵行爲なるを思ひ聖旨に副ひ奉り自重忍苦するの誠ともならば幸なり
隠忍するとも日本人たるの衿持を失ふ勿れ
諸子は國の寶なり　平時に處し猶ほ克く特攻精神を堅持し日本民族の福祉と世界人類の和平の爲最善を盡せよ

海軍中將　大西瀧治郎

青年将校の心得
〈戦時下における兵学校での訓話⑵〉

赤井英之助（63期）

皆のうち多くの者が航空方面にゆく関係上、今日は飛行将校について話してみようと思う。一般に飛行機に乗る者は、ある特性を持っていなければ駄目だという如く考えられているが、決してそんなものではない。立派な兵科将校は必ず立派な飛行将校になり得る。これは俺が断言する。

ただ、飛行機乗りがある特殊な性格を帯びて来ると言うことはある。ではどんな点が違うかといえば、飛行機の乗員には嘘がないということだ。飛行機はごまかしが利かん。この兵器に乗って、死の一歩手前まで進んで訓練をやっている。一日一日の生活が生と死の間にあるんだ。だからその言っていること、なしていることに飾り気がない。自分のありのままの姿をさらけ出しているのだ。

次にどんな人が戦に強いかについて話す。凡そ戦に強い人には、次のふた通りがあると思う。一つは強い性格の人だ。悪く言えば大言壮語する人と言えば言えるだろう。自分の思ったことは堂々と言って、我々はかくあるべし、戦闘はこうなくてはならんと述べるような人だ。皆で言ったら俺は特攻に行くんだ。体当たりするんだ、というような者に当たるだろう。

こういう人で非常に強い人がある。多分、仲中佐のクラスだと思ったが某中佐、この人は爆撃隊の指揮官だったが、常に「爆撃はかくあるべし。我々の戦闘はこうなくてはならん」と言われていたが、非常に強かった二、三年前、重慶や昆明の長距離爆撃を、二百数十回やられた。夜中に飛び出して帰ると、朝飯を食べてまた出て行かれる。言われることも凄かったが、されることももの凄かった。

もう一つの型は、普段は黙々としているが、いざとなると強い人だ。皆も知っているように、本校の前々飛行科長、二、三日前に二階級特進の発表があって、マリアナ方面で戦死し少将になられた入佐俊家中佐、この方はいつも黙っておられた。必要以外のことは一切口にされん。攻撃から帰っても、戦果どれだけ、損害何機、たったそれだけだ。戦闘の模様を言うんじゃない。自分の手柄を言うんじゃない。報告が終わると、黙って自分の椅子に座って煙草をのんでおられる。実に淡々たるものだ。それでいて戦いとなると非常に強い。
二、三年前のことだった。いくら重慶を爆撃しても、蔣介石は悲鳴を上げげん。航空隊の損害は一日一日と増えるばかりだ。味方の士気は大いに沈滞してしまった。そこへ入佐中佐が現われた。航空隊の士気は一時に揚がった。明日の攻撃指揮官、入佐中佐と発表されると、兵は隊長に隊長は分隊長に、また分隊長は飛行長に、「明日の攻撃に自分を行かせて下さい」と願い出た。指揮官はまさにかくあるべきだ。
戦いに強い人を、二人の方を例に上げて述べたが、その共通するところは、職務に忠実と言うことだ。前に言った某中佐の如きは、その訓練を見たら涙が出る。夜の一〇時過ぎ、部下が訓練を終わる頃になっても、まだ夜間発着訓練をやっておられる。だれが強制するのでもない、一人で予定地点へ、一メートルでも二メートルでも違えば、何度でもやり直された。

また、入佐中佐も感状を受けること七回におよび、功三級を授けられたが、中佐はこの書類を兵学校飛行科の教官室にほっぽったまま、戦地に出て行かれた。眼中功三級も何もないのだ。ただ自分の任務、それより考えておられなかったことが良く分かると思う。皆もこれが見たければ飛行科の教官室に来い。「功三級を授与す」との立派な証書が戸棚の中にある。

次に、皆の中には「俺は特攻隊になるんだ。サイン、コサインなどやっても何もならない」と言って、勉強が手につかないでいる者があるようだが、こんなのは大間違いだ。僅か二トンや三トンの飛行機がぶつかったって、戦艦は沈みはせん。空母は轟沈せん。機動艇に小石を投げるようなものだ。我々が飛行機に積んでゆく爆薬の力が、科学の力が、そして我々の技術の力の総合されたものが、戦艦に打ち勝ってこそ、はじめてこれを沈め得るのだ。

今は飛行機がない。兵器も少ない。人も足りん。これで戦闘に勝つには、どうしても命中率一〇〇パーセントにしなければならん。魚雷に人が乗って、敵の胴体にねじ込むんだ。これより手はない。如何にしてねじ込むか！　ここにおいてサイン・コサインも必要だ。運用術も海上衝突予防法も、みなそれを養う養分に他ならないのだ。だからこそこの戦時下、なけなしの時間を使って、皆にインテグラルも英語も教えられているのだ。

それを生徒のくせに、「これは必要だ、これは必要でない」などと論ずるのは、思わざるも甚だしい。特攻だって一度で果たせると思ったら間違いだ。もう貴様と会うのはこれが最後だといって送られて出撃しても、敵が見当たらなければ帰って来る。もう二度とこの地を見まいと思って出て行っても、天候に阻まれ、また帰らねばならん。こうして何度も何度も繰り返して、やっと突入が果たせるのだ。ここに気象の勉強も役に立つ、火薬の知識も必要になる。

皆のようにただ「俺は特攻に行くんだ」と軽い気持ちで、一時の興奮に駆られて特攻を志願した者は、この間に心の動揺を来《きた》してしまう。今娑婆で言われている特攻と、皆の特攻が同じであったらそれこそ大変だ。

次に死生の問題になるが、皆も死生についてだいぶ考えているんではないかと思う。しかし人間は死生を論じている間は、死生を超越出来ん。人間の生に対する執着は強いもので、我々敵機と戦闘を交え、死生の間を幾度となく往き来したものでも、死に対する恐怖を全く除くことは難しい。ただ我々には任務がある。軍人としての務めがある。これが我々の死を容易にしてくれるのだ。

皆ももう死生など考えずによい。ただ軍人としての使命に徹するのだ。自分の務めを忠実に行なって行くのだ。そこに死生に対する道が開かれるだろう。「死は恐れるに足らず」だ。我々が旺盛なる責任観念を持って任務達成するところ、生も死もない。ただ命令のまま動く。これが真に死生を超越する道だ。

以上色々と述べたが、要するに皆は当面の目標に向かって全力を尽くせばそれでよい。そして総員が戦に強い青年将校になって、この兵学校を出て行くよう希望する。

（この訓話は昭和二十年、江田島の兵学校武道場で行なわれたものを、菱川信太郎が個人的に記録した）

兵学校長最後の訓示について

鹿山 誉（65期）

昭和二十年九月二十三日　校長　生徒ニ対シ離別ノ訓示（本訓示ハ生徒既ニ復員シ在校シアラザルタメ後日文書ヲ以テ伝達セリ）

訓　示

百戦効空シク四年ニ亘ル大東亜戦争茲《ここ》ニ終結ヲ告ゲ、停戦ノ約成リテ帝国ハ軍備ヲ全廃スルノ止ム無キニ至リ、海軍兵学校亦近ク閉校サレ、全校生徒ハ来ル十月一日ヲ以テ差免ノコトニ決定セラレタリ

諸子ハ時恰《あたか》モ大東亜戦争中、志ヲ立テ身ヲ挺シテ皇国護持ノ御楯タランコトヲ期シ選バレテ本校ニ入ルヤ、厳格ナル校規ノ下加フルニ日夜ヲ分タザル敵ノ空襲下ニ在リテ、克《よ》ク将校生徒タルノ本分ヲ自覚シ、拮据《きっきょ》精励一日モ早ク実戦場裡ニ特攻ノ華トシテ活躍センコトヲ希《ねが》ヒタリ、又本年三月ヨリ防空緊急諸作業開始セラルルヤ、鉄槌ヲ振ルッテ堅巌ニ挑ミ、或ハ

物品ノ疎開ニ建造物ノ解毀作業ニ、或ハ又簡易教室ノ建造ニ自活諸作業ニ、酷暑ト闘ヒ労ヲ厭《いと》ハズ尽瘁《じんすい》之努メタリ

然ルニ天運我ニ利アラズ、今ヤ諸子ハ積年ノ宿望ヲ捨テ、諸子ガ揺籃ノ地タリシ海軍兵学校ト永久ニ離別セザルベカラザルニ至レリ、惜別ノ情何ンゾ言フニ忍ビン、又諸子ガ人生ノ第一歩ニ於テ目的変更ニ余儀ナクセラレタルコト、誠ニ気ノ毒ニ堪ヘズ

然リト雖《いえど》モ諸子ハ年歯尚若ク、頑健ナル身体ト優秀ナル才能トヲ兼備シ、加フルニ海軍兵学校ニ於テ体得シ得タル軍人精神ヲ有スルヲ以テ、必ズヤ将来帝国ノ中堅トシテ有為ノ臣民ト為リ得ルコトヲ信ジテ疑ハザルナリ

生徒差免ニ際シ、海軍大臣ハ特ニ諸子ノ為ニ訓示セラルル処アリ、又政府ハ諸子ノ為ニ門戸ヲ開放シテ進学ノ道ヲ拓キ就職ニ関シテモ一般軍人ト同様ニ其ノ特典ヲ与ヘラル、兵学校亦監事タル教官ヲ各地ニ派遣シテ漏レナク諸子ニ対シ海軍ノ好意ヲ伝達セシムル次第ナリ

惟《おも》フニ諸子ノ先途ニハ幾多ノ苦難ト障碍ト充満シアルベシ、諸子克ク考ヘ克ク図リ将来ノ方針ヲ誤ルコトナク、一旦決心セバ目的ノ完遂ニ勇往邁進セヨ、忍苦ニ堪ヘズ中道ニシテ挫折スルガ如キハ、男子ノ最モ恥辱トスル処ナリ、大凡モノハ成ル時ニ成ルニ非ズシテ、其ノ因タルヤ遠ク且微ナリ、諸子ノ苦難ニ対スル敢闘ハ軈《やが》テ帝国興隆ノ光明トナラン、終戦ニ際シ下シ賜ヘル詔勅ノ御趣旨ヲ体シ、海軍大臣ノ訓示ヲ守リ、海軍兵学校生徒タリシ誇ヲ忘レズ、忠良ナル臣民トシテ有終ノ美ヲ済《な》サンコトヲ希望シテ止マズ

茲ニ相別ルルニ際シ、言ハント欲スルコト多キモ又言フヲ得ズ、唯々諸子ノ健康ト奮闘トヲ祈ル

昭和二十年九月二十三日

海軍兵学校長　栗田健男

栗田校長と生徒の前途

これは兵学校最後の訓示となった。栗田中将にとっても生徒に送った否、海軍に送った訣別の辞であったであろう。

以後、校長は多くは語ろうとしなかった。特に、レイテ沖海戦については口を固く閉ざし続けたのである。平時は七分、合戦には十の力を出すを信条とし、戦さの神は指揮官の誠に宿ると、あのガダルカナル砲撃後言われた校長の、この生徒に与える訓示を書く時の心境は、いかばかりであったろうか。

校長はもともと口数の少ない人だった。四水戦の夜戦訓練の時など、ほとんど口を開くことなく、戦機をとらえると右手を大きく右に廻す。これで、水雷戦隊は右に変針して突撃に移ったのである。

武蔵が魚雷にやられて、シブヤン海で反転した時も、レイテの敵船団を目前にして、敵空母を目指して反転した時も、思うに、那珂の艦橋にあって手を大きく挙げて、旋回方向に廻したと同様に左手を大きく廻して反転されたにちがいない。艦橋の司令長官の姿が彷彿として眼前に浮かぶのである。

戦争は終結した。生徒は帰郷した。日本の再建の夢を託す人は、この生徒のほかにないと校長の切々たる心境が胸を打つ。

彼のレイテ沖海戦についての世評は区区だが、故チャーチル英首相は、「栗田と同じ経験のある者が、同じ立場におかれて、はじめて云々出来るであろう」と言ったのは、けだし、名言であると思われる。

この兵学校生徒に与えられた最後の訓示は、栗田校長が大きく振った最後の旗である。一万四〇〇〇余人の生徒の再出発の強固な拠所《よりどころ》となることを、信じて疑わないものである。

海軍省では、兵学校生徒の早期帰郷（復員）について、時機過早だったのではないか、もう一度、生徒を江田島に集めて、娑婆に帰すため、再教育をおこなうべきではないかという意見が出始めた。このため、生徒復員の実情を直接上京し、報告することになった。大原分校が本校に先駆けて帰郷を始めた関係もあり、この報告は、私が行かなくてはということになった。

この日はちょうど浦賀水道の機雷堰《せき》を抜けて、東京湾に入ってきた戦艦ミズリー号の艦上で、日本が降伏文書に調印する降伏調印式の日だった。後、兵学校の終戦処理を終えた私が、十二月三十日に横鎮出仕で横鎮に出頭時、この日のことを高崎能彦戦務参謀（兵50期）から伺った。

高崎参謀は大戦中（敵機が東京上空を脅かす頃には、中央で防空壕から防空壕の生活であったのだろう）、敵弾の洗礼を受けたことも、敵機の機影も一度も見たことがなかったという。

この二日の調印式に重光葵全権の随員として同行し、初めて敵の戦艦を見、軍刀を掴んでミズリー号の舷梯を上がっていった途端に、武装解除されて、たちまち、軍刀を取り上げられてしまい、この時、はじめて敗戦国であることを実感したと語ってくれた。

私は、広島駅から東京行きの交渉をした。夜行の貨物列車を推薦してくれて、この便となる。

有蓋の貨車で、中には綺麗な藁が敷いてあった。元来は、軍馬や家畜運搬用であろうが、今日この貨車一輛は、東京駅に着くまで、私一人の独占で全く勿体ない限りだった。

この一人旅で、現在の日本とこれからの日本と、そして、戦ってきた過去とが、様々な映像として折り重なり入り混じって反芻《はんすう》された。しかし、結論の出るものは何もなかった。計るべき尺度が失われているのである。

海軍省人事局も顔を合わせれば、難しいことは何も言わなかった。

生徒の転校進学をどうするかということが最大の問題で、帰省旅費の支給から帰郷に際しての細かな注意事項まで出た。私が一番印象に残っているのは「転出証明」だった。

「生徒を早く帰してくれたのは有難かったが、何の証明も持って帰ってないので、配給がもらえなく食うのに困っている」

という苦情が、海軍省に入ってくるのだという。

田舎なら急に一人増えても、食うくらいのことはなんとかなるだろう。しかし、東京のど真ん中ではどうにもならないのであろう。

私は、生徒帰省の実情を説明した。

生徒を再度、江田島に集めることは、中央においても、敗戦直後の混乱している国内事情と、占領軍のOKを取ることの至難なことは、考えても判ることなので、改めて、基本策を立てることになった。

事情を判ってもらえれば、生徒ばかり早く帰してという非難の声は消えていくものと、海軍省の赤煉瓦を辞した。

（『帽振れ　海軍兵学校』より抜粋）

生徒館生活の断面――各クラス寸描

傭使！　火縄出せ！

大正二年兵学校写真帖「喫煙所」では、級友今村幸彦君や、一号生徒の小早川、堀、円山、平野、竹内生徒などの顔が見える。ベグを抱えているところを見ると、午後の課業開始数分前らしい。

煙草盆の上に火縄が下がっている。木綿製でなく槇《まき》榮《はだ》製のものである。休憩時間になっても火縄の出ていないことがある。そこで、

「傭使！　火縄出せえ！」

と怒鳴るのである。雑役夫を傭使と呼んだのだが、傭使君は火縄に火をつけ、振り廻して火の輪を画きながら持ってきてくれる。

将校生徒は一切、傭使部屋には立ち入らない。用事は外から大声で命ずるのである。気品を高く保つためというのだが、あの士官の気負った態度は、生徒のうちから培われていたの

である。但し、これは部下統御上必要な一つの基本的な態度といってよかろうか。問題は如何に洗練するかにある。

煙草盆も火縄も、当時軍艦に用いられていたものそのままである。軍艦では煙草盆はデッキに置いたが、兵学校では天井から吊るしていた。食堂の入口の薄暗い所で、かたわらに靴磨台など置いてある。

三号生徒は喫煙所を鬼門としていた。洗面所や浴室に行く時でも、出来るだけ喫煙所を通り抜けることを避けた。喫煙中の一号生徒の眼が暗いところで光っていたからである。

一号生徒の大部分は丁年（二十歳）を過ぎており、二号生徒の約半数が喫煙有資格者であった。喫煙所に掲示が出る。

「左記の者頭書の年月丁年に達す」

級友三戸君、小沢君などは三号生徒の時に資格を証明されて、喫煙の世界を楽しく逍遥しているかに見えた。私は明治二十五年七月生まれであるから、四十五年七月に資格が出来た。二号生徒になると同時に資格が出来たことになるが、何年何月に喫煙を始めたかは日記にはない。

（42期　大西新蔵）

軍縮時代の五〇人クラス

いわゆるワシントン軍縮クラスと申すべきか、その名も対米英比率五対三の数字そのままに五三期という訳である。それで採用人員も、八八艦隊完成をめざした前年までの三〇〇名ずつから五〇名と激減されて大正十一年八月入校した。何しろ人数が少ないので各分隊、一号、二号各一五～六名に対し三号は三名位、従って上級生の風当たりは強かったが、当時鉄拳制裁御法度の折りでもあり、どちらかと言えば可愛がられて育ったクラスだったと思う。

（53期）

酒保制限され憤慨、増食給与の始まり

○毎日許可されていた夕食後の酒保が、土曜日夕食後および、日曜祭日のみに制限。その代わりに週一回の夕食時に羊かん一本を給せられる。生徒一同大いに憤慨。

○体重一八貫以上の者、食事二割増しとなる。これも該当者以外の者（全体の約八割程度）の憤慨の種となる。

（57期）

週番生徒の始まり、教程八ヵ月延長、第四学年ができる

当時は三学年制度で、全校生徒を合わせても三六〇名ぐらいで、一二の分隊に分かれていた。あとで昭和恐慌と言われた不況がすでにしのびよっていたが、学校生活はどちらかと言えば、のんびりしていた。週番生徒の制度が出来たのは、第五七期が一号になってからであ

った。

第三学年のときに兵学校の教程を八カ月延長して第四学年が出来ることとなり、第五八期から新制度が適用されることとなった。主として人文科学の時間を増やすためであった。そのために、第五八期は兵学校の長い歴史を通じて、一号生徒を二回送る唯一の期となった。

（58期）

四号生徒！　よく見ておけ

海軍兵学校の全寮生活の制度や躾《しつけ》や気風には、後世に残しておきたいものが沢山あったように思われる。
我々六〇期代は概《おおむ》ね、櫻花咲く四月初めの入校であった。入校即入寮であり、入校と同時に一クラス一五〇名乃至三〇〇名のクラスメートが、生徒館の寮生活を上級生と共にするのである。八乃至一〇名位に分散して最上級生（一号生徒と呼ぶ）から最下級生（四号又は三号生徒と呼ぶ）迄が同一分隊に所属して縦の線として結ばれ、起居動作を共にし、日常生活をする仕組であった。
〈その一〉高貴さと誠実
一号生徒のなかの長（伍長という）又は次席（伍長補）が新入生徒を引き連れて、構内の隅々まで建物の名称と由来を説明して歩くのである。その時に伍長が言う「四号生徒、よく見ておけ」と。伍長は自分の腕時計を八方園付近にわざと落として行ったのである。

構内を一巡すること約一時間。終わって伍長は週番生徒室に先の腕時計の紛失届を提出した。すると、もう既にその腕時計は落し物として週番生徒室まで届けられており、直ちに落し主のところに戻されたのであった。

〈その二〉清潔さと気品

昭和十一年頃は、月曜から土曜迄の毎晩夕食後から自習時間迄の約一時間ほどの休憩時間と日曜祭日の外出許可から帰校点検迄の自由時間に酒保（日常雑貨類および菓子、軽飲料水等の販売されている店のこと）において自由に飲食し、購買することが許されていた。

みんなセルフサービスで、好きなものを好きなだけ飲食し、購買した後は各自伝票に数量を記入して伝票箱に入れ、所謂《いわゆる》付けとして月末に精算するのであった。ところが、何時も購入量以上に支払われていたのであった。それは「数量に自信なき時は多めに記入せよ」との、生徒のたしなみと躾が徹底されていたからであった。

（68期　丹羽正行）

（ちなみに、六八期は昭和年代最初の三〇〇名クラスで、通称〃土方クラス〃といわれたが、三分の二の戦歿者を出し、クラスとして最高率にある）

六九期の巨人、生徒の喫煙を返上

海軍兵学校の入校、卒業の時期が、共に桜の花が咲く頃というクラスは数少ないが、幸いにもわが六九期は、昭和十三年四月一日、爛漫と咲き誇る桜の花に迎えられて入校し、咲き始めた桜の花に送られて、昭和十六年三月二十五日卒業した。

今でも、桜の季節になると、胸を躍らせて入校した頃の歓びを、そして晴れて海軍少尉候補生として、懐かしの江田島を後にした日の感激がよみがえって来ると共に、今次大戦で散華した二一四柱の「同期の桜」が一層強く偲《しの》ばれる。

昭和十三年十二月一日、第七〇期生徒が入校したので、六九期の最下級生としての生活は、八ヶ月で終わりとなった。正直なところ、思いがけなく早く三号になれたのは嬉しいことであったが、その反面、江田島での越冬の経験がなかったため適切な助言が出来ず、そのため四号生徒に余計なロードをかけたり、或いは凍傷や霜焼けで苦しんでいる対番の四号生徒を見る仕儀になったのは、辛いことであった。

身長六尺―一八〇センチ以上は、今では珍しくないが、昭和一〇年代初期では大変珍しく、まして兵学校生徒ともなれば稀有であった。K君は六尺余、Y君は六尺二寸であったが、茶目気のあるY君に、時として、日本間の鴨居の上から覗かれたりすると、肝を潰したものであった。

普通のベッドでは、文字どおり間尺に合わないのは当然で、彼等のベッドは普通の物より七寸長く、四寸広い特別製であった。ベッドの規格が違うので、毛布の列を揃えるのに、彼等も苦労したらしいが、この特製ベッドは一段と頑丈で重かったので、同じ分隊の下級生にとって、寝室の大掃除の際は骨の折れる代物であった。分隊の編成替えでは、このベッドをお供にしての引っ越しとなった。ベッドでは世話をかけたが、急ぎの集合等の場合、彼等の高さは大いに役立った。

この二人は共に優秀（K君は恩賜の短剣拝受）で、「大男総身に智慧が回りかね」というのは、小男の「ひがみ」に過ぎないことを見事に立証したのであった。

「わがクラスは、在校間喫煙するのを止めようではないか」とK生徒（前述のK生徒とは別人）が、教育参考館でのクラス会の閉会間際に突然提案した。未成年者も多く、期指導官も臨席されていた故もあってか、反対の意見も出ないままあっさり可決、かくして兵学校では前代未聞の禁煙クラスが出来上がったのであった。

もっとも、後日、遠洋航海で、戦艦山城に配乗になったわがクラスメートは、同艦の上甲板で、同じく配乗の主計科のコレスのグループが、悠然と紫煙をくゆらしているのを目の辺りにして、主計科などに負けてたまるかとばかりに、煙にむせ返り咳込みながら、涙ぐましい喫煙の努力をすることになったのである。

（69期　平野　晃）

原村の廠舎裏事件

昭和十四年十二月に七一期が入校してきてから、辛かった四号生活から解放された。冬休暇も終わると、三号生活も大分《だいぶ》板についで来て、生徒館生活もゆとりさえ感ずるようになった。又、一号の目は専《もっぱ》ら四号に向いているので、一号の目もそう気にしなくてよいようになって来た。

昭和十五年春の原村演習の時の出来事である。小生は一七分隊に属し、クラスは一四名が同じ分隊であった。

ある日、そのうちの一人（戦死者であるのでT生徒としておく）から、〃夜の酒保の時間、厰舎裏に集まれ〃と、ひそかに口こみが三号に廻ってきた。

何事ならんと行って見ると、〃タバコがあるので吸って見よう〃とのことである。当時生徒館では、成年に達した生徒は喫煙が許可され、一号、二号が休憩時間に中央廊下のタバコ盆の周りに集まってタバコを吸っていた。四号がその傍《そば》を通ると、〃待て!!〃がかかり、何かと難くせをつけてはお達示を受けるので、四号は煙草盆の近くを通るのは敬遠したものであった。

三号になった解放感から、煙草志向の生徒には煙草に対するチャレンジの気持ちが頭をもたげ始めても不思議ではない。

勿論三号では成年に達していないので、喫煙の許可は出る筈もない（成年者に対する喫煙許可は六八期が最後となり、その後は卒業まで禁煙となった）。

明らかにT生徒の提案は、〃校則違反〃であるが、そこは同期の桜だ、〃よし吸って見よう〃と同意が出来上がった。

そこでT生徒は、真新しい数箱のゴールデンバットをポケットから取り出し、各自に一本ずつ配り、周囲を警戒しつつマッチをすった。暗闇の中にマッチの光と、それを囲んだ一七分隊の三号のシルエットが浮かぶ。

途端に、〃何をしているか〃との声、見れば一号に非ず、竹添教官（64期）ではないか。

〃俺があずかっておく〃と云われたのみで、そこにあった煙草の箱をポケットに入れて暗の中に消えて行った。

さあ大変!! 生徒館ではシビアーな指導で定評のある竹添教官である。一同どうなるかと青くなったが、その晩も翌日も一向に呼び出しがない。下級生指導の責任を持っている一号からも何の指導もない。

生徒館に帰ってからも、〃免生〃の懲罰申し渡しがいつあるのかと戦々恐々の毎日であったが、何のおとがめもないまま日が過ぎて行った。

そのうち二号になり、一七分隊の悪夢は、はげしい訓練の間に忘却の彼方へ行ってしまった。

やがて卒業の時が来た。卒業式が終わり、大講堂を出たところで、竹添教官に呼び止められた。〃卒業お目出度う、今日からタバコを吸ってもよいぞ〃とにこやかな顔で、真青に黴《か》びたゴールデンバットの箱を手渡された。

一瞬、何とも云えない感激が身のうちを走った。

〃有難うございました〃との言葉しか出てこないまま、時間で追われる次の行事のため駈け足で生徒館へ走った。

卒業直後は、連合艦隊の各艦へ直接配乗となったため、他の一七分隊の連中も同様であったのか確かめることは出来なかった。

思うに原村の厰舎裏事件は、未遂とは云うものの、校則違反をしようとした現行犯であるので、相応の処罰がなされても仕方がない。最高の処罰は〃免生〃である。

有名な六五期の馬術事件では、広島で水を呑んだ生徒まで懲罰になっている。

竹添教官は、この事件を自分一人の胸にそっとしまって置かれて、将来ある生徒の前途を傷つけまいと考えられた上の措置であったと思う。

まさにこの事件は、海軍士官の柔軟な思考と包容力を示すものであった。又このことは爾来、小生の人生の道しるべともなって来たものである。

（70期　香取頴男）

クラス別　ネーモー度

「獰猛」という字は《ドウモウ》と読むが、海軍では俗音と知りつつ《ネーモー》と称した。よく殴る一号生徒を「ネーモーな人」と畏敬もした。各クラスにもネーモーなクラスと比較的穏やかなクラスとがあったようである。

六二期のネーモー度は衆目の見るところ抜きん出て高く、その特性は六五期・六八期と継承されているといわれる。クラス別の性格・気風は顕著な等差数列をなして伝承されてゆく。ある麻雀狂はこれを「すじ」と呼んだ。さしずめ「リャン・ウー・パー」（六二・六五・六八期）はネーモーのすじということになる。

われわれ七一期は、入校当初六三期から施されたネーモー果敢な教育指導を七〇年の伝統と信じて素直に受け、二年経過後、そのまままこれを七三期に引き継いだ。

生徒館生活の思い出の中で、鉄拳による修正授受のそれは相当大きな比重を占めていた。そしてそれは、私にとってほのぼのとした懐かしさと力強い充足感とを伴って去来するのである。〝憎くして打つ杖ならず笹の雪〟それは私的制裁とは似ても似つかぬ、純粋な熱情の昇華であったことに基づく。もっとも、七〇年の間には鉄拳による修正の全くなかった時代もあったそうである。

「鉄拳による修正の制度」の是非を、今更論ずる考えはないが、この「制度」を美事に支えた条件は決して忘れることが出来ない。それは次の四つに集約できるであろう。

①当時の社会全般の風潮②厳しい心身の修錬を目的とした教育機関であったこと③施す側の純粋な愛情と決して逸脱することのなかった節度④受ける側の素直な信頼感と逞《たくま》しい心身。

今、右の条件が満たされる教育環境が作り得るとするならば、私はこの「制度」に諸手をあげて賛成するであろう。私は「リャン・ウー・パー」のすじを正統に継承する七一期の一員である。

（71期　柴　正文）

海軍兵学校の教科書（普通学）

「本書ニ依リ国語ヲ修得スベシ　昭和十一年九月　海軍兵学校長　出光萬兵衛」

私の手許には数十冊の海軍兵学校の教科書がある。そして巻頭の扉には必ず上記のような文言が印刷されている。その他の校長は住山徳太郎、新見政一、草鹿任一、井上成美。

ご存じの様に兵学校の教科は普通学と軍事学に大別される。普通学は山高帽子を被った文官教授が、軍事学は軍服を着た武官教官が教えて呉れた。

兵学校ではどんな教材で、どんな勉強をしたのであろうか。紙面に制限があるので、普通学だけを紹介するが、僅か三年間によくもこれだけの事を勉強したものだ。然し考査終了の時点で全てを還納したので、折角の知識も夢幻の彼方に消えて終《しま》ったのは残念。

〈国語〉

一学年の教科書は平家物語である。祇園精舎に始まり、大原御幸まで三二の章節が掲載されている。戦争の美学、その空しさと哀れを見事に表現したこの戦記文学を、数年後の大戦にいやというほど味わう事になったのも皮肉である。担当は若い丹羽智夫教授。

二学年では万葉集、三年では古事記と日本書紀、さらに祝詞《のりと》と宣命《せんみょう》。万葉には防人の歌も多いので教えられた理由も分かるが、祝詞・宣命まで勉強したのは恐れ入る。

〈漢文〉

入学した年には水戸藩士相澤正志齋の「新論」全文を読んでいる。翌年は「大学」と「中庸」、いずれも返点付きの漢文ではあるが、今読み直すとチンプンカンプンである。この他に藤田東湖の贈楊子長序、佐藤直方の冬至文、吉田松陰の松下村塾記、北畠親房の関城書、浅見絅齋の剣術筆記などを読んでいる。

〈英語〉

一学年のテキストはスチーブンソンの宝島（RL Stevenson, Treasure Island）が使用された。一時間に四ページ平均を読むとの書き入れがあり、Chapter 20, SILVER DISCUSSES TERMS の中途まで進んだ形跡がある。また、この教科書の前半には六編の SHORT STORIES があり、文法や作文の練習をしている。

一学年の時の英会話は三島和介教授で、授業中は一切日本語を使わずに英語だけ。楽しい授業だった記憶が残っている。

二学年ではE Keble Chatterton, BATTLES BY SEAを使用。Battle of Lissa, Battle of the Falklands, 1914, The Jutland Battleを加藤正男教授の指導で読んだ覚えがある。

さらに三学年ではCommander RUSSEL GRENFELL, THE ART OF THE ADMIRALで英国海軍の戦略思想を学んでいる。CHAPTER 9, Attitudes of Mindまでを読んだ形跡あり。

〈歴史〉

国史参考書、東洋史概説、西力東漸史概説の三冊がある。国史参考書の緒言には皇室中心主義での国史観を強調してあり、東洋史は支那がその中心である。西力東漸史は西欧列強及び米国の「東亜侵略百年の野望」を書いたもので、今読んでも面白い。

〈精神科学〉

一巻には「本書ハ人間生活ノ意義ヨリ説キ起シ（中略）日本的人生観、世界観、国家観ヲ確立スル云々」とあるから、一種の人生哲学教科書である。二巻には西洋諸国・支那印度・日本の文化の成立過程と特色が記述されてある。三巻は哲学概論で、哲学とは何か、自然とは、人間とは何かを説いてある。その他に心理学、論理学の各教科書があり、更に法律学講義案もあり、所々に書き込みのあるところをみると、多分教わったのであろう。

〈数学〉

兵学校は理数系の学校である。従って数学の時間はかなり多い。文科系に属する私は、そのため大いに苦労した。数学は暗記するものではなく理解する学科であるが、私には暗記学科に近かった。

入校教育には三角函数、グラフ、座標、更に代数学として対数、順列組合せ、二項定理、計算図表学を学んでいる。ついで微積分巻の一・二と進む。教科書のあちこちにテストの問題や解答が挟まれているが、よくもこんな難しい事を勉強していたものである。昔は偉かったと思う。

立体幾何学、平面三角法、球面三角法、解析幾何学、計算尺原理並使用法と、それぞれ別個の教科書がある。このうち球面三角は天文航海（天測）の基礎になるもので、船乗りの必須科目。また、解析幾何の教科書は大正六年十二月に最初の編纂《へんさん》がされたもので、一〇回の改定が行なわれている由緒あるものである。

〈物理学〉

巻一第一編は光学で、光の本性、反射、屈折、レンズ、分散等で構成されている。第二編は光学機械で望遠鏡、測距儀。第三編は力学で、力及びエネルギー（質量、速度、加速度、運動法則、力の合成分解）。小島松雄教授に教わった。

巻二は第二編熱学、第三編熱力学で、とくに熱力学は難解で、その術語エンタルピーとエントロピーは意味不明の代名詞とされていたが、発動機機関（エンジン）の理論を学ぶためには必須の学問だったようだ。

巻三は上下に分かれ、上巻は電気磁気学、静電気と磁気について書かれているが、磁気学は航海術のコンパス理論とも密接な関係がある。下巻は電流の諸作用（動電力、抵抗、磁気、熱作用、電磁気感応等）についてのものらしいが、私としては教科書の中に挟みこまれていた母からの払込通知票の方に興味があった。昭和十七年七月二日に、口座番号大阪 28126—海軍兵学校生徒隊宛に、大分四日市郵便局から二〇円が振り込まれていた。恐らく夏休みの帰省費用だったろう。

巻四は振動波動理論、交流、電磁波、電子概論である。この頃既に湯川博士の中間子理論が発見されており、長岡半太郎博士の原子模型等についても言及されている。「今日ニ於テハ種々ノ原子核ノ破壊ノ研究盛ニ行ハル」と原子爆弾の可能性に言及している。巻四の追補として音響学があり、音響機器として水中聴音機等を学んでいる。

〈力学〉

巻一では質点力学と剛体力学を、とくに転輪（Gyro）の捻《ひね》くれた性質は今でも記憶に残る。巻二では弾性及び流体の力学を教わったようだ。ベルヌーイの定理、慣性能率等の名前だけは覚えているが、今となれば何のことやら。

〈化学〉

巻一は第一編無機化学、第二編有機化学から成っている。巻二は第一編溶体と相律、二編反応速度と化学平衡、三編膠質化学、四編熱化学、五編電気化学となっている。巻三は電池、燃料、合金、鉄及び鋼、金属の腐蝕と防銹《ぼうしゅう》法の五編に分かれている。巻一と二は理論化学だが、巻三は応用化学で鋼の熱処理の章ではオーステナイト、マルチンサイト、トルースタイト、ソルバイト、フェライト、パーライトなど、懐かしい名前が出ている。

（72期　押本直正）

海軍兵学校時代の思い出

石巻中学校五年の二学期、念願かなって海軍兵学校に合格した。昭和十八年十一月三日菊薫る明治佳節の朝、「カイヘイゴウカク・イインチョウ」の電報を受け取り、翔ぶように中学校に駆けつけ、校長や先生に合格の報告をしたのが昨日のことの様に記憶に甦《よみがえ》って来る。

十一月末、愈々《いよいよ》入校のため父に伴われて石巻を出発、駅頭には姉達、親戚知人をはじめ級友多数が見送って呉れた。東京駅八重洲口にて父と別れ、唯一人生まれて初めて乗る東海道本線の旅は、来るべき海兵生活への期待感とはうらはらに、何となく心細いものであった。深夜、糸崎駅にて呉線に乗り換え、早朝、呉駅に降り立ったところ、今まで見慣れていた陸軍の兵隊ではなく、海軍の水兵が警備に立っているので珍しく思った。

海軍の下士官に案内されて、全国から集まった採用予定者達と共に吉浦桟橋から内火艇に乗せられて江田島の小用桟橋まで、呉軍港を突っ切る時には夢にまで見た愛宕型重巡はじめ、大小無数の艦艇が堂々たる雄姿を浮かべていたが、僅か二年後には全て滅び去ろうとは思いも寄らぬことであった。

最終検査も無事合格して、昭和十八年十二月一日、愈々入校式を迎え、憧れの海軍軍人への第一歩を踏み出す。

海軍兵学校に入校すると、我々は第七五期生徒を命ぜられ、小生は江田島本校第一部第五分隊（エ105分隊）の三号生徒（一年生）として配属された。

婆婆気満々の田舎中学生が短ジャケットの軍装に憧れの短剣を吊り、千代田艦橋前での晴れがましい入校式を終えたその夜、分隊自習室での姓名申告の嵐は凄まじく一遍で度肝を抜かれた。特に我々東北出身のヅウヅウ弁連中は、発音が悪くて何遍もやり直させられ、震え上がったものである。

それからは連日連夜、一号の怒号に追いまくられ、仮借ない鉄拳の雨、厳しい訓練体育、座学は軍事学のほか、普通学といえば小生の不得手とする理数科を主とした教科内容が多く、とんでもない学校に入ったと後悔したが後の祭りであった。今にして思えば体格の貧弱な小生など良くも耐えられたものだと思う。

しかし、一ヶ月の入校教育期間を過ぎて昭和十九年の正月を迎える頃には、さしもの我々三号も鍛え抜かれて、「スマートで目先がきいて几張面負けじ魂これぞ船乗り」の歌に象徴される海軍軍人の卵たる兵学校生徒の面魂に変貌していったのである。

緒戦に大勝利を収めた戦局も、ミッドウェー海戦の敗北、ガダルカナルからの撤退に続く山本五十六連合艦隊司令長官の戦死と次第に苛烈さを加える中、我々七五期生徒は乗艦実習、遠泳、宮島遠漕、弥山登山競技、原村陸戦演習、棒倒しなど伝統の猛訓練を重ねて、その秋には第七六期生徒の入校を迎え、めでたく二号生徒に進級することが出来た。

その間、一九年夏には唯一度の夏季休暇が与えられて白軍装、短剣姿で石巻に帰り、母校に錦を飾ったことは誇らしい思い出であり、又当時の世の中としては最大の親孝行が出来たと思う。

二号生徒となって配属されたのはオ301分隊、戦局の進展に伴い膨張する生徒数に対応して、本校の北側に新設された急造の大原分校である。

兵学校の一号生徒というものは連合艦隊司令長官、戦艦の艦長と並び称せられる海軍の三大顕職といわれてその権力は絶大であり、過酷な訓練に率先躬行《そっせんきゅうこう》するは勿論のこと、生徒館生活を自在に動かし、下級生の指導に威力を発揮するなど、誠に男冥利に尽きるものがあり、この期間に将来の統率力が養われるのである。

しかしながら戦局は日に日に不利となり、サイパン陥落、B29による本土空襲、比島沖海戦の大敗、米軍沖縄侵攻、戦艦大和の特攻出撃などの情勢から兵学校生活も緊迫の度を深めて行った。そして遂に呉軍港に対する米空軍の大空襲で江田島にも艦載機が来襲、江田内に碇泊していた重巡利根、軽巡大淀が我々の眼前で撃沈されるに至った。

忘れもしない昭和二十年八月六日朝、その日は暑い真夏の快晴で抜ける様な青空であった。我々七五期は卒業試験の最中で自習していたが、眼の前に一瞬紫色の強烈な閃光が走った。ほどなくして生徒館を揺るがす猛烈な爆風、非常退避ラッパで飛び出した小生が見上げた北の空にムクムクと無気味に立ちのぼる巨大なキノコ雲。広島への原子爆弾投下であった。

続く九日には長崎への原爆投下、ソ連の対日宣戦布告があり、国内情勢は急速に暗転して、昭和二十年八月十五日、政府はポツダム宣言を受諾、無念極まりなき敗戦を迎えたのである。

終戦の玉音放送は、大原分校の練兵場に整列して拝聴したが、放送の雑音がひどく陛下のお言葉が良く聴き取れなかった為、最初はソ連に対する宣戦の詔勅かと興奮した。しかし解散後に敗戦と知らされ、足元が一時に崩れる思いで虚脱状態に陥った。

一号生徒の中には興奮して日本刀を振り回す奴もあり、また拳銃を持ち出して下士官達と山に立て籠もる動きなどもあったが、表立って暴れられない二号、三号達は如何なる思いでこの敗戦を噛みしめたのであろうか。当時の彼らの心情を思うと哀れでならない。

翌日からは海軍航空隊の飛行機が兵学校上空に飛来して降伏拒否蹶起《けっき》を促す伝単（ビラ）を撒《ま》き、江田内には潜小部隊（波200型の小型潜水艦の部隊）が回游して示威運動を行なったりしたので、生徒の中にはかなり動揺があったが、幹部教官達の必死の説得によって収まり、数日後、生徒館前で国旗を降下し、涙ながらに国歌君が代を斉唱して海軍兵学校（江田島本校、岩国分校、大原分校）は光輝ある歴史を閉じたのであった。

顧みて僅か二年に満たない海軍兵学校生活であったが、この間の過酷な鍛錬によって培われた体力や、厳しい訓育によって叩き込まれた信念、習慣は自分の生涯を支配した感があり、強烈にして且つ懐かしい思い出となって、海軍に籍を得たことを幸せに思うものである。


（75期　春日浩一）

江田島今昔

本村哲郎（65期）

本年六月の北陸クラス会において、海軍兵学校卒業五〇周年を記念して来る昭和六三年のクラス会を江田島で開くことが決定された。ついては江田島及びその施設の歴史的な経緯を簡単に述べて皆様の御参考としたい。

海軍兵学校は明治二年（一八六九）、東京築地に設けられた海軍操練所に始まり、翌三年に海軍兵学寮と改められ、さらに九年には海軍兵学校と改称された。二十一年（一八八八）に至って、繁華な都会を去って勉学に専念できる地方へ移すのを目的として、当時では僻地であった江田島へ移転された。

江田島で最初に卒業したクラスは広瀬中佐の第一五期生で、我々第六五期生はそれから五〇年目のクラスに当たる。ということは、海軍兵学校が江田島に移転して来年が一〇〇年目に当たり、わがクラスが丁度その半分の五〇年目に卒業したわけで、格別の感慨を覚える。

移転当時の江田島は人家もまばらな寒村であったが、校域は十余万坪に及び、前に江田内を控え、背後に秀峰古鷹を擁した景勝の地で、移転目的を十分に満足させる別天地であった。

当初、生徒は表桟橋に横付けされた東京丸に起居していたが、二十四年六月に生徒館の建設が始まった。設計者は東京・横浜間の鉄道の測量・設計を担当した英人ジョン・ダイアック氏であり、二十六年三月に完成した。この生徒館の長軸がきっかり東西の線に合っているのは、如何にも海の学校にふさわしい。赤煉瓦は英国から一つずつ紙に包まれ、さらにブリキの罐に入れて送られて来たという。

明治末期の校長であった山下源太郎少将（後に大将）は、生徒の訓育の場としての講堂を建設して欲しいと中央に要望された。時の海軍省が配付した予算は数万円であったが、校長はこれでは学校が期待する講堂はできないので他日を待ちたいといって返上されたという。数年たって捕獲艦鎮遠が老朽して解体処分された際、その売却代金に追加して計三〇万円の予算を講堂用として配布した。

かくて、倉橋島の御影石を主材料とした本格的石造建築の大講堂が大正六年五月に完成した。当時は予算取得の経緯から鎮遠講堂と呼ばれたという。この大講堂は荘厳・重厚な雰囲気に溢れていて、ここで行なわれる入校式・卒業式等の重要行事は、我々生徒に一段の感銘を与え、忘れ難い思い出を残している。

次に挙げるのは教育参考館である。兵学校では歴代校長の努力により、海軍の歴史に関する資料、先輩諸勇士の遺品・遺墨等が多数収集されて、生徒の教育に大いに貢献して来た。展示室は大講堂の二階や生徒館の一部を使っていたが、資料が増加するに伴い、教育参考館を新設することが計画された。資金は兵学校出身者の寄付金を主に一般有志の方の寄付を加えて、昭和十一年三月、巨大なイオニア式石柱を正面に配した壮麗な参考館が完成した。

あの海軍の全盛時代においてすら、生徒の訓育の為の教育参考館を建てるのに、公的な予算を支出することがなかったことは、考えさせられるものが多い。教育参考館は財団法人の組織をとり、校長が会長となって運営していたことは余り知られていない。

教育参考館には戦公死者の銘牌が安置され、東郷元帥の遺髪室を設け、遺品・遺墨が整然と展示されていた。生徒は折を見てはここを訪れ、先人の遺業を偲《しの》び、海軍の歴史を学んで自らの修業に努めていた。

我々が入校した頃から、毎年採用人数が増加して行き、生徒館の収容能力を超過する情勢となったので、昭和十一年頃から新生徒館の建設が進められ、我々のクラスが一号生徒になった年には、海岸沿いに出来上がった新生徒館の一部に数個分隊が移転した。

この新生徒館は昭和十三年に入って完成した。それでも収容力は足らず、十八年には岩国分校を岩国航空隊の施設の一部を使って開校し、十九年十月には江田島の大原に生徒館を新設して大原分校を開校した。これと同時に海軍機関学校は海軍兵学校舞鶴分校となり、二十年三月、予科生徒のため針尾分校（のち防府に移転し防府分校となる）が開校した。

一方、大東亜戦争はガダルカナルからの撤退を境に戦勢は急激に悪化し、広島と長崎に原爆が投下されるに及んで、日本は遂にポツダム宣言を受諾して降伏した。これに伴いわが海軍兵学校も二十年十二月一日、その栄光の歴史の幕を閉じたのである。第一期から第七四期までの卒業生は一万一一八二名、第七五期から第七七期までの在校生九四二〇名、第七八期の予科生徒四〇四八名であった。

終戦時、教育参考館に収められていた約四万点に及ぶ資料は如何に処理されたか。まず、遺髪室に安置してあった東郷元帥の遺髪は、鹿児島に移され、一〇年間、鹿児島市長室の金庫に大切に保管されていたが、昭和三十一年、江田島の海上自衛隊に返還されるに伴って元の遺髪室に納められた。

その他の資料については、連合軍によって戦利品として持ち帰られ展示されることは、日本人として堪えられぬ屈辱であるとし、重要なるものは厳島神社、大三島神社、広島大学、その他の神社等に奉納、寄贈の形をとって確保する道を講じ、残りは残念ながら焼却処分せざるを得なかった。敵機雷による内海航行の危険を思えば、止むを得ない処置であったと思われる。

その後、江田島の返還に伴い、奉納、寄贈の形をとって分散された資料は、各関係の方々の御尽力により再び大部分が教育参考館に帰って来た。関係の方々の御厚意に深く感謝する次第である。帰って来た資料の主なものは、古代兵学書、全クラスの卒業写真、歴代校長写真、諸提督の書及び遺品、広瀬中佐始め閉塞隊関係資料、明治時代の海戦画、横山大観の富士山等である。

海上自衛隊の所管となってからは、今次大戦で戦死された方々の遺書を始め戦争の資料、有名画家による戦争画等の収集に努めた結果、日本海軍及び各戦争に関する貴重な資料の宝庫となっている。教育参考館を訪れる見学者が年間十数万人にも及んでいるのは、その価値の高さを実証するものであろう。

終戦後、江田島は在日英濠軍の根拠地として使用されていたが、昭和二十四年二月、呉に移動し、代わって米陸軍の教育部隊が駐屯し、主として新兵の教育に使用していた。二十五年六月、朝鮮戦争が勃発して、同年八月に警察予備隊が発足すると、米陸軍の指導により警察予備隊の幹部教育が行なわれ、同年末までに約四〇〇〇名に達した。このことは現在の陸上自衛隊の幹部教育は、江田島に始まったと言ってよいであろう。

三十年五月、米陸軍は江田島地区施設の大部分を返還することを決定した。当時江田島の跡地使用に関し、広島県、厚生省、文部省、自衛隊等から申し入れがあって、大蔵省が中心となってその割当が審議された。

海上自衛隊としては、旧海軍の伝統の地である江田島の入手を熱望し、使用計画を作成して大蔵省に提出した。その案は横須賀の術科学校の大部の移転、幹部候補生学校及び呉地区病院の新設、舞鶴の教育隊の移転を内容とする計画で、総計五〇〇〇人の編成となった。この案は各部の賛成を得て承認された。

米軍は三十一年一月十日、江田島地区を日本政府に返還した。これを受けて計画通り移転並びに新設の業務を実行した。爾後、江田島地区では、幹部候補生教育と幹部曹士の術科教育（機関科、整備科を除く）を目的として既に三〇年にわたり、清新はつらつな校風を築いてきている。

この間の卒業生は幹部候補生学校一万三四六三名、第一術科学校、幹部一万一四二三名、海曹海士の合計八万三四九六名、（共に昭和六十二年三月現在）である。正に海上自衛隊の教育のメッカと呼ばれるにふさわしい実績である。

江田島を訪れる人々からは、「海上自衛隊を見たければ、まず江田島を見ればよい」と賛辞を寄せて頂いている。

殊に候補生学校においては、自習室に東郷元帥、広瀬中佐、佐久間艇長の写真と五省を掲げ、日常のしつけもほとんど兵学校を伝承し、遠泳、遠漕、弥山登山、原村演習等の主要行事も取り入れて、兵学校の教育訓練を彷彿させるものがある。江田内の水、古鷹の山、赤煉瓦の学生館、それに教育訓練内容を挙げてくれば、海軍兵学校は正に幹部候補生学校に正しく受け継がれていることを実感するのである。

海軍兵学校は今なお生きている。この思いは我々第六五期会員にとって何よりの喜びであり心の支えとなっている。

（海兵六五期たより〈昭和六十二年十月号〉より）

幻の名画「勝利の基礎《いしずえ》」と七〇期

武田光男（70期）

1、はじめに

（略）

2、映画制作の経緯

この映画は兵学校生活のありの儘《まま》の姿を紹介する事によって、一人でも多くの優秀な人材が海軍を志願されるのを願って、海軍省の肝煎《きもい》りで計画され、「兵学校の記録」という原題の記録映画（全四巻）として理研科学映画社に製作を依頼されたものである。

クランクインは昭和十六年五月で、それから十一月十五日の七〇期の卒業の日までの兵学校生活が収められている。六九期が卒業されて七〇期が生徒館の天下を取ったのが忘れもしない三月二十五日であるから、七〇期の一号ぶりの最も油の乗った半年間の貴重な記録である。

兵学校側の受け入れ窓口は、航海科教官で第一五分隊監事の土山広端少佐（五四期）であった。土山教官は戦後もお元気で連合クラス会にも出席しておられたが、五十五年二月に亡くなられたので、もうお話を伺うことも出来なくなってしまった。が、幸い当時の理研映画の監督としてこの映画の脚本、演出を担当された中川順夫様が、今年八四歳で多摩市で元気でおられることが判明して、早速お訪ねして撮影の裏話や苦労話を伺うことができたので、その一端をご紹介する。

(1) 一番苦労したのはいわゆる「ヤラセ」は一切なし、ありの儘の姿（カメラを意識させない）を撮れという兵学校側の厳しい注文であった。例えば起床動作の場面では、カメラは予《あらかじ》め寝室内にセットされ、室外からリモコンで発動し、ラッパが鳴ってから初めてカメラマンが室内に入るなど気を配った。従ってあの中には演技は一切ないし、カメラに視線を向けたような顔は無い筈である。

(2) その為繰り返される日常生活の場面は、満足するカットの撮れるまで何度も撮り直したが、一回だけの行事の場合はやり直しがきかないので、失敗は許されず苦労した。

(3) カメラは独乙製のパルボ一台で撮影した。従って課業行進の場面等は先ず屋上から俯瞰の全体像を撮り、次に行進の個別のカットを撮るといった具合に、課業行進のシーンが完成するのには数日を要し、しかも晴天の日に限るという制約もあった。

(4) ズームレンズは当時日本には二台（理研と東宝）しかなかった（米国製で三倍ズームの能力）。この一台を六ヵ月間この映画の為に借り切って使用したが、これが大変威力を発揮した（このお蔭で七〇期の亡き友の顔の貴重なクローズアップが沢山残されることになった）。

(5)　この映画の為に監督以下、撮影、録音等八人のスタッフが参加して、江田島で一軒しかない旅館に滞在したが、当時の江田島は何も無い所で皆退屈してしまい、後半は広島に泊まって江田島に撮影に通った。

(6)　フィルムは貴重品で、会社からは仕上がり巻数の三倍しか支給されないのが原則であったが、五倍も撮ってしまい、肝心の卒業式の時にはフィルムが足りなくなり、海軍当局にお願いして海軍機で送ってもらってやっと間に合い、カメラも数台の応援により、何とか卒業式の場面を撮影することが出来た。

(7)　卒業式が終わって、引き続き遠洋航海も撮影の約束で、それを楽しみにしていたのだが出来なくなったのが残念であった。

十一月十五日に撮影を終わり、フィルムの編集にとりかかったが、十二月八日の開戦に引き続く海軍の大戦果により、海軍当局はこの映画のねらいを当初の兵学校生活の記録から、国民の戦意昂揚に一役買うものに変更し、題名も「勝利の基礎」に変え、シナリオにも大幅に手を加えている。せっかくの貴重な兵学校生活の記録映画が、このような宣伝の為に歪められたのは惜しまれてならない。

例えば映画の結びに入れられたナレーション「弾丸尽き銃折れなば、刀剣をもって戦ふべし、刀剣もまた用ふべからざるに至らば、腕力を持って戦ふべし。腕力用ふべからざるに至らば、則《すなわ》ち精神気魄を持って戦ふべし……」は明らかに戦陣訓の焼き直しで、木に竹を接《つ》いだ感を否めない。兵学校の教育はもっと合理的で科学的であったし、心の裡にこうした気魄を秘めていても、このように大言壮語して外に表わさないのが沈黙の海軍の伝統であった。

それはともかくとして、半年近い編集の苦労の末に、七倍もの撮影済みのフィルムから全六巻（一五四六メートル）の「勝利の基礎」が完成し、昭和十七年五月の第二週、全国一斉に封切られているので、当時中学二年生の皆さんの中にも映画館で観られた方も多いことと思う。

五月第二週といえば、その数日後の五月二十七日には、太平洋戦争の転機となったミッドウェー攻略部隊が内地を出撃しており、これに参加した七〇期からも四人の戦死者と多くの負傷者が出ており、最後のナレーションには何か運命的な暗示を覚える。尚、この映画は昭和十七年度制作の記録映画数十篇中、映画評論家の投票では七位にランクされている。

3、幻の名画の帰還

我々七〇期は卒業と同時に艦隊に配属され、第一線に出撃して行ったのでこの映画を観た者は少なく、私も観る機会が無かったが、戦地にいる時に母から家族揃って兵学校の映画を観に行き、何処かにいないかと捜したが見つからなかったという手紙を貰った記憶がある。

戦後になっていろいろ手を尽くしてこの映画の行方を追ってみたが、軍国主義を鼓吹するものとして占領軍の命によって一本を残して全部破棄され、その一本も日本海軍を研究する資料として米国に持ち帰られた事が判明し、もう見ることの出来ない幻の名画として諦《あきら》めていた。

忘れもしない昭和四十六年二月のことである。当時、私は三菱電機の広報部長をしていた関係で、毎日の新聞を隅から隅まで眼を通すことが仕事の一つであり、たまたま目に触れたのが東京新聞の映画紹介欄の、国立近代美術館のフィルム・センターで近く上映される、戦前の日本の記録映画の予告記事であった。その中に「勝利の基礎」を発見した時は本当に夢かとばかり驚いた。そして京橋にあるセンター地下の試写室で、数本の抱き合わせで四日間に限り、上映される日時も分かったので、クラス幹事として東京近郊に在住の全ご遺族とクラスに緊急連絡した。

上映の第一日は、木枯らしの吹く寒い冬の日の夕方五時半開演と記憶している。狭い会場は七〇期の関係者とその他で満員であった。そして念願の映画に初めて巡り合った。次々と登場してくる今は亡き友の若い元気な顔に対面して、滂沱たる涙でほとんど映画を観ることも出来なかった。出席のご遺族の方々にも大変喜んでいただいた。それから三日間は仕事をさし置いて通いつめて、やっと映画の筋を把握することが出来た。

上映期間が終わって早速センターの事務所を訪問したところ、このフィルムは米国に持って行かれた唯一の生き残りで、日本に返還されセンターの収蔵品に加えられたものと判明した。今後の上映予定と地方での上映計画を聞いたところ、その計画は無いとのことであったので、それではと慰霊祭やクラス会の折に貸し出しの可能性について伺ったところ、何分一本しかない貴重な物で、貸し出しは一切許さないとのことであった。

最後に映画のコピーをお願いしたが、それに対してもけんもほろろの返事であった。あとは海軍で学んだ熱意と頑張りのみということで事務所に日参するとともに、監督官庁の文部省の知人にも手を回してお願いした結果、映像の版権所有者の理研映画の了解を得られればというところまでこぎ付けた。

いろいろ調べた末、理研映画は徳間書店に吸収され、権利は徳間にあることが分かり、早速交渉に出かけたが、徳間ではこの映画の存在すら知らなかった。幸い当時徳間書店の役員に生出寿氏（74期）がおられて、側面から応援していただいたお陰で、「この映画はクラス会のみに使用し、営業用には使用しない」という一札を入れることで許可を頂いた。後はセンターから徳間へフィルムが貸与され、徳間でコピーされた一本を実費で七〇期に分けていただく形で三年半の苦労の末、四十九年九月に円満に解決した。

私は早速一六ミリの映写機（関心があるのは画面だけなので音の出ない機械）を購入し、毎晩遅くまで繰り返し上映。クラスの顔の出ているところはスローやストップさせて、卒業時の各分隊写真と対比して、登場する中から四〇数人の名前を確認することが出来た。その年の靖国神社の七〇期の慰霊祭の際には、靖国会館の二階を借りて上映し、私は弁士を勤めた。また翌五十年九月の江田島大会の折にも懐かしい参考館講堂で上映したが、江田島生活を文章で書いたり、口で話すよりも視覚に訴える方が効果がはるかに大きいことを痛感した。

徳間書店側も私があまり騒いだのでこの映画の価値が分かったのか、その後八ミリ映画版として、またビデオ時代となってからはビデオ版として市販されたが、いずれも一部カットされた三〇分物である。

卒業四五周年記念行事の一環として、クラス会秘蔵のオリジナルフィルムからビデオを作成して、ご遺族並びに会員に頒布することがクラス会で決定し、徳間書店および理研映画と正式契約の上、昭和六十一年五月に配布を完了した。従って「勝利の基礎」のノーカットの一時間物のビデオを持っているのは七〇期の関係者のみである。

4、画面の補足説明と兵学校生活の思い出

(1) 当時の生徒館の概況

当時の生徒隊は四学年制が建て前で、一号(70期)四三三人、二号(71期)五七六人、三号(72期)六二四人の合計一六三三人で、七三期の入校までは一学年欠の実質三学年制であった。これが一二部、四八分隊に編制されていた。一個分隊の員数は私のいた六分隊を例にとれば、一号九人、二号一二人、三号一三人の計三四人であった。

第一生徒館は中央玄関の菊のご紋章を艦の艦首に見立てて、外に向かって右側は右舷ということで、中央から順次に一部(一、一三、二五、三七分隊)、三部、五部……が居住し(一階が自習室、二、三階が寝室)、向かって左側には偶数分隊が居住していた。ただし第一生徒館だけでは収容しきれず、第二生徒館(赤煉瓦)にも六部、一二部と八部の二個分隊が居住しており、当直監事と週番生徒はそれぞれの生徒館に置かれていた。

(以下省略、項目のみ列記する)

(2) 名校長「草鹿任ちゃん」の思い出

(3) 兵学校の一日

(4) 訓育と学術教育

(5) 航空実習

(6) 宮嶋遠漕

(7) 卒業までの主な行事

(8) 卒業式前後の行事

5、おわりに

今まで沈黙の海軍を守って来たが、この辺で今から半世紀以上前に日本の一つの島でこのような教育が行なわれ、このような青春を送った若者がおり、そしてその中の三分の二は先の戦争でお国に命を捧げられた。その尊い献身によって今日の日本の平和と繁栄があるのだということを、正しく子や孫に伝えて行くことが、我々に残された仕事と考えている。

テレビや漫画で育った世代には、口で話すよりも文章に書くよりも、視覚に訴えることが大切である。その意味でただ一つ残されたこの映画は極めて貴重であり、皆様にもぜひ活用していただきたいという願いを込めて、拙い解説の筆を執った次第である。

〔追記〕　この映画については当時の権威ある映画雑誌「キネマ旬報」の昭和十六年十一月十一日号、十七年五月十一日号、七月一日号に詳しい紹介や批評が掲載されており、築地の「松竹大谷図書館」で閲覧出来る。

（後注、この記事は、武田氏が七七期の期会誌「江田島」に寄稿されたものである。同氏及び七七期のご了承を得て、その一部を転載する）

三号生徒の思い出

尾形誠次（73期）

入校式

何度も来たことのある兵学校であったが、兵学校生徒を見るのはその日が初めてであった。紺色のぴったりと身体に合ったスマートなジャケット型の生徒服、金色に輝く帽章と短剣、そして一分の隙も見出せない生徒の身ごなし。あと一時間経てば自分もああなれるのだと思っても、その一時間の長かった事。中学校などでは想像も及ばぬ厳粛な軍艦旗掲揚を終わり、生徒は押し寄せる潮のように駈け足でサーと生徒館に引き上げる。数千人の生徒が僅か二分ばかりの時間のうちに校庭には一人も見えなくなった。

第二次身体検査の一週間お世話になった教員に別れて、愈々《いよいよ》一八分隊に渡される「バス」の前で、娑婆から着てきたものは総て脱ぎ捨て「娑婆の垢を流せ」と入浴させられる。花崗岩の美しい湯船に碧色に満々と水を湛《たた》えている。飛び込んでみてその深いのに驚いた。あまり大きくない私には口のすぐ下迄《まで》湯がきて、ジャブジャブやられる度に口の中まで湯が入った。

朝のうちからバスに入り、変な気持ちでバスの外にでると、純白のシャツが、紺色の軍装が、真新しい靴が、一人ずつ揃えてある。一号生徒が「尾形、此処へ来い」という顔も見たことのない一号生徒がちゃんと名前を知っていてくれている。褌《ふんどし》から真新しいものをつける。生まれて初めて越中褌というものをつける。勿体無い程新しい夏襦袢《じゅばん》、アーマー、白シャツ。「それ腕輪をしろ」「カフス釦《ボタン》はそれでは逆だ」「これはガーターというものだ」「だらだらせんで早くやれ、競争だ」と、一号生徒に急がされてやっと恰好だけは一人前の兵学校生徒になる。最終継続者となったときに採寸して貰い、合格決定後、更に試着した軍装は身体にぴったり合っている。高い襟《えり》、自然と胸が張られてくる。下も向けない。初めての短靴。

中学生の服を洗濯袋と称するものに入れて寝室に行く。自分のベッドの前に案内される。雪より純白な毛布、そしてシャツ。名前札がちゃんとついている。自分の身体より大きいチェスト。開いて見ればあゝあの憧れの短剣、美しく輝いて置いてある。短剣を初めて吊ったとき、頬に浮かび上がってくる微笑を禁じ得なかった。やがて二号生徒に伴われ、大講堂に向かう。

軍人勅諭奉読。生徒を命ず、と草鹿中将より申し渡され、此処に生涯記念すべき日、昭和十六年十二月一日、海軍兵学校第七三期生徒入校式は終了する。

姓名申告

夢も束の間夜嵐吹けば
姓名申告凄面揃い

腰のふるえを何としょう
お国訛《なま》りがうらめしや
我等兵学校の三勇士

ちやほやされて汚い中学生から一瞬にして兵学校生徒に変わった私たちは、入校式を終わって自習室に入った。今迄こんなやさしい兄さんと思っていた一号生徒が、天井も飛び上がるような声で「三号総員前へ並べ！」と怒鳴られ、驚いて胸がドッキンドッキン。慌ててウロウロ前へ出ていったら、「何をダラダラしてるか、先任順に並べ！」。すっかり度肝を抜かれて棒を呑んだように三号が一列に並んだ。

「只今から上級生の係名姓名を申告する。よっく聞いておけ」と伍長が言われた。「エー剣道係游泳係　仁科関夫」「銃剣術係図書係　成田金彦」「相撲係酒保係　斎藤史郎」……一号生徒。次いで二号生徒終わり。

伍長が「次は三号が出身中学校名、姓名申告をやれ、掛かれ！」「徳島県立……」「聞こえーん」「やり直し！」「徳島県立……」「聞こえーん、もっと大きい声が出んか」「トクシマッケンリッツッ！……」「まだ聞こえーん」……やられてる当人ばかりではない。「何処を見てるか！」と突き飛ばされる者。「手を伸ばせ！」とピシリと手を打たれる者。「腹に力を入れ！」と腹を突かれてフラフラすれば、「フラフラするな！」と、又突き飛ばされ床の上に転ぶ者、将《まさ》に一瞬にして化す修羅の巷《ちまた》である。紺の軍装も美しく可憐なる三号生徒、怯《おび》え上がった鳩のようである。

私の番にきて「山形県立……」「聞こえーん」「山形県立酒……」「やり直ーし。わからーん！」と三度ばかりやり直しさせられ、やっとほっと出来たと思ったら、「腹の力を抜くな」と腹を一つぽんとやられて、ふらりとしてしまったと思ったら、案の定「フラフラするな」と怒鳴り上げられた。

一通り終わった頃はもうすっかり度肝を抜かれて、頭がぽーとなって考える力もなく魂の抜けたような感じだった。皆、大抵は声を無理に出し過ぎて咽喉《のど》がひりひりした。

兵学校に入った者は、最初に此の姓名申告というもので、兵学校という名が想像したような生易しいものでないという事を例外なく自覚せしめられると共に、一号、二号、三号というものが娑婆に於ける上級生、下級生というものとは全然異なっているものである事も知らされる。誰しも姓名申告一つだけで、とんでもないところに来たものだと思う。気の弱い者は初めから到底つとまらない。そして姓名申告などはまだまだ序の口である。

就寝起床動作

海軍士官たる者は、海上勤務に適するようにスマートにつくられねばならぬ。床の中で悠々と上下に伸びて、あくびを三つぐらいやって起きていたのでは戦に負けてしまう。迅速に而《しか》もスマートにやらねばならぬ。その必要によって生じたものが、就寝起床動作である。

毎晩自習が終わると、三号は大急ぎで用を足して寝室に行く。一号生徒がパイプ（笛）と時計を持って、「今から始める」「用意、寝ろー！」。さあ事だ。ドッタンバッタン、天地その処を換えるが如しである。アーマーのボタンを外さず脱ごうと慌てて首の抜けぬ者、靴下が踵にひっかかって抜けぬ者、やっと畳んで載せた服がひっくりかえって落ちる者、側板を忘れる者、枕板を生徒館中響きわたるような一大音響と共に叩き落とす者、之、何れも慌《あわ》てるからである。「エー、三号は慌てるんじゃない！」なんて言われると、益々慌てるから不思議である。

やっと毛布にくるまって寝たと思うと、草履が揃えてなかったり、チェストの蓋が開きっぱなし等々。それでもパイプの音を寝て聞く者はいい方、寝巻を着て毛布に片足を突っ込んだ時、「ピリピリー」「只今、パイプに遅れた者は廊下に整列」。猛運動の後とはいえ、十二月の古鷹颪《おろし》は肌に刺さるようである。そこで一号生徒の涙の鉄拳を三つぐらい戴《いただ》いて、「掛かれ」で殴った人に御辞儀して又訓練にとりかかる。

起床動作の図

生徒館の朝総員起こし三〇秒ぐらい前になると、拡声器に電流が通ってジーと鳴りだす。三号生徒、心配で三〇分も前から目が覚めて起床動作の順序を考えている。先ず、起きるときは手と足を開いて毛布を畳み易いように広げて、頭の方迄いっぱい引っ張って置く。靴下をはいて左手で帽子をどけて、右手で襦袢をとって頭からかぶってズボン下をはき、下の紐を結んでズボンをはいて右足を突っ込んですぐ出た足に靴をはいて、左足が靴に入っている間にズボンの紐を結んで使った草履を草履棚の上に揃えて置いて、上衣をつけて、それから毛布を畳んで……となかなか大変である。

二分三〇秒以内に終わらんと昨夜、分隊の一号生徒にやられた頬を、今度、週番生徒にやられる。はてさて、つらい事である。

起床喇叭《ラッパ》が鳴る。生徒館に大津波が来たようである。こちらが毛布も畳まないうちに廊下には洗面所目がけて走る靴の音が聞こえる。まるでめちゃくちゃに毛布を畳んで右足だけドアの外に出たら、「ピリピリー、只今のパイプに遅れたる者は総員、週番生徒室前に集まれ」とあって、又有難く鉄拳を三つばかり戴いてくる。折角《せっかく》のおいしい朝の味噌汁が頬に染みて食べられない事すらある。大体入校してすぐの三号は極《ごく》早い者で五分、ひどい者になると一五分ぐらいかかる奴があることもある。

朝の日課

総員起こし後少なくとも三分経過すれば、今迄寝室に居った生徒は皆、洗面所で顔を洗っている。顔を洗うのに約三分も要せず、用を足した生徒はタオルを持った儘《まま》校庭に飛び出して行く。自習室及び寝室の室内掃除当直番（約して室直という）の者は四階の階上迄飛び上がる。早い者から順次に分隊毎に校庭で体操隊形に整列し、号令演習を始める。

朝の別科始め五分前にG一声と称し、喇叭がブーと一声なる後より「号令演習止め。乾布摩擦始め」の号令がかかる。上衣と夏襦袢上を脱し、上半身裸体となり、乾布摩擦を始める。内海の江田島とはいえ、冬十二月の潮風は肌を刺す如くである。身体の皮膚が赤くなってヒ

生徒館洗面の図

①中央の巣箱のようなものは雑物入れ。箱の上に軍帽をのせるのは一号の特権？②横で上衣をおさえてたたんでいるのは、一号に待テを喰って遅れたのであろう。左端の一号が睥睨している。③絆創膏は江田島名物。擦傷・腫物。④左から二番目、うす汚れたタオルはやがて没収。週番生徒の鉄拳と引きかえになる。⑤右端の眠そうな生徒は、一号の眼潰しを喰うか否かの瀬戸際にある。

リヒリする程こする。五分間経つと課業始めの喇叭が鳴る。乾布摩擦を止め、体操にかかる。

海軍体操は、娑婆の体操の如く女子供のできるものとは全然趣《おもむき》が変わっており、実に見事なものである、といって野蛮なものばかりではない。女学生の好みそうな優美な力の入った体操もある。まだまだ海軍体操に馴れない三号生徒は、後の一号生徒から泣きたくなる程、ああでもない、こうでもない、も一度やり直せと指導される為に、雪の降っている時ですらも寒さも冷たさも忘れる。

体操中、脱いだ衣服の整頓が、縦横斜め何れから見ても一直線に見えるように美しくなければならない。帽子の向きも第一生徒館菊の御紋章の方に向ける。それが少しでも乱れて居れば、週番生徒がやってきて、甲板棒で「整頓不良」といってひっくり返されてしまう。体操が終わると、又競争で着物をつける。事業服を着け終わった生徒は、或いは八方園に向かい、或いは散歩する。十二月の朝は冷たい。しかし、生徒は一人として手を組み合わせたり、肩をすぼめて歩く者は居ない。八方園の黒い玉砂利を踏んで赤城戦死者記念碑を拝し、食堂に向かう頃、楽しい朝食に近づく。

一方、室直にて四階迄上がった者は、体操を五分やり、五分のG一声で体操を終わり、大急ぎで自習室又は寝室に向かう。若し一号生徒より遅れでもしようものなら大変である。上衣を脱し、腕まくりをし、如露《じょろ》で水を撒《ま》き手早く掃除を行なう。最初は如露で水を撒く事もできない。箒《ほうき》の使い方一つでも、三号は満足に出来ない。

三年間此処で鍛えた海軍士官は、女より余程掃除もスマートで迅速である。雑巾をインサイドマッチと言い、掃除用具もブルームだのオスタップだのギヤ箱だの、何の事やらちっとも分からぬ。忙しい朝の掃除も終わり、三号は汗の乾く暇もなく食堂にかけつける。

朝体操

起床動作でパイプに遅れはしないかと思って慌てた胸の動悸の静まる余裕もなく、駈け足に次ぐ駈け足で洗面所から便所、便所から体操場へと向かう。十二月の朝は冷たい。まだ外は暗い。体操靴とタオルを抱えて一生懸命に駈け足して行く恰好は、一号生徒から見たら滑稽なものだろうが、三号にとってはその一号生徒の何処で光っているか分からぬ目が怖い。

体操隊形に整列して号令演習をやろうとしても、総員起こし後から続く激動のために呼吸がせまって頓《とみ》には声が出ない。暫《しばら》くして黄色い声が、つぶれたような声がガーガー聞こえてくる。乾布摩擦始めを知らせるG一声が鳴ってくる。一週間ぐらいはアーマーを着た儘で体操をやったが、今日からは上半身裸体である。風はないが、十二月の寒気は指先から次第に身体中にしみわたってくる。

元気のよい教員の号令で海軍体操が始められる。一週間の間に大分馴れたとはいえ、誘導振をやってるだけで、手がだんだんだるくなってくる。肩が凝ってくると、三号はすぐ娑婆気を出して首を曲げてみたり、わざと間違えて二回やるところを一回しかやらない。一号生徒は後でその心境を知っているが、娑婆気の抜けない三号には言っても分からぬ。別の方で分かるようにもっていこうと思い黙認する。

一五分間体操を二〇分ぐらいやって終わり、指先の冷たさも極度迄くる頃、十二月の朝は漸《ようや》く明けて、格納庫がやっとその輪郭を明らかにし、怪物の鼻の如く機首のみが光っていた九六陸攻が、そのスマートな姿を暗がりの中から浮かび上がらせてくる。体操終わりの号令と共に体操バンドを外し、アーマーを着け、上衣をつける。

上衣を着け終わり、体操靴を黒靴に履きかえ、体操バンドをちゃんと巻いてから運動靴とタオルを小脇に抱えて、食堂に向かって歩き出す。生徒は歩きながら下を向いて仕事をしていたりしてはいけない。一つの仕事にのみ熱中するのである。

三号が毎日二〇分ずつ体操の特別指導をうけ、約一ヵ月経つと、分隊に入って分隊員と一緒に体操をやるようになる。一番喜ぶのは二号生徒である。これ迄体操の時、後から「もっと力を入れ」「しっかりやれ」と突かれていた鋒先《ほこさき》が三号に向いていくからである。

入校当時の三号は体操一つにしても、一寸でも気を緩める事は出来ないし、心休まる時さえない程である。少しでも他の事を考えていたりすれば、すぐ後から「何を考えているか！」と突き飛ばされ、体操を間違えれば「ぼやぼやするな！」と怒鳴られ、はっと思うとその時は必ず自分の心が空虚になっているときだと自覚する。「もっと力を入れてやれ！」といって突き飛ばされるよりも、「ぼやぼやするな」と言われるのが胆にこたえ、恥ずかしい。何によらず兵学校は、「ぼやぼやするな」ということはよく用いる言葉である。

食事

兵学校では一日三度

　兵学校のおかずは、ゴボウに大根

　　たまには混ぜめし、ライスカレー

と喇叭が鳴る。「古来摂食に恭敬なるは卓越なる人士共通の美点なり。生徒は粒々之國恩の致すところなるをわきまえ……云々」と、ややこしいことが生徒服務要綱に書いてある。

入校して兵学校の食卓についてみて先ず驚く。一つの腰掛けに十人もかける。狭くて肘も張れない。大きなアルミの食器、食器を持つ事は禁止、前かがみになってはいけない、朝のパンは右手で食べてはいけない、その代わり米の飯のとき左手は使用禁止、一週間に一、二回出る酒保の羊羹や豆類まで箸で食べる事等々。

朝体操が終わって「兵学校のおかずは……」と喇叭が鳴る。数千名の生徒が僅か三分ぐらいで大食堂に入り、テーブルの前に不動の姿勢をとる。指先が曲がってでもいようものなら、後から入った上級生にピシリ！　とやられる。三号、二号、一号の順でテーブルにつく。当直監事が「就《つ》け！」と言われると、一同ガタンと腰を下ろす。瞑目して五ヶ条の五聖訓を想う。

暫く三分ばかりの間は、さすがの大食堂の中に一人の人もなきが如く静寂である。兵学校で最も静かな時である。やがて「掛かれ！」の令と共にお互いに礼を交わして、先ず相手の茶碗にお茶を注いでやる。薬罐《やかん》は必ずその口を当直監事の方に向けて置かねばならぬ。パンは手でちぎって左手で食べる。スプーンは右手で使う。食事の終わった後、食器はテーブルの端の直線に接する円のように、且つ食器は相接する円のように美しく整頓して置かねばならぬ。生徒が食事の終わった後は極めて整頓が優秀である。整頓不良の分隊は時々週

番生徒の御目玉がある。土曜日の朝あたり時々、パンに非ずして飯のことがある。今晩あたり、汁粉が出るのではないかと思っている。烹炊所の細い方の煙突から真黒の煙がもくもくと出る。そしたら概《おおむ》ね汁粉が出るとみて間違いない。

初夏の午後、空気まで沈んだようで、古鷹山麓の新緑をかすめて郭公鳥《かっこうどり》が鳴いていく。力学の時間あたり「今日の昼は又ライスカレーだったね。○○生徒」と

くる。どうしてライスカレーを食べた後は眠いのだろう。生徒があまり眠るので、防止食として梅干と苦いお茶の出たことがあったが、梅干はジャンジャン減っても居眠りは減少しなかったそうだ。

又、軟骨と称する料理がある。冷凍のエイを煮た奴のことである。粉骨砕身という料理がある。鰯を骨ごと挽き潰した奴のことである。游泳帯というものもある。玉ねぎの醬油汁である。ゾルというものもある。うどん粉でこねたような汁である。しかし、一月に一回ぐらいはお萩も出るし、会食と称する祝祭日の教官生徒一緒のときは、長さ二五糎《センチ》にも垂《なんな》んとする名物江田島羊羹が出る。それがスペアでもあればたいしたものである。

食事終了後の三号生徒

当直監事の「開け！」の声も聞こえもせず、当直監事の付近の食卓からガタガタ生徒が立って行くのを見て、A三号生徒は慌てて食卓を離れる。昨夜修正された頬の破れに朝の味噌汁がしみこんで味もなく、おまけにアーマーときては早い食事も遅くなる。今日の報告当番のA生徒、早々にして本朝起床動作最迅達者氏名を週番生徒室に報告せねばならない。

急ぎたいのは山々であるが、食堂の中で走ったら又修正である。急いで食事したからといって、立った時、口中に食物が残っていては又修正される。口を真一文字にむすんだ儘《まま》で、競歩の要領で食堂を出る。早駈けで行きたいが、階段はちゃんと手を腰にして一段ずつ降りねばならぬ。直角の二辺は斜辺より距離は損であるが、四角に切ってある芝生はちゃんと廻って行かねばならぬ。おまけに一尺は芝生を離れて通らねばならぬ。芝生の角を飛び越えて行くなどは以てのほかである。

ようようにして週番生徒室に来てみれば、食堂の出口に近い分隊の報告当番はちゃんと来て居る。週番生徒がやがて甲板棒片手に食堂よりかえってくる。さっそく「第○分隊、本朝起床動作最迅速者の報告に参りました」と大声を張り上げる。時々「やり直し」など命ぜられる。

一方、食堂から飛び出したB・C・D生徒はカッターのあか汲みに駈け足である。潜水艦桟橋を一列縦隊に真っ白の事業服を朝日に美しく照らされながら、ここにも競争が繰り広げられる。忽《たちま》ちにして事業服の裾をまくり、美しい素足を惜し気もなく冷たい十二月の水の中に入れてせっせとあかを汲む。終わる頃になると、一人はちゃんと服装を整えて週番生徒室に報告の用意をする。

E三号生徒は今日は昇汞水《しょうこうすい》当番である。ただでさえ冷たい朝、凍りかけている昇汞水の入った手洗鉢を抱えて、之は駈け足もならず、歩いて遥か第一生徒館診察室前迄、昇汞水を交換に行く。美しい昇汞水に汲み変えて分隊自習室入口に置く。F生徒は隊務当番である。自習室寝室のギヤ箱、分隊文庫、チャートデスク等を一つの乱れもないように整理する。一つでも整頓が乱れていれば、分隊総員の責任である。

今日は別に何の当番でもないと、朝食後のんびりして自習室にでも居ようものなら、「○○、他の者が忙しく仕事をしているのに、何をボヤーとしてるか!」と怒鳴られる。仕事がないから、寝室に飛び上がって毛布を整頓し直したり、チェストを整頓したりする。ぼやぼやしている間に階下で週番生徒のパイプが鳴り、「五分前」と怒鳴られる。慌てて自習室で教科書をベグ（バッグ）に詰め込んで、横っ飛びに生徒館前に整列する。

定時点検

課業始め五分前、喇叭が鳴る。

一号生徒が回り番で号令官になる。「分隊監事集めます」「集まれ！」。もう既に集まっている分隊員は不動の姿勢をとる。「番号！」「後列二歩後へ進め！」てな変な号令で、後列は二歩後へ下がる。「右へならへ」「直れ」「第一八分隊総員四二名事故者なし、現在員四二名、終わり」。分隊監事は之をうけられて、その日の点検すべき事項を号令官に示される。之により「分隊監事は姓名申告を点検される」「分隊監事は不動の姿勢を点検される」或いは「号令官が係名姓名申告を点検する」など定まる。号令官の「ベグを前に置け」の号令で、一号生徒の方から整頓して、一直線になるようにベグを置く。「分隊監事が前に行かれたら不動の姿勢姓名申告」。カチッと靴の踵を合わせる音がして「仁科関夫」「福田定男」「矢野良彦」とやってくる。「金子忍」「西尾豊」。二号生徒はどこか二号生徒らしいところがある。「村川洋三」。しわがれた一向に冴えのない声で三号の姓名申告が始まる。

分隊監事が姿勢、服装の悪いところを、口でなしに自分の身について知らされる。例えば手を少し後に引けば、ははあ、自分の手は前に出過ぎているのだなと分かり、頬のところに手をやられれば、事業服の紐が外へ出ているのだなと分かり、帽子の顎紐に手をやれば、顎紐がゆるんでいるのだなと分かる。一号生徒、二号生徒は殆《ほとん》ど注意されないのに、三号生徒だけ注意されるのは、やっぱり油断があり、ぼんやりしている証拠である。

こうして課業始めの前、服装を正し、気を充溢し、心身共に緊張せる状況で講堂に向かうわけである。又、定時点検の折、分隊監事から簡単に精神講話を承《うけたまわ》ることもある。

課業始め

定時点検の終わる頃

護国のためだ　これから掛かろう

と喇叭が鳴る。分隊が各学年毎に分かれて三乃至四個分隊で、それぞれ三学年、二学年、一学年と班をつくる。各班の号令官が班を纏《まと》める。週番生徒が整列の状況を見ている。姿勢がだらりとしていたり悪かったり、手が一寸でも伸びていなかったら、直ちに注意をうける。

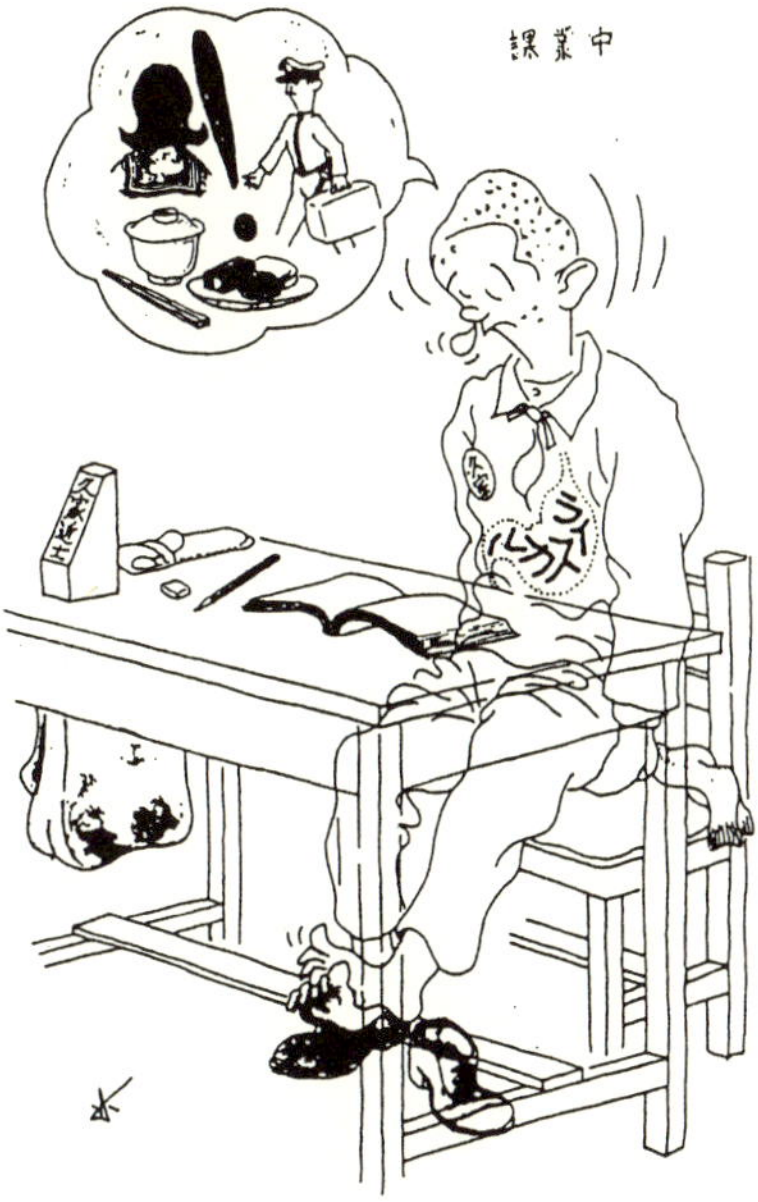

整列のよかったところで各学年班毎に届け、部週番生徒は部の整備を当直監事に報告する。生徒隊が整備せるところで、「前へ」の喇叭でそれぞれ講堂目ざして兵学校の所謂《いわゆる》有名な手で歩く課業行進が始まる。手は肩より高く上がるが、足は一向に上がらんという便利な行進である。

しかし、横の折り目のついた真っ白のズボン、美しい統制をみせて一糸乱れず行進して行く。まさに実に逞《たくま》しくも美しく、且つ見事なものである。各班毎歩調の揃っているのは勿論、各部隊がすべて歩調が揃っている。

春は桜花爛漫、緑の芝生目ざむるばかりの白亜の参考館前を軍事学講堂に向かい、夏は生徒館前の白砂、紺碧に輝く江田内と青松の間を砲台に向かい、秋は古鷹の峰澄み渡る空の突《とっ》兀《こつ》と高きを仰ぎて普通学講堂に向かう。そこに純白なる雪を見る如く、生徒の美しくも逞しい課業行進を見るのである。そしてこの課業行進は、午前午後と二回ずつ繰り返される。

金曜日の午後には、横隊行進と称して陸軍の分列行進の如き行進が行なわれる。ベグを抱えて目深な帽子の陰から光る眼をのぞかせて講堂に向かう生徒の姿を称して、次の如く歌う。蓋《けだ》し海軍士官の物の見方でもあろう。

乞食袋を重そうに　課業始めの喇叭にて
講堂指してゾロゾロと　行くは数学課

我々が三号時代、朝の課業始め課業行進の頃、呉付近の女学生やら看護婦がよく見学に来ていたものだった。そして三号は少し目玉を動かし、一号生徒は平然としていたものだった。

自習室

白亜の殿堂とも言いたげな美しい近代建築、その一階は各分隊単位の自習室にあてられている。高い白亜の天井、質素にして高尚な室内造作、近代的な絢爛たるシャンデリア、正面の聖訓五ヵ条の大額、七〇年来の伝統を語る分隊名簿、記念写真の数々、乱れ一つない機密図書箱の内には真っ赤な機密図書がその機密の程度に依る如く、使用学年の高低に依る如く、各人細心の注意をもって整理されているであろう。

繁忙にして有意義なること一分の無駄さえなき兵学校に於いて、猶《なお》分隊図書箱には数々の修養書を見出すであろう。そしてあらゆる場面に使用せられる公文書用紙は、全然新規の者も探し出すのに苦労せずに引き出しの中に見つけるであろう。生徒が航海の研究に、乗艦実習のために、そして又殆《ほとん》ど毎週土、日曜行なわれる内海巡航のためのチャートは、そのナンバー毎に順序よくチャートデスクの中にあるだろう。

自習室甲板掃除の図

一隅にある電機釦《ボタン》を転換し、電鍵を接続すれば、発音、発光何れの信号訓練するも可能であり、且つ全生徒館のスピーカー、発光信号用電球は、只一人の信号の教員によって一斉に鳴りもしようし、一斉に光りもするのである。

室内の清掃に用いられるインサイドマッチ、雑布《ソーフ》等は、蓋を脱する迄は如何なる美しきものを収納するのであろうかと疑われる箱に入れられてあり、その一本一本一枚一枚は少しの乱れもみせていない。床のリノリウムは美しく光り、一粍《センチ》の塵一つ見つけ得ぬであろう。外来の参観者自習室に招じ入れんとすれば、総て履物を脱しかかり、その儘でと案内され面食らうのが普通である。

スチームパイプが通っている。摺上げ窓、回転窓には白幕黒幕が常に準備されてある。アームラックには錆《さび》一つない小銃がズラリと並び、軍刀箱、拳銃箱にそれぞれ兵学校にふさわしい威厳を見出す。更に一号より三号に至る迄のデスクを見よ。その配列は一糎の狂いもなく正しく、机上は塵一つ止めない。更に机を開き見よ。乱れ一つなき整頓を。御勅諭が上段に載っている。数十科目にわたる白い表紙の教科書がその大きさ厚さに応じて整然と収められ、ペン皿のペンにはインクの汚れ一つ認めぬであろう。

斯くの如く一点油断のない自習室に夜の自習時間ともなり、生徒の自習にあたる姿を見ば、思わず一瞬、室内に足を踏み入るるを躊躇するであろうし、五省の時間であれば、厳粛の気を通り越し、冷水を浴びせられたる如く粛然たる心持ちとなることであろう。

号令演習

北斗七星が御殿山の上に横たわっている。オリオンが頭の上に美しく赤く青く輝いている。生徒館自習室は電灯が消えて真っ暗である。広い練兵場の暗がりに、純白の事業服が三々五々と足並みも美しく揃って南北に散歩している。ごうごうたる号令演習の声は、夜空の果て迄響いて物凄いばかりである。

「第一カッター用意」「ストッパー解けー」「降ろせー」「放て」など、黄色い声で号令をかけているのは三号である。少し物馴れた感じの声で、「右救助艇用意」「短艇索守れ」「スリップ遣れ！」「右九十度照射用意」「照射始めー」など練習しているのは二号生徒である。冴えきったよく通る美しい声で、一号生徒が胸を張って堂々と闊歩しながら、号令演習をやって居られる。

「右砲戦《ホーセン》!」「右八十度反航する敵巡洋艦」「八〇《ヤーマル》右へ五《ゴ》」「打ち方始めー」「打ち方待て」等々、聞いていて、胸がすくような明快な号令である。ああ早くあんないい声になれないかなあと思っても、なかなかそんな声は出ない。

それどころではない。三号生徒、入校して一ヵ月ぐらいの間というものは、朝起床動作から始まって夜就寝動作迄、あれやこれやで姓名申告が二〇回以上もあり、言う事は何でも大きい声で言わねばならぬので、声が嗄《しわが》れて約二週間後は誰でも声が出ない。之は決して誇張ではない。咽喉のところをヒィヒィ空気が通るだけで、まるで声にならないのだ。そこを突破して、更に大きな声が出るように訓練する。

此の中休みの号令演習中に勝手に自分達の話などしたら、後ろから「号令演習をやれ」と突き飛ばされるか、お達示の後に鉄拳を頂戴するかの何れかである。飽く迄清澄の江田島の空気を胸一杯吸い込み、胸を張って腹から声を出す心地良さを解する者も吾人のみであった。

一五分の中休みが終わる頃、南北に散歩していた数千の生徒は、生徒館入口で号令演習を止め、自習室に私語一つなく整然と帰って行く。校庭には模型灯台が赤く緑に閃光を回転しつつ投げている。たった今迄の号令演習は忘れたようにひっそりしている中に。

（イラスト・佐藤英一郎〈72期〉、イラスト説明文・加藤孝二〈72期〉）

（七三期クラ会報六〇号より）

弟と妹へ
〈憂国ノ志ナカルベカラズ　憂国ノ言アルベカラズ〉

久島　守〈73期〉

なせばなる　なさねばならぬ　何事も
ならぬは人の　なさぬなりけり

愚兄守二十一歳ノ今日ニ至ルニ御両親ノ恩如何バカリカ筆述スルコトハ出来ナイ
又天下ノ兵学校ニ学ブノ光栄ニ浴シ無事卒業シ若々シイ少尉候補生トナッタ　此処迄御教育戴イタ国恩ニ対シ奉リ一身ヲ捧ゲ報インノ念デ一杯デアル
而シテ今日迄俺ガ踏ンデ来タ跡ヲ反省シ参考トスル為乱筆ヲ走ラスコトヲ決心シタ
愚兄ノ言ヲヨク容レ有能ニシテ強健ナル人間トナリ愚兄ニ負ケナイ努力ヲスル様ニ希望シテヤマナイ
吾人ハ国家ヲ念ヒ日本精神ノスガスガシイノニ接スル時生キ甲斐ヲ感ズルモノデアル
尽国ノ道ハ嬉シクモアリ悲シクモアルト　実際ニソウデアル　日本人ノ目的ハ実ニ此処ニ帰一スルコトヲ忘レテハイケナイ

以下　思出スママニ記スコトニスル

健康

現代国家ニハ健康程大切ナモノハナイ　戦争ニ戦抜クタメニハ最モ強イ体ヲ養成シナケレバナラヌ

胸部疾患ニツイテハ特ニ注意スベシ　コレニ関シテハ相当ノ知識ヲ必要トス　研究スルト共ニ第一番ニ風邪ヲ引カヌコトガ大切ダ　ソレカラ朝起キタ時ノ深呼吸「ウガヒ」ノ励行

明朗ナル気持ヲ常ニ忘レナイコト

勉強法

小学校時代：算術ニ最モ力ヲ入レルコト　自分デ考ヘ皆出来ナクテモヨイカラ他人ニ頼ルコトナク一題デモヨイカラ自分デヤレ

読方ハ言フ迄モナク日本人トシテ必要ダ

理科方面ハ常識ヲツケルタメ　シツカリ覚エルコト　コレカラノ戦争ハ科学戦デアルコトヲ忘レルナ

地理国史ハ良ク知ツテキルカキナイカハ其ノ人ノ奥ユカシサヲ現ハス源デアル常識ダ　他人ニ負ケルナ

中学校時代：本当ニ実力ヲツケル時ダ　ココデ失敗スルト人生ハ面白クナイ　シツカリ勉強セヨ　シカシ体ヲ大切ニ

数学ハ中学時代最モ力ヲ入ルベキ科目ナリ　数学ノウマイ人ハ他ノ学科モ出来ルモノナリ
先生ガ出サレル宿題及ビ教科書ニアル練習問題ハ必ズ何ンナ事ガアラウトモ如何ニ睡カラウトモ数学ノ時間迄ニハヤッテ行ケ
代数ハ教務時間中ニ理解スルコト　其ノタメニハ心ヲ集中シテ外ノ事ニ心ヲ配ラヌコトが大切ダ　自分ガ実際解ッタカ否カハ応用問題ヲヤルト直グワカル
幾何ノ問題ニ当ルトキハ　頭ヲヤワラカクシテアノ定理　コノ定理ト考へ　自分ノ頭ノ働キヲ加味シテ行ク
英語デハ英文法ヲ「マスター」セヨ　ソレニハ英作文或ハ英訳教科書ヲ暗記出来ル程度ニ文章ヲ読メ　単語ハ教科書ノモノヲ毎日一ツヅツデモ良イカラ憶ヘヨ
英語ハ敵国語デアルガ　マダ必要ダ　科学ヲ学ブ上ニ於テ大切デアル
物理ハ原理ヲシッカリ把握セヨ　タダ定理　定律ヲオ経読ミ的ニ暗記シタダケデハダメダ
ソレヲ試メスニハ　計算問題ヲヤッテ見ルト其ノ定理ノ本当ノ意味ガワカル
化学方程式ハ算術ノ×算ノ様ニ出来ルモノデハナイ　実際ハ何ト何ト作用シタラ何ガ出来ルト云フ事ヲ忘レテハ出来ナイノダ　教科書ヲ暗記スルマデ勉強セヨ　化学モ計算問題ニ必ラズ当レ
国語ハ欧文社ノ「国文解釈」　漢文ハ「塚本ノ漢文」デ勉強スルトヨイ　国文ハ文法ヲシッカリヤルコト　特ニ文語体ニ於テハ国文法ヲ知ラズシテハ解釈出来ナイ　特ニ助動詞　助詞　副詞ノ使ヒ方ニ注意シテ憶ヘヨ
単語　文章等ハ新聞雑誌等デ必要デアルト思ハレルモノ自分ガ初メテ見タト云フ様ナ語句

ハ別帳面ヲコシラヘテ記入スル様ニセヨ
作文ハ美辞麗句ヲ並ベルヨリモ出題者ノ意ヲ体シテ漠然ト大キナコト偉イコト等ハ書カズ
具体的ニ要点ヲ摑ンデカケ

趣味
趣味トシテ選ブ条件
1　自己修養或ハ勉強ニ役立ツコト（体ノタメデモヨイ　何カニ役立ツコト）
2　自分一人デモ出来ルコト
3　高尚デアルコト
4　費用ノカカラヌコト
5　アマリ時間ノカカラヌコト
歴史的小説或ハ一流ノ小説ヲ読ムモヨイ　特ニ女子ハ教養トナル文学ヲ必要トスル　文学ハ女ラシサ男ラシサノ根底デアルトモ云ヘル　コレモ勉強ノ合間ニ読ムノモヨイ　本ヲ読ムト云フ趣味ハ非常ニヨイ
登山　魚釣等モヨイ　体ヲ鍛練スルコトヲ趣味ノ中ニ投込ムノハ現代青年ノ必要条件ダ
流行歌ヲ憶ヘルノハ悪クハナイ　中学校時代歌ヲ憶ヘル時間ガアルナラ勉強セヨトヨク云ハレタモノダガ　ソンナ頭ノ固イ人間デハ大事ハナセヌ
勉強ガ疲レタラ歌フノモヨイ　歌ハ人間ノヨイ心ヲ慰メルモノダ　兵学校ニ入ツテ特ニ感ジタノデアルガ　歌ノ一ツモ出来ルコトハ団体生活ヲヤツテ行ク上ニ明朗性ヲ生ゼシメルコ

トガ出来ル

時ト場合トヲ考ヘ　自分ノ本務ヲ忘レサエシナケレバドンナ歌デモヨイ

将棋ヤ碁ハ幾何学的頭　物ヲ考ヘルト云フ頭ガ出来テ非常ニヨイ　兵学校ノ校長モ良イト云ツテ居ラレル　即チ理詰メデ行ク頭ヲツクルニ最モヨイ娯楽デアル　シカシ時間的ニ注意スルコト　コレニコツテハイケナイ

絵モヨイ　実ニ記念ニナル　鉛筆　筆一本デ書ケルカラ重宝ダ

「ハーモニカ」笛　尺八等モヨイ　自分デ考ヘテ見ヨ

詩　俳句　川柳　和歌　漢詩等ヲ練習シ　一冊ノ「ノート」ヲ作ツテ　又ハ日記ニ書イテオクノモ楽シイモノダ　コノ作リ方ハ国語ノ先生ニ習フモヨシ国語ノ教科書等ニアルノヲ真似スルモヨイ

星座ノ研究ヲココニ述ベルコトニスル

星ハ神秘的デ特ニ夏ノ夜等ハ面白イ　眼ノタメニモヨイ　金モイラヌ　相手モ要ラヌ　ソシテ高尚ダ

兵学校デモ天文航法ト云ツテ星ヲ測ツテ艦ガ今何処ニ居ルカヲ出ス勉強モスル　星ノ名ヲオボエル事ハ非常ニ良イ趣味ダト思フ　『星座巡礼』ト云フ本ヲススメル

朋友

境遇ニ応ズル朋友ヲ選べ　何カ行動ヲシテモ相手ガ自分ノ境遇トシテ相応デナイ様ナコトヲスル様ナ者デアツテハナラナイ　共ニ苦楽ヲ共ニシ一生ノ朋友タラザルベカラズ　沢山朋

友ヲ持ツ必要ナシ

精神修養　精神集中

精神修養ト云ッテ　コレト云フモノハ無イ　唯ダ明朗　積極性　判断力ノアル人間ト修養セヨ

精神集中ハ心此処ニアラザレバ聞ケドモ聞エズ　見レドモ見エズ　ト云フヨウニナッテシマフ　事ヲナスニハ　ソノ時ダケデ良イカラ精神ヲ集中シテ他ノ事ヲ考ヘルナ

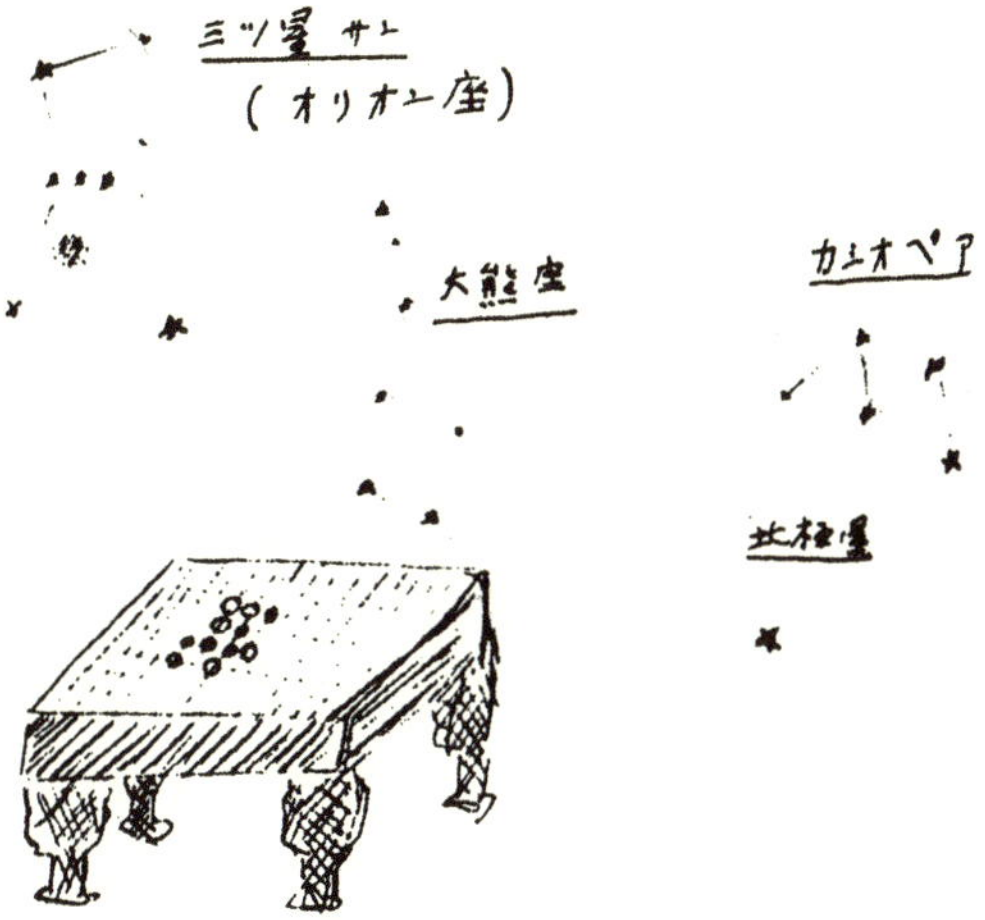

依頼心

依頼心ヲ持ツナ　独立独歩ノ精神　世ノ中ハ人ニ頼ッテキテハ進歩発展ハ出来ナイ　自ラ研究シ難事ニ当ルノ決意ガ必要ダ

又金銭ヲ他人ヨリ借リテ用ヲタスト云フ事ハ絶対ニスルナ　武士タルモノノスルコトデハナイ

「ノート」

紙ノ上等デ保存ニ適スルモノヲ一ツ用意シテ参考トナルコト　名文　名文句　俳句　和歌　絵

精神訓話等日記ノ代リニ記註スル習慣ハ非常ニヨイ　兵学校ニハ「自啓録」ト云フモノガアル　コノ習慣ハ是非ススメル

廉恥心

破廉恥的行為ハ最モヨロシクナイ　例ヘバ他人ノ物ヲ盗ムトカ……ト云フ様ナコトダ　コレヲ特ニ述ベル必要ハナイト思フガ　夢ニモアツテハナラヌ

躾　タシナミ

特ニ女性ニ必要デアルガ　鏡ガ綺麗デ脂粉追放サレタ生地ノ美シサハ現代女性トシテ特ニ目立ツ必要ナル時ハ薄化粧忘ルベカラズ

女性ノ美ハ何モ長袖ヤ立派ナ着物ヲ着テ歩ク事デモナケレバ　化粧ニ専念スルコトデモナイ

「エプロン」姿デ炊事ニ洗濯ニ精出シテキル様コソ俺ニハ美シク感ゼラレタ　女性ニモ或ル程度軍人ノ気風ガ必要ダ

海軍ニハコンナ言葉ガアル

〝「スマート」デ目先ガ利イテ几帳面

負ケジ魂コレゾ船乗〟

男ニモ女ニモコノ意気ガナクテハナラヌ

考査上ノ注意事項

周到ナ準備ハ前ニモ屢々述ベタ「業クワシカラザレバ胆大ナラズ」ノ言アルゴトク自分デヨク知ツテ居ラナケレバ落着イテ思切ツテ考査ニ臨ムコトハ出来ナイ

考査問題ニハ自分デ勉強シタコトガ其ノママ出題サレルト云フ事ハ絶対ニ信ジテハナラヌ未知ノ問題ヲ今迄勉強シタ事ヲ基礎トシテ考へ抜クノダト云フ意気デ臨メ

考査ニ臨ンダラ　アレコレト迷ツテハナラヌ　片端カラ易シイモノカラ処理セヨ　ソノタメニハ緒戦ノ一撃デ一題サツト出来ルト後ハドンドン進行スル　コノ緒戦ノ一撃ヲ忘レルナ　コレハ海軍ノ伝統デモアル

解答ハ出題者ノ意ヲ体シテ解答セヨ　試験官トシテハ自分ガ聞イテモイナイ事ヲダラダラ長ク書イテイルコト程シヤクニサハル事ハナイ

字ノ綺麗デアルコトハ此処デ述ベル必要ハナイト思フ

コレ迄イロイロ書キナグツテ来タガ　愚兄ノ跡ヲツギ皇国日本ヲ益々発展セシムベク海軍兵学校ヲ志セ　ソシテ兄弟揃ツテ御奉公スル時ノ来ルノヲ待ツテヰル　呉々モ体ニ注意シテ大ニ勉強セヨ

憂国ノ志ナカルベカラズ　憂国ノ言アルベカラズ

ダマツテ将来ヘノ準備ヲ励メ　俺ハ第一線ノ艦船部隊ヘ躍進スル

主トシテ弟ノタメニ書イタガ　妹モ共ニ切磋シテ日本人トシテノ正シイ道ヲ間違ヘルナ

親愛ナル
　敦　子殿
　健三郎殿　へ一筆記ス
　をのこやも臥薪嘗胆二十年
　　撃ちて砕かんタクロバンの沖

（久島守：昭和十九年十月二十三日、レイテ沖海戦「愛宕」で戦死。編者　長文のため抜粋としました）

七三期最後の戦い

松永　榮（73期）

晴耕雨読ならぬ無為徒食の日々を送って居ると、戦後五〇余年の事よりも、終戦直前に「今日も生きて居た」との日々を送った四日間の思い出が強烈に蘇《よみがえ》って来る。飛行機乗りは生死の境を一度や二度は誰もが経験して居るが、「出撃即戦死」の艦爆・艦攻乗りには、出撃即時待機のこの四日間は、今にして思えば「マナ板の鯉」同然で大変な事だったろう。

何故生き残れたのかと追憶する時、単に運命と割り切れないものを感じる。

終戦直前、挙母基地（別名、名古屋基地）に展開・待機して居た我が攻撃第三飛行隊（K3・彗星艦爆隊）は、

飛行隊長（操縦）藤井浩大尉（69期）
操縦分隊長　新谷隆好大尉（71期）
偵察分隊長　田上吉信大尉（71期）
操縦分隊士　山田良彦大尉（72期）、高橋正次郎・松永榮・山口文雄中尉（以上73期）
偵察分隊士　諸岡正義・加納博忠・矢島俊二中尉（以上73期）

が江田島の生徒館の再来のような構成ながら、和気あいあいの内に、この四月以来、隊員の先頭に立ち、猛訓練を重ね、飛行隊を即戦力に育て、出撃命令「何時でも来たれ」と待って居た。

そこへ八月十二日深夜から十五日午後まで、全員即時待機が発令された。待ちに待った出撃命令と全員が奮い立った。

その間に対して下された、八月十三日の出撃命令・同中止命令の経緯が未だに不可解で脳裏を離れない。この日を境に我々の運命が変換した訳であるから。

終戦前後の資料は殆《ほとん》ど残されてないが、我々は如何なる彼我の態勢・戦況の中で出撃を命ぜられたのか。出撃していたとしたら、それは果たして成功しただろうか、犬死に終わったのではなかったかなど、当日を含む史実の調査を試みた。

八月七～十日に三陸沖に接近したハルゼー機動部隊は、東北地方太平洋岸一帯に激しい空襲を加え、一転して、

十三日に犬吠崎東方に接近、関東地方の航空基地に早朝から激しい攻撃を加えた。

十四日には日本機の攻撃圏外の東方へ退避。

十五日には再び接近して攻撃を行なった。この中に米軍空母に混載されていた英軍戦闘機「シーファイア」（スピットファイアの海軍名）も含まれている。

八月七～十日の資料は入手出来なかったが、十一日以降の三航艦各飛行隊の奮戦は、一部の把握に過ぎないが次の通り。

七月二十六日　ポツダム宣言

八月九日
七五二空攻撃第五飛行隊（K5）（木更津基地・流星）出撃　茨木松夫中尉（兵73期）ほか特攻戦死。
百里原空　出撃　青羽英次郎中尉（兵73期）ほか戦死。
郡山空（零戦）出撃　石塚二郎中尉（兵73期）戦死。

八月十一日
二三〇〇〜十日〇二〇〇の御前会議で終戦の聖断下る。

八月十一日　深夜の御前会議でポツダム宣言受諾を決定。
名古屋空彩雲隊は木更津の七五二空偵察第一〇二飛行隊（T102）へ編入され、移動の途次に高柳義雄中尉（兵73期）ほか戦死。

八月十二日
K3全員、深夜に警急呼集。

八月十三日
K3
〇三〇〇　以降即時待機。諸岡正義中尉（兵73期）以下四機に第一次攻撃隊発令。
〇六〇〇　同右解除。全機即時待機発令。
一五〇〇　全機出撃命令。山田大尉機、離陸直後に出撃中止命令。
K1（攻撃第一飛行隊）（百里原基地・彗星）出撃
〇六〇〇　二四機即時待機。平野亨中尉（兵73期）指揮の一二機が午前中に、杉浦喜義中尉（兵73期）指揮の一二機が一三〇〇に発進予定であったが、敵艦載機の来襲が激しく、結局、平野機以下五機が正午過ぎの散発出撃に終わり、残余は天候悪化により攻撃中止。平野機から「敵空母見ゆ」の電報のまま全機未帰還（特攻）。

K5出撃　元八郎中尉（兵73期）ほか特攻戦死。

S三〇二（戦闘第三〇二飛行隊）（厚木基地・夜戦）出撃　池端俊雄中尉（兵73期）要撃戦で戦死。

八月十四日

軍令部から「積極的攻撃中止」の指令が出されたが、第一線戦闘部隊ではその解釈に迷った。勿論、我々第一線将兵には伝わっていなかった。

K二五六（攻撃第二五六飛行隊）（香取基地・天山）出撃　橋本文夫中尉（兵73期）ほか夜間索敵攻撃に発進・戦死。

K3　全機終日即時待機。

八月十五日

敵艦載機による関東地方への空襲は、前々日ほどは激しく無かったが依然続いた。偵察攻撃程度だったのだろう。然し、在関東地方の我が航空各隊は敢然と要撃した。

三〇二空（厚木基地・雷電）出撃　蔵元善兼中尉（兵73期）、鹿島灘上空でグラマンと交戦。戦死。

T一〇二

五機、早朝索敵に出撃。小出実中尉（兵73期）、房総半島東方海域にて撃墜され戦死。

K1

○八〇〇　水上潤一中尉（兵73期）以下一二機に特攻出撃命令。最後の一機が離陸したのは一一三〇頃であった。全機未帰還。その三〇分後に終戦の詔勅が下った。

S三〇四（戦闘第三〇四飛行隊）（茂原基地・零戦）出撃

○三〇〇　起床、夜明けとともに発進。この中に阿部三郎中尉（兵73期）も居た。当日の戦果は、撃墜一七機、内三機は英軍機シーファイアで、その内一機は同君が撃墜した。我が方の未帰還七機と報告されている。

K3　全機終日即時待機。

以上の関東沖航空戦以外の戦場においても、クラス諸兄が奮戦戦死した。

八月十一日　成瀬謙治中尉　伊三六六潜水艦で沖縄海域に出撃。「回天」で特攻戦死。

八月十三日　萩原清吾中尉　S三〇九　福岡上空での空中戦で戦死。

八月十四日　村井健中尉　舟山列島東方海域で伊三七三潜水艦で戦死。

佐久川春隆中尉　沖縄へ突入戦死。K一〇五（国分基地）。

吉田早苗中尉　朝鮮元山沖で戦死。佐伯空。

八月十五日

午後、終戦を知りながら、宇垣第五航艦司令長官の自殺行に、僚機一一機（内三機は途中不時着）と共に沖縄へ突入戦死した。伊藤幸彦・北見武雄両中尉（K105）の心情を思うと胸が詰まる。

結論として、八月十三日のK3出撃は、我々隊員にとって運命の分岐点だった。

1、出撃したとしても、退避する敵機動部隊を追いかける状態にあり、位置も不明確な薄暮の索敵攻撃であり、到達の確率は極めて小さいものであったであろう。
2、少数機が散発的に到達したとしても、敵のレーダー網に捕捉され、直衛戦闘機群に食われるか、猛烈な対空砲火の餌食になる成り行きだっただろう。
3、それ以前に、数名を除いてこんな長距離の洋上航法は初めてであり、攻撃目標への到達は至難の技であった。
4、増槽タンク装備無しで、片道分のガソリンしか無く、結果はガス欠となり、全機、海の藻屑と果てただろう。
5、「目標付近天候不良」との理由で出撃中止となったが、同日、K1の第二次攻撃隊の出撃も同じ理由で中止となって居る。偵察機による敵の位置も確認されていないのに不可思議千万である。
「秀才、必ずしも有能者ではない」と言われるが、彼我の状況を理解して決断出来、戦争の仕方を心得ていた稀有な有能幕僚が存在して居たのかもしれない。
6、K3は七月上旬に茂原基地から明治基地→挙母基地へ移動させられ、結果的には関東地区へ来襲したハルゼー機動部隊に対し攻撃圏外であった。
結果は、二日後に全面降伏という屈辱的結末を迎えたが、出撃中止になったのは大きな渦の中で、一片の流木に助けられたようなものであった。運としか言いようが無い。

終戦間際にあたら有為な若人の生命を多く失ったものであった。

我々は、敵機動部隊が近海に現われた時、怒濤の如く全機で突入し、何機が残るかは判らないが、一機一艦の必中攻撃で撃滅したいと心に決めていたのであった。

（お断り）

本編に記載以外のクラス諸兄も夫々の配置で必死に奮戦された事は疑い無い事だが、戦死者の記録を主としたので割愛した事をご了承されたい。

（七三期クラス会報七二号、平成十二年六月刊）

兵学校教育の成果

岡田延弘（76期）

戦後六〇年になんなんとする今日、往時の美少年も今や齢八〇も間近とはなった。歳月を経ても、我々の脳裏に焼きついているのは、兵学校生活の強烈なる体験であろう。

在校一年にも満たなかったが、当時正に我が国最高水準の教育環境の下、凝縮された得難い青春の日々であった。

終戦により期友は、志半ばにして全国に散って行った。そして夫々《それぞれ》新たなるやり直し人生に立ち向かったのであった。

幾多の紆余曲折を経て今日まで歩んで来た道は夫々異なるが、戦後の厳しく且つ困難なる状況の下、これに打ち勝って来られたのは、兵学校で叩き込まれた教育のお陰に外ならない。誠に心の支え、拠り所となったのである。

昭和三十六年、期会が結成された。そしてこの機に全国版期友誌『生徒館』が定期的に刊行されることとなり、現在も継続されている。

内容は、全国期友から寄せられた論文・随想・紀行・近況・趣味・体験・会の動向等々、幅広いもので、貴重な期友の情報源となっている。更には先輩方のご寄稿もあり、期友の強い絆の手立てとなっている。

こうした中、平成七年十月、『海軍兵学校第七六期史』の発刊をみた。本書は、次代に生きる若い人々に語り継いで頂きたいとの願いを込めて贈る、我々の熱い思いのメッセージでもある。即ち我々が、海軍兵学校でどの様な時代背景の中で鍛えられていったか、そして戦後殆んど喰うや喰わずの生活の中に、自分の生きる道を夫々如何に求めたかが記されている。

その巻頭言の中で、初代会長大沼　淳生徒が次の様に述べている。

「今にして思えば、年齢的には今の高校生と同じだが、学術的には大学に相当する知力をつけてもらえたし、訓練を通じて体力、気力の充実がはかられ、規則正しく厳しい日課は、しつけ教育として素晴らしかったし、加えて連帯責任感が培われ、それが今日までの強い期友意識となっている。全体を通じて言えることは、指揮官になるというエリート意識の涵養と共に、幅広い強い人間に育てられたと思っている。

それ故、戦後の再出発に際しても、それが強いバネとなって各々に自らの道を切り開き、社会的に多大な貢献の出来る人間として成長し、事実、我が国の戦後の発展に多少なりとも寄与し得たという自負を持っている」

正に兵学校教育の賜《たまもの》である。

そして、別冊に『教官のお言葉』と『期友の声』がある。

『期友の声』の内容は多岐に亘るが、兵学校教育に係わるものが随所に見られる。これには一様に、今日まで生き抜いて来られた原動力、心の支えとなったその教育の素晴らしさ、有難さへの感謝の思いが記されている。
就中《なかんずく》、「五省」「五分前の精神」「躾」等への思いが多くみられる。
次に断片的にその例を記す。
(1) 兵学校が、そしてクラスの友が一生の財産であり、今までの人生のかけがえのない支えとなってくれたものと、感謝の念に耐えないところである。
(2) 兵学校生活で「五省」と「五分前」を身につける駆足々々で鍛えられたお陰で今日があると感謝々々である。
(3) 再出発の人生は悪戦苦闘の五〇年であった。今嬉しく思うことは、「苦楽を共にし、終生付き合って行ける多くの期友がいる」ことだ。
(4) 「五省」の額を私の居間に掲げている。折りにふれ事に臨んで「五省の心」は今日まで、私自身を内面から支え励まし続けてくれたと信じている。
(5) 兵学校ではきちんと鍛えられた。やがて四〇年に垂《なんな》んとする苦難の僻地診療によく耐え得たのは、正にこのお陰である。海軍兵学校に心から感謝する。
(6) 困難な逆境にも耐え抜き、大きな時代の変革に対応出来たのも、今にして思えば兵学校教育の賜である。
(7) やり直しの人生にとって「五省」は私の心の大きな支えであった。

◇

更には期友木下慶三生徒の自費出版写真集『江田島宜候《ヨーソロ》』（昭和六十二年二月）がある。これは同生徒が戦後二〇数年に亘り本校を訪れ、万感の思いを込めて撮影したもので、白黒版だけに気品が漂っている。

そのあとがきの中に、在校当時の兵学校教育についての所感が次の様に記されている。

「よき師、よき友、よき環境。この三つが揃えばその教育は半ば成功したと言っても過言ではないだろう。

海軍兵学校は、短期間ではあったが、私にとってそのような所であった。肉体的にきついことの連続であり、娑婆気のある身には不条理と思われる事も多く、有無を言わさぬ教育であった。しかし、つらい事はこの四〇年間に忘却の彼方に去り、今では五省を反芻《はんすう》し、全国各地に在住する同期生、先輩、後輩との素晴らしい交遊に恵まれた事をしみじみと感謝している。

もっとも、私達が在校した頃は、昔、全国から秀才を選りすぐり精鋭士官を育てた時代と比べると多人数クラスであった。また、敗戦に追い込まれた頃であったから、物資は十分とは言えず、更に一九四五年五月から、空襲に備えて三交替で山に壕を掘る作業が加わった。しかし、こんな環境のなかにあっても、兵学校教育の真髄は私達に伝えられた。（中略）

生徒生活を一言で言えば、決めた事を決めた通りにやるということではなかったか。得手、不得手、肉体的・精神的な苦痛を無視し、平然としてそれをやることであった。適当にやると不思議にも、必ずその付けが来た。

とにかく全力を尽くしてやれば、むつかしい事でもなんとか展開して行くし、本能や怠惰にも勝てるという事、また、身を捨ててこそ浮かぶ瀬もあれという積極性、など体験させてもらった。いやもう一つある。嬉しい時、つらい時、ちょっと手ぬきをした時、善いことをした時などに、しれっとしている事である。

一〇歳代の後半にこのような体験をしたのは、意義のある事であったと思う。終戦後、この体験を十分に生かした、とは言えないが、軌道修正の指針になってきた」。

◇

また、期友との交流の場が現在も継続されてきている。これも亦、兵学校に学び得たお陰であり貴重な財産といえよう。

全国大会、各支部総会、県分会、各種の同好会（ゴルフ、テニス、旅行その他）、そして盃をあげての親睦会、更には分隊会等々、この年齢になってかかる集いを持てることは誠に有難く、また幸せなことである。

世上のクラス会とは異なり、社会的地位などは論外、往時の一生徒に立ち戻り、年を忘れ、盃を重ねて語り合う時、数々の思い出話の進む中、正に活力の蘇《よみがえ》りをさえ覚えるのである。誠に多くの期友こそ我が人生における至宝である。

◇

「江田島で得たもの」と題して、鈴木仁一生徒は、七六期の期友誌、『生徒館・NO・4（昭和四十五年七月）』に、我々の海軍は海軍生徒が総てであるとし、その根幹に触れて明快に記している。

「最近の文春誌上に、井上成美校長の次の様な言葉が阿川弘之氏によって紹介されている。『終戦近い時代に、兵学校に在校した生徒には、決して戦争を遂行させるための教育はしなかった。二〇年後の日本を再建する原動力となすための教育をした』と。同期諸君、お互いに、このことを銘記しようではないか。嘗《かつ》て『海軍生徒』であったという誇りをもって、再び人生にいどんでゆこうではないか。そして、あと二〇年後、三度、この地で、その成果を語り合おうではないか」

◇

終わりに、期友大沼　淳生徒の言葉（第七六期史巻頭言より抜粋）を記す。

「『老を如何せん』という心境にあってもなお、少壮時海軍兵学校にいたという矜持を持って二一世紀の基を拓かんという意気込みで進んでいきたいと思う」

第七六期史発刊から早や一〇年、終戦から六〇年ともなるが、我々の思いは今も変わるところは無い。

今でも生徒たちに慕われている思い出の名校長、教官、名物教授たち

長瀬七郎（76期）

最初にお断わりしますが、終戦のため兵学校が閉校となり、海軍将校生徒の生活だけを体験したに過ぎない私の主観と独断とをお許しいただきたい。

海軍兵学校が、明治二年に開校し、また明治十九年には江田島へ移転するなど教育環境が本格的に整えられ、以来七七年間にわたって海軍将校教育に力を入れてきた結果、その教育をうけた一万一一八二名の生徒たちの中から、明治・大正・昭和の三代にわたり、山本権兵衛、斎藤実、米内光政、加藤友三郎はじめ岡田啓介、鈴木貫太郎、山本五十六、井上成美等数々の将星が生まれた。

このように多くの人材が輩出したのは、この江田島へ全国から選《え》りすぐった俊秀が集められ、教育訓練を徹底して行なわれたことと、その教育の衝にあたられた教官、教授たちも選りすぐられたきわめて優秀な人材ばかりであったろうと思われる。

とくに注目すべきは、江田島の教育が、西欧式の民主主義的な校風の中で行なわれたことであり、これは明治維新以後の新生日本の海軍創設に、目標をオランダやイギリスの海洋先

進国に学んだことと無関係ではない。

そういえば、兵学校開校以来、終戦による閉校に至るまで四三代にのぼる歴代校長の中で出色とみられる校長は、いずれも西欧風の民主主義の教育を兵学校教育の中に持ちこもうとした人たちである。

永野修身校長とダルトン・プランによる新教育

昭和三年（一九二八）十二月に海軍兵学校校長として着任した永野修身氏は、翌四年四月九日に行なった校長訓示で、「以後、ダルトン・プランによる新教育を実施する」旨を通達した。

ダルトン・プランとは、米国教育家パーカスト女史が、マサチューセッツ州ダルトン市の中学校で考案して成功した教育であり、自由、自治、個性啓発、集団協同を基礎として、実験と勤労を重視し、創造能力の養成を目的とした教育であり、その原理はジョン・デューイ（コロンビア大教授）のデモクラシー理論の上に立っているといわれた。

永野校長は当時、大使館付武官として米国に駐在していたが、このダルトン・プランに接して「新しい教育の在り方だ」と感じていた。たまたま海軍兵学校校長を拝命したことから、この新教育法の採用にふみ切ったところ、当然この教育方針に反対する教官も少なくなかったが、永野校長は反対を排して、断乎として次のよう改革を進めた。

(1)　生徒は「自学自習」を旨として勉学する。昭和四年五月一日から日課を改正して、授業時間を午前四時間、午後一時間に短縮、午後二時から三時三〇分までを「自選時間」

とした。この「自選時間」は自学自習のために、新設されたもので、この時間内に何をするかは生徒各人の自由にまかされた。

(2) 図解が印刷してある以外は白紙になっている軍事学教科書を生徒に与えて、白紙のページには生徒が自分で勉強して必要事項を記入させる方式も実施された。

永野校長が、ダルトン・プランを導入した真意は、「自啓自発と自学自習によって、日本海軍の将来のリーダーとなるべき一部有能な人材の能力と資質を自由に伸ばすための秀才教育である」との考えから、「少数の超優秀な指揮官は、日本海軍に絶体必要である」という確信をもつに至ったので、このダルトン・プランを全力をあげて推進しようとしたわけだ。

しかし、ダルトン・プランによる新教育が余りにも急進的すぎて、周囲に反対の声も多く、永野校長退任の後は次第に旧に復し、自選時間がつぶされて哲学、心理学、論理学などが精神科学という科目として取り入れられた。

リベラリストの井上成美校長

永野修身校長に次ぎ四三人にのぼる歴代の兵学校校長の中で、出色の存在として名を挙げられるのは、井上成美校長だろう。

井上校長は、大東亜戦争の末期の昭和十七年に着任され、十九年八月まで約二年間にわたって、七一期より七五期まで指導されたが、ラジカル・リベラリスト（合理自由主義者）の思想の持ち主で、人間尊重の立場から、決戦下の海軍兵学校に人間的であって、リベラルな空気を注入し、在校生徒の人間形成に大きな役割を果たした。

教科内容については、普通学にとくに重点を置き、各科目にわたって細かい要望を出した。例えば、歴史では、担当の文官教授が書いた教科書に「満州事変と支那事変は、国民精神の高揚と軍隊の士気鼓舞に役立っている」とあるのを削らせ、生徒に正しい歴史を学ばせるようにしたのもその一つである。

また、井上校長は、英語教育の必要性を強調した。

英米両国を相手に苦戦を続ける決戦下で、英語を使用すると、直ちに「敵性語を使った」として非国民扱いにされかねまじき当時の風潮に影響されて、陸軍士官学校では、すでに昭和十五年以降から、入学試験科目から英語を除外した措置をとったので、全国の秀才たちが「英語は苦手」とばかりに、海軍兵学校の入校試験を敬遠して、士官学校を志願する傾向がつよまったことから、兵学校の教官の間でも、「兵学校も入学試験科目より英語を除外すべきである」との議論が高まった。

この議論は、兵学校の教科に英語を入れるかどうかの議論に発展し、一五〇人の教官のうち、英語廃止論者がほとんどとなり、廃止に反対した者は、六名の英語科教官のみにとどまってしまったが、井上校長は、「最近、日本精神勃興し、排外思想がさかんになったが、まことに結構なことである。しかし、この運動に従事する人物が主張するのは、おおむね浅薄、軽率で島国根性の域を脱していない。外国語も眼の仇のようにし、中学校での英語熱の非常に振わないのはまことに遺憾である。私は『これらの浅薄な日本精神運動家のように外国語排斥の動きにやたらに雷同してはいけない』と言いたい。外国語は海軍将校として大切な学問である。本職は校長の権限において入学試験から英語をはずすことを許さない」と命令した。

こうして兵学校教育の中に英語が残ったが、井上校長の後を継いだ大川内、小松、栗田の三校長も、戦勢如何に傾いても、この方針を貫いたため、兵学校は戦時下で英語教育をつづけた数少ない学校となったのである。

さらに、井上校長は教科内容が多すぎ、規律やセレモニーが多過ぎるため、生徒は忙しすぎ、また、張り切り過ぎているため、精神的な余裕がないのを見て、もっとアットホームで、ナチュラルで、イージーな空気をつくって、心豊かな紳士を養成しなければならぬとして、杓子定規を止め、自由時間を与えて一日に一度でもよいから、心の底から笑う時間を与えるよう指示した。

このような教育方針・思想を、井上校長は自らの所見を二か月にわたって教官に講話し、「教育漫語」と題する小冊子四冊にまとめて昭和十八年五月ごろ、部内に発表した。

これは、同校長の主義主張をくわしく説明したものであり、教育方針の根本から教科書作成の注意まで万般にわたっている。

兵学校を心より愛した〝源内さん〟こと平賀教授

海軍兵学校は軍人養成の学校であるから、校内における教育は、軍事学が大部分を占め、普通学が片隅に追いやられた恰好《かっこう》だが、それでも、兵学校開校以来、昭和二十年の閉校に至るまで二六〇名に及ぶ多士済々の文官教授が普通学を講義していた。

文官教授は旧帝国大学及び文理科大学出身者より選抜された人たちで編成されたが、兵学校生徒に対し普通学を講議する他、自ら教科書を編集している。

そのため、文官教授は相当な力量の持ち主であったが、とくに「名物教官」として特筆されねばならぬのが、平賀〃源内〃先生こと、平賀春二教授である。

平賀教授は幼少から兵学校入校を熱望していたが、残念ながら視力乏しく、入校を断念して京大文学部英文学科に進んだ。

しかし、彼はその後も決して諦めず、昭和七年に念願の海軍教授に任命され、以来、兵学校内のポンドに繋留されている予備役軍艦「平戸」に居住、自ら「艦長」と称して、生徒たちと起居を共にし、彼らとともにカッターを漕ぎ、共に軍歌を歌った。

彼の兵学校を愛すること尋常ならず、昭和七年以来、二三年間にわたって文字通り兵学校教育に挺身していたが、そのため、平賀教授の意は生徒の間にしみ渡り、彼の人気が大いに高まった。

東西一級の教官たち

前述の永野校長の入校時の生徒に対する訓示の中に、次のようなものがある。

「古今東西第一等の人物になれ」

この訓示を聞いた生徒たちは、「随分《ずいぶん》大ゲサなことを言われるものだ」ととまどってしまったが、以来、江田島教育は「第一等の人物の育成」が合言葉となった。

ところで「第一等の人物の育成」には、「相当優秀な素質をもつ粒よりの人物に第一等の教育を施さなければならない」とされているが、「第一等の教育」には「第一等の教育指導陣」と「第一等の教育環境」が必要とされている。
江田島教育は、この要請に応えて過去一〇〇年間にわたって着々と成果をあげてきた。まず、「第一等の教育指揮陣」の編成をめざして海軍部内より選び抜かれた英才たちが江田島に送りこまれ、彼らは日夜研鑽努力し、これこそ理想に近い環境下で高度教育をほどこしていた。そのため、兵学校の教育指導陣には、自然と英才が集まったのである。

筆者は、昭和十九年十月に入校し、二十年八月に差免されるまで、僅か一〇か月間の在校期間でしかなかったが、それでも現在まで印象に残る校長、教官、教授が実に多かった。例えば、教官会議の席上で、自己の信念を主張しながら一歩たりとも後に退かなかった硬骨の士、井畔教授、勇猛果敢な上村嵐教官、井上成美校長の後を継ぎ戦勢如何にかかわらず「英語教育の続行」の方針を貫いた大川内、小松、栗田、三校長等々、彼らのそれぞれの業績を数えあげれば、それこそ無限の枚数を必要とするだろう。

それほど兵学校の指導陣は多士済々であったのだ。

だが、ここには残念ながら枚数に制限があり、筆者の浅薄な知識ではとても語り尽くせない。そこで筆者の思い出に残る各校長や教官や名物教授を精選して、思い出の強い方からご紹介した次第である。

〈参考文献〉海軍兵学校出身者（生徒）名簿・別冊より──「海軍兵学校沿革」（中島親孝）、「海軍兵学校の最期」（乾尚史）

兵学校の〝華〟由来

住友誠之介（77期）

「江田島健児の歌」

江田島の教育参考館に、神代猛男《こうじろ》生徒（50期）が家郷にあてた私信が遺されている。巻紙に墨書したもので、「このたび五〇周年記念として校歌が制定されることになり、歌詞の募集があった。ついては応募の自作をお目にかけたい」と認《したた》めている。題して「江田島健児の歌」。

大正九年三月、兵学校教頭長沢大佐を委員長として校歌編纂委員会が設けられた。

「校歌ノ存在ハ吾人海軍将校ノ終生ヲ通ジテ母校ノ追慕、団結力ノ養成、品性ノ向上、報恩観念ノ増進上稗益スル処尠《すくな》カラザルノミナラズ、在校生徒教育上ニ於テモ資スル処大ナルモノアリト認メラレ……」と、その旨が通達されている。

神代生徒の作はみごと入選したが、私信に書かれたのと読み較べてみると、選者によって若干字句が修正されていることがわかる。曲をつけたのは佐藤清吉軍楽少尉であった。

「江田島健児の歌」は正式に校歌とはされなかったが、軍歌集に採録され、大正後期から昭和にかけて軍歌演習の際には必ず歌われるようになった。事実、校歌というよりも寮歌とか応援歌ふうのところがあり、それだけに生徒たちもこの歌に深い愛着をおぼえ、好んで口にしたものである。

一番から六番までの長い歌詞を、生徒は皆そらんじていたが、特に気に入った部分を各自胸に秘めていたようである。織立《おりだて》という生徒は、「銃剣執りて下り立てば……」のところでひときわ声をはり上げていた。最後に出てくる「蛟竜」は、大戦末期、特殊潜航艇に命名されるところとなった。

神代猛男であるが、中尉の時、感ずるところあって海軍を退いた。軍縮時代とあって前途に希望を失ったのかもしれないが、それよりも自己の文才を別天地で存分に発揮したい思いに駆られたのであろう。中学時代の親友の紹介で新聞記者として採用されることになったが、入社直前、急性中耳炎によって早世した。

「江田島健児の歌」もまた彼の生涯と同じく、三十歳に満たずして葬られるかと思われたが、海軍消滅後に不死鳥のごとく甦《よみがえ》り、今なおクラス会などの席で歌われている。海軍に関心を抱く若い年代層もこれに唱和する。

〽澎湃寄する海原の……

歴史の証明として永遠に歌い継がれるならば、不遇だった作者も以て瞑すべしと言えよう。

棒倒し

兵学校名物の筆頭に挙げられる棒倒しだが、史実によると、江田島移転前の築地時代に端を発している。もっとも、わが国で最初に運動会が開催されたのは明治七年三月、海軍兵学寮においてだが、競闘遊戯会と称された当時のプログラムに、鶏や豚を追っかけるゲームはあっても棒倒しは出てこない。正確な記録はないが、一〇年代に入ってのことだろう。

その原型は鹿児島で行なわれていた〝大将盗り〟である。人垣に守られた敵の大将を早く倒した方が勝ちという荒っぽい遊びだ。

鹿児島出身者の多かった兵学校において、血気盛んな生徒たちの間で、誰言うことなく「あれをやろう」と始められたに相違ない。ただし大将役がボロボロになってしまうおそれがあるので、竹の棒を大将代わりに使ったようである。

そのころは縦割りの分隊編制でなく、学年単位の生活だったが、クラス間の対抗意識は根強いものがあった。感情剝き出しで、殴る蹴るお構いなしの乱闘が展開された。あまりの激しさに、学校当局から「当分の間停止」命令が出たほどである。

漱石の「坊っちゃん」にも、中学と師範の大喧嘩が出てくる。明治の青少年は蛮勇を尚《たっと》ぶ風潮があり、世間もある程度これを黙認していた。鹿児島の〝大将盗り〟にしてもそうだが、若者たちの間で稚児さん趣味がはびこり、さまざまな弊害が出てきた。彼らのエネルギーを変な方へ向けないためにも、発散の場を与える意味で、むしろ奨励していたのではないか。兵学校内においても、やはり同様の状況下にあったことがうかがえる。

江田島へ移った直後、棒倒しは復活された。生徒館建築中とあって、校内に足場を組むための棒が転がっており、それを二本拝借することになった。若さをぶっつけ合う肉弾戦は従前にも増して手荒かった。ただし学年対抗でなく奇数分隊と偶数分隊に分かれて争い、相手を憎しみの対象とはしていなかった。以後、棒倒しは週末の総員訓練として昭和二十年まで受け継がれてゆく。

棒倒しは正確には〝棒傾け〟である。完全に倒れるまでやっていたら、どんな猛者でも体が持たない。ちょっと傾いたところで決着がつけられる。だから正味二、三分間の競技である。

ある時、両軍の力が伯仲していて五分以上に及んだ。棒の真下に座りこんで支えていた生徒は、力尽きて気絶していた。

原始的とも言える棒倒しを、今日の目で見れば異様に映ろう。かつて兵学校を訪れた外国の賓客たちが驚異の目を瞠《みは》ったのも当然である。だが、棒倒しに参加した生徒たちにとって、修羅場をくぐり抜ける気力の養成に預かって力あったのも事実である。

五省

兵学校の精華を「五省」に求める人も多い。兵学校を人間としての修練道場と考えるなら、一日の終わりに臨んで自己の行動を謙虚に反省する姿は、けだし修験憎《しゆげんそう》そのものと言える。「五省」が定められたのは、兵学校の歴史上さして古いことではない。昭和七年、時の校長松下元《はじめ》少将の発案により、これを生徒生活に採り入れた。

この年はちょうど軍人勅諭下賜五〇周年に当たっていた。五ヶ条のお勅諭がちゃんと存在するのに、同様のものを作るのは屋上屋を架するきらいがあるとして、兵学校内部でも校長の意見に反対の声が強かった。

しかし松下校長は、軍人としてだけでなく、一個の人間として生徒の人格を陶冶《とうや》する必要性を感じていたようである。規範となるべき信条を模索していた。

その背景としては、二代前の永野修身校長が首唱した自啓自発の教育方針があり、かつ当時の若手将校たちの思想問題があった。五・一五事件の発生はこの年のことである。かねがね海軍上層部にも、生徒時代の訓育に重点をおくべしとの空気があった。もっとも、五省を始めたのは五月二日からであって、事件発生後ドロ縄式に定めたものではない。

なお、六月八日には全教官に対し、「今次不祥事件ニ鑑《かんが》ミ、生徒（学生）精神教育上留意スベキ点並ビニ改善ヲ要スベキ点アラバ之ガ方策ニ関シ所見ヲ説述セヨ」と校長課題を与えている。

「五省」の草稿は、教頭兼監事長三川軍一大佐を中心に練られ、最終的に松下校長が手を入れて成ったとされる。軍人勅諭が「……すべし」調であったのに対し、「……なかりしか」とあくまで自問自答により、反省のよすがとしたところに苦心の程がしのばれる。

「五省」は自己完成のための方途であり、修養の一環である。軍隊とか軍人の枠内にとどまるものではなかったから、海軍とともに一旦は姿を消したものの、今日にも通用する座右銘として改めて脚光を浴びている。五省を社訓とする企業もあるやに聞く。その英訳されたものがアナポリスの兵学校に置かれている。

文法的に誤っているとか、至誠は他の項目をも包含するので並列はおかしいとか、批判がましい意見もないではないが、「五省」を唱えて瞑想するという姿勢を否定する者は居ない。かつて胸に刻みこまれた字句を改めて嚙みしめてみたい。

一、至誠に悖るなかりしか
一、言行に恥ずるなかりしか
一、気力に欠くるなかりしか
一、努力に憾みなかりしか
一、不精に亘るなかりしか

第七八期会姓名申告

吉成　理（78期）

入校式

昭和二十年四月一日、海軍兵学校生徒として名誉ある帝国海軍の軍籍に身を置くこととなり、四月三日、晴れて緑と潮騒の地、針尾分校に入校を許された四〇〇〇余名の少年達は第一種軍装に憧れの短剣を腰に整列して、威儀を正すうち校長訓示が達せられた。

一、諸君ハ今ヤ海軍軍人トナッタト云フコトデアル　万一ニモ心ニ狂ヒガ生ジヨウトシタ場合ニハ「吾ハ海軍軍人ナリ吾ハ陛下ノ股肱《ここう》タリ吾ハ将校生徒ナリ」ト云フコトヲ胸ニ念ジテ万事ヲ律シテ行フ様希望スル

一、常ニ清ク正シク明ルク強クアレト云フコトデアル

稚心ヲ去リ恥ヲ知ルコトガ先決要件デアル　仮初ニモ武士ノ風上ニモ置ケヌ振舞ガアッタリ女々シイ心ヲ起コシタリスル様ナコトガアッテハナラナイ

一、予科生徒ノ教程ト云フモノハ本科生徒ニ必要ナ諸準備ヲ完成スル為課セラレテ居ルト云フコトデアル

諸子ハ先ヅ其ノ身体ヲ鍛ヘヨ、ソシテ心ヲ磨キ学力ヲ練リ一日モ早ク立派ナ基礎ヲ確立セネバナラヌ
諸子ハ戦局ノ推移ニ一喜一憂スルコトナク専心其ノ本分ニ邁進スル様切望スル次第デアル（終）

緊張していた一五、六歳の少年達が胸を打たれ、熱いものが込み上げ、一大勇猛心に奮い立った輝ける一瞬であった。

この時、わが七八期が誕生したのである。

第七八期発足とその後

終戦に伴い、大部分、出身中学校等へ復学した期友は、大学進学、就職、結婚生活等が一段落した昭和四十三年五月、第七八期会の設立総会の開催に漕ぎつけ、消息不明期友の探査と戦没期友二四柱の霊を靖国神社に合祀、昭和五十年八月、その慰霊祭を挙行した。

それ以来、会報『針尾』、会員名簿を発行し、毎年一回、各地で全国大会開催を重ね、懇親や情報交換に資して来た。

また、江田島本校教育参考館に七八期の永久不滅を念じて銘板記念台を設置したほか靖国神社、水交会に記念植樹を行ない、近くは平成四年九月、針尾分校跡（現ハウステンボスの一角）に記念碑を建立、同五年五月、足掛け四年の歳月を費やして『針尾の島の若桜・海軍兵学校第七八期生徒の記録』を刊行、同六年九月には一連の記念行事の一環として、針尾分校ゆかりの地、佐世保市立東明中学校に対して教育図書充実のためにハリオブンコ＝針尾七

八文庫を創設寄贈した（趣意書別掲のとおり）。

さらに、本年は不幸にも一月十七日、阪神大震災が発生したので、被災期友に対する見舞金の募金活動を行なって贈呈する等、期友相互扶助をはかることとしたほか、われわれの入校五〇周年に当たり、九月十日、千葉・幕張に先輩・教官方をお招きし、期友及び家族合わせて一〇九一名が集い、海自東京音楽隊による一時間にわたる名演奏を聴いて全国大会を祝い、併せて記念グッズ（栗田校長直筆五省入扇子、特製ネクタイ及びエムブレムの三品種）を作製頒布する等活動している。

期友のうち既に五九六名が鬼籍に入ったが、同期の絆を大切にし、先輩期に伍して海軍の良き伝統を後世に伝えるために努めたいと願っている。

針尾分校から防府分校へ

さて、針尾分校では、教頭兼監事長林少将、生徒隊監事長屋大佐の下、多くの生徒隊附、教授長、軍医の教官方が配され、生徒隊の方は一部から七部まで各部一二個分隊、計八四分隊に編成され、各部に部監事一名（大佐―少佐）、部附監事兼分隊監事一名（大尉）が配属され、さらに各部に部附教官若干名、各分隊には分隊附教官一名（主として予備学生・技術見習尉官出身、大尉―少尉）が配属された。

林教頭は七八期歌としてわれわれが愛する「針尾生徒の歌（若桜）」を作詞されたことでも、予科の訓育にかけた情熱のほどが窺《うかが》われる。また、部附監事（恩賜組あり）七名は、兵科三、機関科三、予備学生一という組み合わせの妙も、海軍独特のものであったといえよう。

七八期各分隊の伍長・伍長補は、採用試験成績順に任命された。また、われわれは、上級生との接触はなく、従って上級生からの修正は受けなかった。稀に分隊附教官（事実上、分隊監事をされた）から修正を受けた生徒もいたようだが、生徒を厳しく鍛えるよりも、あたたかく育《はぐく》むことが教育方針とされていたため、兵学校生活としては別天地の観があったと思われる。

○六〇〇　総員起こしから二一三〇　巡検まで、普通学のほかモールス信号・手旗信号・発光信号・陸戦・短艇・水泳・海軍体操の訓練等が行なわれた。

時折、劇映画の上映や軍楽隊の演奏があって情操教育がなされたほか、海軍記念日には棒倒しならぬ騎馬戦や分隊対抗リレー競彼等が行なわれ、外出の機会は少なかったが、それでも短剣をつけての附近の山野の散策は楽しみだった。ただ、巡検の頃、汽笛が聞こえ、故郷を偲んで涙した生徒もあったという。

かくて、言葉遣いや起床動作をはじめ、漸《よう》く兵学校生徒らしさが漲《みなぎ》って来た頃には、戦局は日に日に悲観的となり、六月末、佐世保市が大空襲を受けたことから、針尾分校での教育が非常に危険視されるに至ったため、名残りを惜しみながら、七月半ば、防府分校への移転を余儀なくされた。

防府分校教頭は木村少将が着任されたが、生徒館は古い建物で、設備・衛生状態が悪く、重ねて夜間の防空壕退避が続いて睡眠不足となり、加えて食糧事情の悪化から来る体力の低下に伴い、疑似赤痢が蔓延して生徒の多数が感染し、遂に一八名の死亡者が発生したのである。

生徒の身辺安全確保の目的での防府移転が、却《かえ》って逆の結果となり、針尾での生活が充実していただけに、防府での生活は重苦しく、さらに八月八日、敵機の来襲で焼夷弾攻撃を受けて、七棟の生徒館のうち五棟が被弾全焼する等、事態はますます悪化していった。

八月十五日、玉音放送を謹聴して、茫然自失、虚脱状態となったが、一日も早く生徒を郷里に帰す海軍の対応は、実に機敏に行なわれ、三田尻駅頭で教官方に別れを告げ、それぞれの故郷へ永久の休暇が与えられた。

生徒差免

十月、それぞれの県庁等で修業證書、校長訓示、今後の心得及び五〇〇円の下附を受けて生徒差免され、七八期は、茲《ここ》に終わりを告げた。

「百戦効空シク」で始まる訓示には、「諸子ノ先途ニハ幾多ノ苦難ト障碍ト充満シアルベシ諸子克ク考ヘ克ク図リ将来ノ方針ヲ誤ルコトナク一旦決心セバ目的ノ完遂ニ勇往邁進セヨ忍苦ニ堪ヘズ中道ニシテ挫折スルガ如キハ男子ノ最モ恥辱トスル処ナリ大凡モノハ成ル時ニ成ルニ非ズシテ其ノ因タルヤ遠ク且微ナリ諸子ノ苦難ニ対スル敢闘ハヤガテ帝国興隆ノ光明トナラン諸子ノ健康ト奮闘トヲ祈ル」と切々と要望されており、心得には、今後の進学、就職について懇親丁寧な説明がなされていた。

総括して

われわれの戦後は、一般に報じられているように、政官財界を始め、医療、教育、文化、福祉、宗教等各方面で多士済々のひろがりを示したが、最早一部は第一線を後進に譲りつつある。戦後五〇年、時は確かに過ぎたのである。

だが、すでに還暦を過ぎた元生徒の胸に、戦後五〇年の星霜を遡《さかのぼ》って、針尾で学んだ日々の、あの青空と、潮騒と、緑の島々に囲まれて過ごした青春が、朧気ながら、しかし確実に蘇って来るのは何ゆえなのだろうか。

趣意書（針尾文庫創設寄贈の趣意書）

「時空を越えて」

昭和二十年（一九四五）四月、一五、六歳だった私達四〇三二名は、当時江上村の海軍兵学校針尾分校に入校を許されました。明るい陽光と四囲の緑と潮騒に恵まれ、希望に胸を膨らませながら、将校生徒としての基礎訓育を受けるうちに、同年夏終戦・閉校となり、思い出の針尾を後に、夫々の故郷の旧制中学校に復学致しました。

あれから早や半世紀を経、戦後の実社会の荒海に立向かったさしもの「針尾の島の若桜」達も、既に還暦を過ぎ、紅顔の美少年の面影を看取ることが出来ないのみか、幽明境を異にしたものが五五〇名余にも達している現状を見据え、私達は有志相募り、ハウステンボスとなった分校跡に先年記念の碑を建立したのに続き、ここに針尾分校に因んで針尾文庫を創設するよう目論見ましたところ、この度その設置を快くお引受け頂きました。

本文庫は、私達が常に「清ク　正シク　明ルク　強ク」との指導のもとに、浩然の気を養い、不撓不屈の精神を培い、走り抜いて共有した青春の一齣と、国を憂え、父母を敬い、弟妹を慈しむ人間の心を教わった尊い体験を踏まえて、平和に満ちた平成の御代に永久に語り継ぎたい熱い願いを込めて寄贈するものであり、この文庫を大いに活用し、有為な人材たらんことを目指して、志高く飛翔《はばた》くよう期待して已みません。

恙《つつが》無き航海を祈ります。

平成六年（一九九四年）九月九日

海軍兵学校第七八期会
代表幹事　川尻一二夫

佐世保市立　東明中学校殿

第三部——海軍魂と伝統

日本海軍の伝統について

平塚清一（62期）

はじめに

わが国が歴史始まって以来初めての敗戦を喫してから既に四四年、この間わが国民は、焦土と化した廃墟の中から雄々しく立ち上がり、臥薪嘗胆、刻苦勉励、その急速な復興、経済成長は世界の驚異の的となり、今や世界は我国を除外しては物事は運ばない程になり、その企業の経営システム・生産技術は、世界の模範と目されるに至った。このような驚異的な復興、発展の源泉、モーティブは何で、そのエネルギーはどこにあったのであろうか。

これら復興・発展を推進し、支えた人々の中に旧海軍の諸学校の出身者、二年現役士官出身者、予備学生出身者等旧海軍関係者が極めて多く、しかも彼らは、海軍兵学校等の出身者のみならず、二年現役士官出身者、予備学生出身者までが、現在でも引き続いて毎年、同期生会を開催し、親睦を深め、団結を誓い合っているということは、私にとっては大きな驚きであり、海軍というものに他の社会に無い何か良いものがあり、それが求心力となって若いこれらの人々を引き付け、お互いに切磋琢磨し、戦後の日本の復興に大きな影響を及ぼしたと思えてならなかった。

そこで私は、海軍に対する因縁もその経歴も比較的浅く、しかも現地部隊勤務の経験のある予備学生一期出身の方で功成り名遂げた方々に、「あなたにとって一体、海軍は何だったのか」と聞いてみた。答えは、「私にとって海軍は、私の一生を規定した存在であった。初めての海軍の学校で私たちは人生の指針を叩き込まれ、部隊勤務で人生の処し方を教わった。何も知らない若い時に受けた海軍の印象は強烈であり、現在でも当時叩き込まれた海軍精神は、脈々として私の中に生きている」というものであった。

私はあらためて海軍の存在の大きかったことを思い知らされると共に、終戦直後、当時の海軍大臣米内光政大将が海軍省軍務局長保科善四郎中将を大臣室に呼び、遺言として実施するよう強く要望された中に、「海軍の伝統的美風の継承」が含まれていたと言われていることを想起し、この「海軍の伝統的美風」は、ただ単に海上自衛隊のみならず、広く一般国民によって受け継がれるべきであろうと感じた次第である。

今や「海軍の伝統的美風」を継承すべき最後の海軍兵学校在校者も還暦を迎えられ、その役割は次の世代の方々に委ねざるを得なくなった。この時に当たり、海軍兵学校七七期全国総会にご招待を受けたのを機会に、約一四年間の海軍生活を通じて感じた海軍の伝統について思い出すままに記し、ご参考に供したいと思う。

海軍の伝統とは

海軍の伝統とは、長い年月をかけて我々の先輩が練り上げ、積み上げ、磨き上げた、宝玉にも喩《たと》えられる、海軍の気風・風土、物の考え方、精神的雰囲気等を一括して言ったものであろう。そのように考えた場合、そのルーツは、「海軍事始め」、更には遠く「村上水軍」、あるいは「熊野水軍」時代にまで遡《さかのぼ》らなければならないかもしれない。

しかし国軍の伝統としては、陸海軍の発足を官制として定められた明治元年一月十七日に始まり、日本古来の武士道を土台とし、わが海軍が師とした英国海軍の風土を混ぜ合わせ、練り上げられたものと思われる。そしてそれが纏まった姿になるまでには幾多の先輩が関係され、紆余曲折を経たと思うが、山本権兵衛あたりはその創始者であり、かつ最大の功労者であったのではあるまいか。

人は環境によって育つという。好むと好まざるとにかかわらず、人は環境に馴化《じゅんか》されるものであり、私なども、旧海軍に籍を置いた方は、その後ろ姿で大体見分けが付く。戦後会社に入って、その会社の人は皆、会社独特の考え方をするのにびっくりしたものである。恰好だけでなく、価値観、物の考え方、発想の仕方まで似てくるから、伝統とは恐ろしいものである。

英国海軍の伝統の影響

わが海軍当局は海軍を創建するに当たり、一八〇五年、トラファルガー海戦で仏西連合艦隊を撃破し、爾来七〇年、七つの海を支配していた世界最強の海軍国英国の海軍を範とし、制度、組織、教育訓練、各所の名称、部署、内規、日課など、すべて英国式を導入した。さらに要員の教育訓練には、英国より士官、下士官を招聘《しょうへい》するとともに多数の留学生を英国に派遣した。また戦艦、巡洋艦の建造を英国に注文した。

かくてネルソンの見敵必戦主義、海軍礼式、「海軍士官たる前に先ずジェントルマンたれ」という標語から、食事その他のエチケットなどにいたるまで、すべて英国式が導入された。

さらに明治三十五年一月三十日、日英同盟が調印されるや、英国海軍の艦隊編成、戦法等が取り入れられ、わが海軍の英国海軍色は、一段とその濃さを増すことになったのである。

このようなことからわが海軍は、英国海軍の伝統に強く影響された。と言うより、英国海軍の伝統は、わが海軍の伝統の土台の一翼を担ったと言った方がよいかもしれない。

精神的規範

わが海軍の精神的規範は、明治十五年一月四日、明治天皇より賜わった軍人勅諭である。これは、明治十一年に起こった東京の竹橋駐屯砲兵隊の兵卒三八一名の叛乱を契機として、山県有朋が中心となり、武士道に立脚して立案したものである。

それには、忠節、礼儀、武勇、信義、質素の五箇条と、これを貫くに誠をもってすべきことを明示され、さらに、竹橋事件等に鑑《かんが》み、軍人は忠節を尽くすを本分とし、政治にかかわらないよう諭されている。

海軍軍人はこの軍人勅諭を拳々服膺し、陸軍が武装集団としての力を背景に政治に容喙《ようかい》したのとは対蹠《たいしょ》的に、政治の分野に立ち入らないように努めたのは、海軍の一つの特徴であったと思う。

軍人勅諭の精神を敷衍《ふえん》して日常の行動を反省する項目として定められたものに、五省というものがあった。それは、

一、至誠に悖《もと》るなかりしか
二、言行に恥づるなかりしか
三、気力に缺《か》くるなかりしか
四、努力に憾《うら》みなかりしか
五、不精に亘るなかりしか

である。これはわれわれが兵学校在校中に定められたもので、毎日の自習時間の最後に瞑目して黙誦し、一日の行為を反省自戒した。これによって、寝る前に今日一日のことを振返り、明日に備えるという習慣が身に付いたと思う。

職務第一

自分に与えられた職務、任務に対し、常に全力投球し、最善を尽くすというのが軍人の本分とされ、そこには毀誉《きよ》褒貶《ほうへん》も頭に無かった。

明治四十三年四月十五日、広島湾で第六潜水艇員が潜航訓練中に沈没、殉職したとき、全員沈着に最後までその職場を守り、佐久間艇長が司令塔上、厳然として指揮しつつ沈没の原因を記し、天皇陛下に、陛下の艇を沈めた罪を謝し、遺族に天恩を乞い、将来潜水艦の発展を祈念し、諸先輩に感謝しつつ斃《たお》れた態度は、職責尊重、責任観念旺盛の模範として、今日

世界列強海軍に讃《たた》えられている。

軍艦旗の下

艦船では碇泊中、毎日午前八時、「君が代」の喇叭《ラッパ》吹奏と共に軍艦旗を掲揚、日没時に降下し、手の空いた乗員は総員、軍艦旗に面し敬礼するのが常であったが、このときの乗員の態度は実に表現し難い程敬虔なもので、あらゆる雑念が掃き清められる思いがしたものである。

現在自衛隊ではこれを継承して、「君が代」の喇叭吹奏と共に、午前八時、国旗（自衛艦旗）を掲揚し、午後五時（日没時）に降下しているが、私が会社勤め時代、新入社員研修で新入社員をこれに参列させたところ、皆その森厳な雰囲気に打たれ、感動していた。

軍艦旗はそれほど尊厳なものだったのであり、その尊厳性は世界共通のものなのである。

五分前の精神

時間厳守、約束励行は海軍の伝統であった。

海軍では、総員起床、軍艦旗の掲揚、降下、諸作業開始の場合、その五分前を予告し、各員はそれ迄に必ず準備を完成しなければならなかった（勿論突発事故、作業のときは即時、所要の命令を下した）。

海軍兵学校で、起床後急いで洗面を済ませ、一号生徒の「五分前、遅いぞ」の怒号を聞きながら、中央廊下を走った思い出も懐かしい。

「五分前」とは、ただ五分前までに準備を完了するということが重要なのではなくて、五分前までに準備を完了して、落ち着いた静かな気分で物事の開始を待つというところに意義があると思う。私などもいまだに、決められた時刻を守らない人がいると、どうしようもないほど不愉快になってくるのを抑えることが出来ないでいる。

清潔、整頓

清潔、整頓は、多数の人々が狭い艦内で生活するための必須の条件であった。従ってこの二点は極めてやかましく、衣類、服装、艦内、トイレ、洗濯物の乾し方など、清潔整頓は見事であった。元軍令部総長伏見宮博恭王殿下は軍艦の副長の頃、巡検のとき艦内を回り、トイレの内部を手で拭われ、清潔であるかどうかを確かめられたという。

我々が兵学校在校中、英海軍巡洋艦「コーンウォール」、独海軍巡洋艦「エムデン」、仏練習艦「ジャンヌダーク」が江田内に入港し、見学したことがあったが、一番スッキリし、整理整頓が行き届いていたのは「コーンウォール」で、一番ゴチャゴチャしていたのは「ジャンヌダーク」であった。

我々は兵学校四号時代、朝の体操中、先程片付けた毛布がどうなっているかと、心配で頭が一杯であった。体操が終わって駆け足で寝室に帰ってみると、案の定、毛布はベッドの上に散乱し（週番生徒が巡回し、整頓の悪い毛布は、投げ出された）、惨憺たる光景である。これらを拾い集めて整頓する惨めさは、今でも忘れられない。かくして整理整頓の習慣が身に付いてきた。今でも夜寝るとき、脱いだ衣服類を枕元にキチンと畳んで置かないと、落ち着いて眠れないという習慣に驚いている。

和衷協同、和気藹々、民主的雰囲気

海軍の軍人は、一つ釜の飯を食い、板子一枚下は地獄の船で死生、苦楽を共にする戦友同志であり、艦、隊は乗組員や隊員が艦長、分隊長、先任下士、班長などを中心に和気藹々《あいあい》として一致団結する器であった。派閥や下克上などは皆無といってよく、勤務を離れれば和気藹々たる先輩後輩、同僚の関係で、夕食後、士官室でお互いに酒を酌み交わし、あるいは碁・将棋・トランプに興じた一時の楽しさは、忘れられないものの一つである。

今でも続いている艦船・航空隊別、同期生・同年兵・出身校別などの親睦団体は、世間一般のそれらとは一味も二味も違うものがあると思う。私が中学校の同級生と話した時、彼は、世間一般世間のものはそんなものではないと、海兵のクラス会をとても羨ましがっていた。クラス会の融和団結は、死ぬまで大切にしたいものである。

また海軍では、上官を呼ぶのに、閣下とか殿は用いず、単に大臣、総長、長官、司令官、艦長、司令、分隊長、分隊士、校長、教頭、教官など、職名のみで呼び捨てた。戦後、自衛隊に入り、更に会社に勤務して、今までの同僚が進級して上級者になるや、途端に「俺はお前たちとは違うのだぞ」といった態度をとって権威を保とうとするのには、驚いた。海軍軍人には、「威張ることによって権威を保つ」といった考えは毛頭なかった。

また、毎月一回とか重要な問題がおこる度毎に艦務会報が、また演習、訓練の後には艦隊研究会が開催され、乗員の生活、教育訓練、兵器の改善等について、階級の上下を問わず意見を述べることができ、よい意見はどしどし採用された。

「はじめに」に紹介した予備学生一期の方々が異口同音に言っていたことは、「海軍生活は、上下ザックバランで、下の者の言うことも聞いて貰え、のびのびと楽しく勤務することが出来た」ということであった。

指揮官先頭

指揮官は常に、「俺について来い」式に先頭に立って部下を指揮し、分隊長、先任下士官、職場の先任者は垂範躬行するのを常とした。このことは反面、部隊等の行動の全責任を指揮官が負うことを意味する。

もう大分《だいぶ》前の話になるが、静岡県の寸又峡で金禧老事件というのがあった。このとき当時の高松敬治静岡県警本部長は、直ちに所要の部下を引き連れて現場に急行し、適切な判断と処置で見事これを解決された。高松敬治氏は、激戦の南東方面戦線で終戦を迎えられた海軍二年現役主計科士官出身で、その後、警察庁刑事局長をやられた方なのだが、そのとき私は、「流石《さすが》高松さん、海軍の伝統に従って行動されたな」と感銘したものである。

数理的、科学的思考

海軍は、科学技術の粋の塊である複雑精巧な機関、兵器、飛行機を操縦し、天象、気象の変化の多い、目標一つとして無い海洋を舞台として行動する部隊である。しかも海戦の様相は瞬時の間に変転する。

科学技術の塊である艦船、航空機を駆使し、変転極まりない海洋において、刻々変化する敵状に的確に対処するには、数理的、科学的根拠に基づく的確な判断が要求された。そこでこれを可能にするため、勤務の余暇、分隊長、分隊士などの指導により、その基礎となる語学、数学、物理、力学、化学、気象学などの普通学を教え、教養を高めた。

かくて海軍軍人は、物事をすべて、情緒的でなく、数理的、科学的思考に基づいて処理することが習性となるに至っていた。

昭和十六年、「英米と戦うべからず」とする海軍の主張は、ドイツの戦勝に便乗して国威を発揚しようとする陸軍の強硬な主張と、「米英撃つべし」とする情緒的な国民世論に圧伏され、遂に未曾有の敗戦に至ったことは、返す返すも残念なことであった。

確実・迅速・静粛

海軍軍人が、狭く、風波、電気機器等の音響のかまびすしい艦内で任務を全うするには、静粛が絶対要件であり、精巧な艦船・兵器・機関・飛行機等の機能を安全、確実に発揮するためには、確実が要求された。また、瞬時に変転する戦況に即応して機先を制するには、迅速が要求された。そこで艦内における動作、兵器・機関の操作には、確実・迅速・静粛の三要素が要求されたのである。

われわれ兵学校生徒時代、二、三階の階段まで駆け足で昇降することを強要されたが、それは艦内のラッタル（階段）を迅速に昇降する（この隘路でモタモタしていては全員が迅速に配置につくなど出来っこない）習慣を養成するためであった。

服装・態度

海軍の服装に関する考え方は、極めて厳格であった。勤務は軍装、作業は作業服、私用は私服（背広、ただし下士官兵においては軍装。下士官兵が外出先で私服を着用していたときは、処罰された）が原則であり、且つこれらを端正に着用し、必要に応じてすぐ着替えるというのが、海軍軍人の嗜《たしな》みであった。

食事は作業ではないのだから、作業服を軍服に着替えて食卓に着いたものである（ホテル等で、部屋を出る時、あるいは食堂では、キチンとした服装をするのと同じ思想であろう）。だから今でも、寝間着のまま食事をしたり、外に出ている人を見ると、奇異な感じがする。

服装の端正については、下士官兵は外出、上陸に先立ち、厳密な服装点検を受けた。我々は兵学校生徒時代、夏休みで帰る暑い汽車の中で、上着を脱ぐはおろか、ボタン一つ外さなかったものである。

靴下は黒か紺の物を着用することになっていた。私が航空自衛隊に勤務していたとき、海軍兵学校の先輩が派手な靴下を着用している部下を、こっぴどく叱られたことがあったが、叱られた本人は叱られた意味が分からず、目を白黒しているのを目撃した。

姿勢については、顎を引き、頭を真っ直ぐ、胸を張り、背筋を伸ばすように仕付けられた。数人連れ立って歩く時は、横隊となり、足を揃える。上官のお供をする時は、左側に附くか、右側で一歩下がって従う、というのが礼儀とされた。

金銭に恬淡なれ

我々が海軍在籍中に極めて厳しく言われたことに、「金銭（物）に恬淡《てんたん》なれ」ということがある。「武士は食わねど高楊枝《たかようじ》」の思想であろう。

みだりに理由なく人から供応を受けない、一緒に食事・喫茶等をする場合は、支払いは上官がする、下士官兵等から供応を受けるなどもっての外、旅館や料理屋は一級の所を選べ、物を買う時、値切ったりするな、利殖などに血道を上げるなど論外である、等々、厳しく仕付けられた。

だから我々は、一級の旅館に泊まり、一級の料理屋で食事をし、一級の物を買い、金が無くなれば、館内に蟄居《ちっきょ》していたものである。

従って、金銭に汚い（吝嗇《りんしょく》）、物欲旺盛な人、代償を払わずに供応、サービスなどを受ける行為などは、容赦なく指弾された。

公私の別

私が戦後社会に出て痛切に感じたことの一つに、「公私の別」という問題がある。

海軍では「公私の別」が極めて厳格であった。私用には、たとえ鉛筆一本、紙一枚でも官物は使わない、というのが、海軍軍人の常識であった。私用に官用車は使わない、部下を私用には使わない、私用上陸して帰艦するのに、定期便が無い場合には、民間の便船を傭う、等はその例である。

ところが戦後社会に出てみると、そのような常識は、一般会社は勿論、官庁でも旧陸軍軍人の間でも通用しないのに愕然とした。ゴルフに行くのに社用車を使う、引っ越しに部下を使う、私用の書簡に社用箋、社用封筒を使う等々が、何らかの疑念も無くまかり通っているのである。

私は戦後、公私の別の無い、利益のみを追求する、エゴイズムの塊である会社に失望して自衛隊に入ったのだが、自衛隊でも同じようなことがまかり通っている（特に官僚出身者がひどかった）のを見て、幻滅の悲哀を味わったものである。

是々非々主義

私が戦後、自衛隊に入って海軍出身者と陸軍出身者との考え方に大きな開きがあると思ったことの一つに、「是々非々主義」というものがある。海軍出身者はすべての物事に対し「是々非々主義」に徹し、ある人に問題があった場合、その人がたとえ海軍の先輩であろうと後輩であろうと、容赦無く指弾した。

ところが、同様なことが陸軍出身者にあった場合、陸軍出身の人々は、何かと表に出ないように、穏便にことが収まるように努めるのが常であった。しかもこれを律するものは、親分子分の関係（海軍では、そのようなものは皆無であった）であった。

海軍という社会は、本当に綺麗な社会であったとつくづく思う。

言い訳をするな

我々が兵学校時代、何かしくじって叱られたとき、言い訳をしようとすると、「言い訳をするな」とビンタの修正を喰った。その都度「何と理不尽な」と、我々は怒り心頭に発したものである。

しかし今になって、「これぞ海軍精神」と思うようになった。というのは、「海軍は海上において敵艦隊と雌雄を決し、これを撃滅するのを任務とする部隊である。従ってその任務が達成できなかった場合には、その動機、プロセスがいくら立派であっても、即ちいくら言い訳が出来ても、それは何の役にもたたない。海軍軍人行動の評価は、任務達成の程度によってなさるべきであって、その動機、過程によってなさるべきではないのである」と観念するに至ったからである。

このように観念することによって初めて、兵学校以来のモヤモヤに終止符が打たれた次第である。

出船の精神

艦船が軍港その他港に入るときは、どのような状況であっても、何時でも出港できるように、出船（すぐ出港出来る態勢）に繋留するのが常であった。このような、次の段階あるいは使用に常に備えておくという「出船の精神」は、海軍軍人の心構えであったのである。

器具・備品は用済み後そのまま格納することは許されず、必ず手入れし、油を差して格納する、衣類が汚れたら必ず直ぐ洗濯し、綻《ほころ》び、とれたボタン等は必ず修理して格納する、被服を脱ぐときは、必ず次に着る順序に畳んで重ねる、季節の変わり目には、チエスト（衣類格納箱）の衣類を入れ換える、靴は使用後必ず磨いて格納する等は、まさに「出船の精神」

であった。

宜候（よーそろ）

定められたコースを正しく進むように、操縦士、又は操舵員が適当に操縦桿、又は舵輪を操作し、飛行機、又は艦船を操縦することを「宜候（よーそろ）」という。我々も術科講習で霞ヶ浦で飛行機操縦を経験したとき、教官から「筑波山宜候」といって操縦桿を委されることがあったが、サア大変、右へ行ったり、左に振れたり、上がったり、下がったりする筑波山を必死に追い掛けた思い出がある。

風、波浪、潮流、浮遊物、汽船、漁船、友軍の航行、夜間、霧中、狭水道通過、高速力使用など種々の状況下、艦船を「宜候」で進めることは、訓練によって体得された神技と不断の注意、それに根気を必要とし、容易なことではない。その意味で「宜候」は、船乗り、飛行機乗り冥利に尽きる、独特のものであると言える。

「宜候」によく似た言葉に、「願います」という言葉があった。上官に「XXXXであります」と報告すると「願います」という言葉が返ってくる。さあ大変、責任を一身に負って、上官の意図を忖度《そんたく》し、状況を分析、判断して、上官の思うような結果に導かなければならなかった。人生航路においても「宜候」は、味わうべき人生哲学であろう。

シーマンシップ

「スマートで　目先がきいて　几帳面　負けじ魂　これぞ船乗り」

シーマンシップ（船乗り精神）の標語である。

「スマート」とは、服装は清潔できちんとし、態度は厳正、起床動作、マスト登り、梯子段の上り下り、その他諸動作は敏捷、機敏で、言葉遣いもはきはきし、垢抜けのした立ち居振る舞いをいう。

「目先がきく」とは、将来の見通しが的確で、注意周到綿密、天候、情勢の変化や敵の動静を予察して、荒天準備、会敵準備などを早めに行ない、抜け目のないことをいう。

「几帳面」とは、職務や命令、依頼されたことは確実に実行し、結果を報告、回答を要する書類や手紙などには、速やかに返事を出すなどをいう。

「負けじ魂」は武人の本領であり、百般のことすべて戦闘において勝つを目的とし、軍備を整え、猛訓練により必勝の信念を堅持し、困苦欠乏に耐え、斃《たお》れて後已《や》むことをいう。

海軍軍人はこの「シーマンシップ」を体得、具現することを目標として修錬に励んだものである。

国際感覚

海軍軍人は、練習艦隊の遠洋航海、連合艦隊の北支巡航、遣支艦隊の揚子江・支那沿岸警備、駆逐隊のカムチャッカ警備、上海特別陸戦隊、特務艦の重油購入等のために海外に派遣され、外国海軍や外国官民に接する機会が極めて多かった。このようなとき、まかり間違えば国際問題を惹起《じやつき》するので、国際関係について訓練され、陸軍に比べ国際的感覚に秀でていたと思う。

日本人は井戸の中の蛙で、国際感覚に乏しいとよくいわれるが、このように地球が狭くなり、国際関係が複雑さを増す今日、物事をグローバルに地球規模で見る国際感覚が、今後益々必要になってくるであろう。

天空海闊

俗塵を離れ、空は高く、広々として果てしなく続く海上に出て猛訓練に励んだ海軍軍人には、自ずからおおらかな心が養われた。そのような心を表現したのが「天空海闊」という字句で、終戦時の総理大臣鈴木貫太郎大将は、好んでこの字句を揮毫《きごう》されたという。政治に関わらず、海上で自由闊達に訓練に励む海軍軍人の心情を、これほど的確に表した字句は、他にないと思う。

敬神尊祖

海軍軍人は敬神尊祖の念が厚かった。艦船内には神社を祀り、戦闘、諸競技の際には必勝を祈願した。海軍兵学校生徒の乗艦実習では、必ず四国の金刀比羅宮、大三島の大山祇神社にお参りしたし、練習艦隊では必ず寄港地の神社に、連合艦隊は一年に一回、必ず伊勢神宮に公式参拝した。

また、艦隊や艦船が日本の寄港地に入港の際、乗員は、寄港地近郊の神社仏閣に参拝し、その後、名所旧跡を見学するのを常としていた。そのため多数の乗員は集印帖を携行し、その集印の多さを競ったものである。

教育標語

海軍生活は連綿不断の教育ともいえるが、海軍には、

「目に見せて、耳に聞かせて、させてみて、ほめてやらねば、たれもやるまい」

という教育の標語があった。

（山本元帥はこれをもじって、「やってみせ、いって聞かせて、させてみて、ほめてやらねば、人は動かぬ」といった。）

即ち感覚、聴覚に訴えて教え、実行させ、その結果がよかったら褒《ほ》めてやる。そうでなければ、誰もやる気を起こさないだろう、というもので、教育の手順をいったものである。

戦後、私は自衛隊でいろいろの米軍システムについて知る機会があったが、その教育の考え方は、前記海軍のものとドンピシャリであった。

鈴木貫太郎大将は、教育の成果は一〇年後、二〇年後でないと現われないものである、と言われている。教育というものは、目先のことにとらわれず、一〇年後、二〇年後を考えて行なわなければならないものだと思う。翻《ひるがえ》って現在のわが国の教育は、果たしてこれで良いのであろうか。

精兵主義

海軍は精兵主義、すなわち一騎当千主義を遵奉、墨守していた。

まず優秀な人材を採用（志願兵を主としたので、これが可能であった）し、これを基礎か

ら十分（例えば電信兵には、微積分から電波理論までも）教育し、その後艦隊に配乗して、多年にわたって訓練に訓練を重ね、正に技神は入る境地に達していた。昭和十三、四年頃の連合艦隊は、このような人々の集合体であったのである。かくしてその術力は、例えば戦艦主砲の命中率において、米海軍のそれの数倍であったという。

しかしこのことは反面、要員の養成に多大の年月を要するとともに、これらの名人がいなければシステムとして所期の能力を発揮し得なくなるということから、急速な部隊拡張は困難となり、またこのような名人が消耗した場合には、戦力がガタ落ちすることを意味した。去る大戦において、第二段作戦以降、日本海軍の戦力がガタ落ちした原因の一つは、実にこの点にあったと思う。

自衛隊は当初、米軍のシステムそのままを採用したのであるが、その思想は、各人の勤務領域を出来るだけ狭いものとし、普通の人間にそれをこなし得る最小限の教育を施して部隊に送り出す、というものであり、そのような要員（極端に言えば、馬鹿でもチョンでも）で、十分機能するように兵器体系が考えられていた。

腕で来いという名人思想は日本人好みであり、会社等では盛んに「少数精鋭主義」が叫ばれているが、少数精鋭には利害得失があり、状況の変化に対応し得る融通性を含めて、一考を要する点ではあるまいか。

月月火水木金金

海軍は曜日によって日課が決められており、月曜日から金曜日までは訓練日課、土曜日には艦内大掃除の後点検、応急訓練、体育等をやり、日曜日は休養日課となっていた。「月月火水木金金」とは、土曜日課、日曜日課を実施せず、一週間毎日訓練日課を実施することを意味する。

ところで、海軍の戦闘力は、機力、術力、精神力の積であるといわれていた。機力とは艦体、機関、兵器、飛行機などの量と性能、術力とは訓練によって錬成された機力を使いこなす能力、精神力とは困苦欠乏に耐え、惨憺たる戦況に怖れず臆せず、沈着冷静に任務を遂行し得る能力をいう。

性能優秀な多量の機力があればそれに越したことはないが、ワシントン軍縮会議で戦艦の対米英比率を五・五・三に制限された日本海軍は、寡をもって衆に当たらざるを得ない状況となり、機力を極力優秀にすることに努めると共に、術力と精神力によってその足らざるところを補わざるを得なくなった。

昭和二年、加藤寛治中将（ワシントン軍縮会議の海軍全権）が連合艦隊司令長官に親補されるや、ワシントン軍縮会議から帰国後、情況を報告したとき東郷元帥から言われた「訓練には制限があるまい」を指針に、「百発百中の砲一門は百発一中の砲百門に相当す」（日本海海戦後の東郷元帥の訓示）を目標として、所謂《いわゆる》月月火水木金金の猛訓練を実施し、術力の向上と必勝の信念の確立に努められた。

かくして戦後海軍の代名詞にまでなった、月月火水木金金の猛訓練の伝統が、日本海軍に定着したのである。

今日わが国の経済繁栄、それに伴う貿易不均衡から、わが国民の働き過ぎが世界の非難の的となっている。しかし、資源の無いわが国が世界の列強に伍して繁栄を持続する為には、国民の能力と勤勉に依存する外あるまいと思われ、人だけが頼りだという条件は、日本海軍の場合と同様だと思う。経済繁栄に幻惑されて、国家の将来を誤らなければよいがと思うのは、杞憂であろうか。

人事管理

私は海軍の人事管理は理想的だったと思っているが、果たせるかな戦後それは、民間諸団体がその模範として研究し、多数の会社で採用されるに至った。

先ず人事の公正について、海軍士官には派閥というものが全然無く、その昇任、補職については、各所轄長から毎年提出された多年にわたる考課表を、海軍省人事局で綿密に調査し、適材を公正に昇任させ、本人の特技、能力、希望を生かし、公正に、適材を適所に配員したから、各自の特長、能力は十分発揮され、不平をいうものは殆《ほとん》ど皆無であった。

このことは、冒頭に掲げた予備学生一期出身の方が、「自分は、海兵出身の相当期の方からはちょっと後《おく》れたが、終戦時、陸軍の相当期の者が少尉だったのに、大尉になっていたし、海軍兵学校の教官までやらせて頂いた」と言っていたことからも頷《うなず》かれると思う。

次に経歴管理について、海軍兵科将校は、先ず普通科学生課程（術科講習員課程）で各術科の勉強をし、艦船部隊で各術科の勤務を経験した後、中尉の終わりに希望する術科学校の高等科学生課程で専門の術科を修得し、大尉で海上勤務を経験した後、適任者を海軍大学校に入学させる、という教育システムであった。

従って、陸軍将校が士官学校ですでに専門に別れ、まだ部隊経験も十分でない中尉で陸軍大学校に入ったのと違い、各術科について理解があり、経験も十分な海軍兵科将校が養成されたと思う。

また補職については、中少尉時代はなるべく多くの種類の艦船で、なるべく多くの術科の分野の職務を経験するように、高等科学生課程の教育を受けた後は、なるべく多くの種類の艦船部隊の職務を経験するように、計画的に行なわれた。

なお、経歴が片寄ることのないように、艦船勤務と陸上勤務は、適当に按配されて経験させられていた。従って、必要な各種、各方面の経験を持った兵科将校が各部署に配置されていたと言えると思う。

私は戦後、会社に入って、このような海軍の人事管理システムの導入を提案したが、当面の能率が下がるということで、実現には至らなかった。しかし世はシステム時代となり、その会社は、他の分野のことが分からない人が多く、システム設計に困っているようである。

攻撃は最良の防御なり

「攻撃は最良の防御なり」という考え方は、日本海軍の軍戦備、作戦運用を通じての思想であったが、この考え方は基本的には、古今東西を通じて正しい考え方だと思う。ただ、野球でも攻守のバランスが崩れた時は負けるように、攻撃と防御のバランスをとることが大切で、その点、日本海軍は攻撃に重点を置き過ぎ、防御を軽視した憾《うら》みがあったような気がする。

日本海軍の軍艦、駆逐艦等は、速力においても、攻撃兵器の装備においても、米国海軍のそれらより優れていたが、装甲等防御面では劣っていた。そのため か、戦史で見る限り、米海軍の艦艇に比べて日本海軍の艦艇は、被弾に対して脆弱《ぜいじゃく》であったようである。

航空機は、零戦は性能抜群な戦闘機として世界にその名を轟《とどろ》かしたが、パイロットの防御鋼鈑は装備されていなかったし、その速力と航続力で優秀性を誇った一式陸攻は、その燃料タンクに防弾装備が施されていなかったので、被弾すればすぐ火達磨になり、「一式ライター」と呼ばれた。

所謂《いわゆる》艦隊決戦兵力である戦艦、巡洋艦、航空母艦、駆逐艦、航空機等は重点的に建造整備されたが、対潜掃蕩《そうとう》関係、港湾防備関係、海上交通護衛関係等、防御関係には余り意を注がれなかった。要員の養成についても同様である。

その結果、海洋を制すべき海上兵力としては、極めてアンバランスな海軍となった。そしてこの、攻守のバランスを欠いているという欠陥が、日本海軍が壊滅した一つの原因であったように思えてならない。

艦隊決戦主義

艦隊決戦主義とは、主力艦（戦艦）を中核とする堂々の主力艦隊が彼我渡り合い、一挙に雌雄を決する、という思想で、日本海軍を貫く根本理念であり、これに基づいてあらゆる施策が実施されたが、これは対馬海峡においてバルチック艦隊を撃滅された東郷元帥の衣鉢を継ぐものであった。

しかし、東郷元帥の事績が余りにも偉大であったこともあって、海洋制覇の手段方法が時代の変遷とともに逐次変化しつつあったにもかかわらず、形式のみが墨守されて肝腎の精神が継承されず、日本海軍の果たすべき任務に適応出来なくなった嫌いがあったように思われる。

即ち、第一次世界大戦において英独艦隊が艦隊決戦らしい海戦を行なったのはジェットランド海戦のみであり、英国が手をあげそうになったのはドイツの潜水艦による海上交通破壊の結果であったし、第二次世界大戦においても英国はドイツ潜水艦の跳梁に悲鳴をあげ、米国から潜水艦掃蕩のための駆逐艦の譲渡を受けて難局を凌いでいる。

海軍の役割は変化しつつあったのである。英国と同様に海上交通の維持にその生存がかかっているわが国の海軍としては、前記の戦訓をも考慮して、融通性のある軍戦備を行なうべきであったと思う。

しかし日本海軍は、「艦隊決戦主義」の殻から抜け出すことはしなかった。対潜掃蕩関係、港湾防備関係、海上交通護衛関係等の軍戦備はなおざりにされ、「艦隊決戦主義」は「短期決戦主義」につながるところから、要員の養成も、艦隊決戦に間に合えば十分として、そのための要員の教育訓練は徹底的に行なわれたが、長期戦に備える為の予備員の養成はなおざりにされた。

かくて、山本連合艦隊長官は何とか米主力艦隊を誘き出して艦隊決戦を挑もうとしたが、果たせず、敵主力艦隊の出現を待って待機している間に、連合艦隊は所謂《いわゆる》支作戦で各所に各個撃破され、遂に壊滅するに至ったのである。

米軍の作戦原則で最も強調している点は、各コンポーネントの機能を調整して最大能力を発揮するということと、あらゆる情勢に対応する融通性を保持するということである。

日本海軍は日本海海戦の亡霊に取り付かれていたように思えてならない。固定観念に捕われるほど恐ろしいものはないのでなかろうか。

常在戦場

「常在戦場」とは、「何時、如何なる場所にあっても、常に戦場であると心得て行動すべし」という心構えの標語で、わが海軍の伝統であったが、これには「有事即応」という意味と「偸安《とうあん》に流れるな」という意味の、二つの意味があったと思う。山本元帥は好んでこの字を揮毫されたという。

これは「治に居て乱を忘れず」と同義語だと思うが、何と治に居て乱を忘れる人の多いことか。その極端なものは驕《おご》りである。人は得意の絶頂にあるときほど、謙虚に、慎重に行動しなければならない、とつくづく思う。

名将の遺された言葉

最後にわれわれの先輩である名将の遺された言葉を掲げてご参考に供したい。

〔鈴木貫太郎大将〕

鈴木大将が明治四十三年、練習艦隊宗谷艦長として少尉候補生の教育に当たられた際、示された奉公十訓

一、窮達《きゅうたつ》を以て節を更ふべからず
一、常に徳を修め智を磨き、日常の事を学問と心得よ
一、公正無私を旨とし、名利の心を脱却すべし
一、共同和諧を旨とし、常に愛敬の念を存すべし
一、言行一致を旨とし、議論より実践を先とすべし
一、常に身体を健全に保つことに注意すべし
一、法令を明知し、誠実に之を守るべし
　　自己の職分は厳に之を守り、他人の職分は之を尊重すべし
一、自己の力を知れ、驕慢なるべからず
一、易き事は人に譲り、難き事は自ら之に当たるべし
一、常に心を静謐に保ち、危急に臨みては、尚沈着なる態度を維持することに注意すべし

〔山梨勝之進大将〕

海軍精神
　蹇々致匪躬之節
　済和親愛天空空闊
　至大至剛萬古輝

〔小沢治三郎中将〕

「部下の統率に当たって一番肝要なことは、無欲ということである」（弾丸飛びくる戦場で、一身の利害、生死を超越し、明鏡止水、神の如き判断を下し、全軍を統率するには、無私の心境にあることが最も肝要である）

おわりに

海軍兵学校七七期全国総会にお招き頂き、列席させて頂くことになったが、他のクラス会に出席するのは初めての経験である。折角《せっかく》招かれて出席するのだから、何かお役に立つような物をお土産にと思い、思い付いたのが、折角海軍を志して海軍兵学校に入校しながら半年も経たないで終戦を迎えられた方達なのだから、「日本海軍の伝統」を小冊子に纏めて差し上げたら、ということであった。

そこで早速思い付くままに書き始めたのだが、書き終わって振り返ってみると、推敲《すいこう》不十分、体系も整わないものになってしまっており、まことにお恥ずかしい次第である。ところで、過去を思い起こしながら書き進むにつれて、いろいろな感慨が油然とわいてきた。

その第一は、「海軍という社会は、実に良い社会であった」ということである。煩《わずら》わしい世間とは没交渉で生活出来たし、伝統の枠内で行動する限り、誰に遠慮することもなく、のびのびと自由闊達に、屈託なく生活することができた。

上官の考えに不同意の場合は、遠慮なく意見を陳《の》べることが出来たし、料理屋の台所で司令官と飲んだこともあった。ただ下士官兵と一緒に飲むことは厳禁されていた。これは予備学生出身の方が一番不審に思った点のようであるが、士官が貴族で構成されていた英国海軍の伝統の影響であろう。

その第二は、「海軍の伝統」の仕付けに関する殆ど全部は、四号生徒であった約八ヵ月の間に一号生徒によって身に付けさせられたもの（それらは海軍兵学校の不文律になっていた）であり、しかもそれらは今でも抜けず、私の人生のバックボーンになっている、ということである。

「雀百まで踊り忘れず」と言われるが、青少年時代に身に付けたものは一生抜けないようで、青少年時代に教え込まれ、身に付けさせられたものが、その人の人生を左右するとの感を深くし、青少年の環境並びに教育訓練の重要さを痛感した次第である。

その第三は、「共通の言葉」ということについてである。戦後会社に入り、また自衛隊に勤務してつくづく感じたことは、私の言うことが聞く人の育ちによって様々に受け取られ、場合によっては反対に解釈されたこともあった、ということである。つまり「共通の言葉」が無かったのである。人の育ちによる、所謂価値観の相違によるものであろう。

「世代間の断絶」という言葉が流行したことがあったが、国際関係の難しさもこの辺りにあるのかもしれない。

その第四は、「物事には総て裏表がある」ということである。海軍には「トータル　サムイズ　コンスタント」という言葉があったが、総て物事は、特長もあれば欠点もあるものであり、その意味で海軍の伝統も両刃の剣であったと思う。

「和衷協同、和気藹々」という伝統は、秋霜烈日に物事を処断するという厳しさを欠かせ、

「精兵主義」という伝統は部隊の拡張、あるいは長期戦への適応をなくし、「攻撃一本槍」という伝統は防御関係、捜索偵察関係を軽視させる、という側面があったようである。物事の特長を十分活用するとともに、その欠点も十分認識して、これに対して対策を講ずることが肝要であることを痛感した次第である。

本稿は、以上のような感慨に耽《ふけ》りながら思い付くままに書きなぐったものであるだけに、不穏当、誤謬、脱漏等が多分にあると思うが、これらは大方のご叱正をお願いすることにして、いささかでもご参考になれば幸甚である。

なお、本稿の作成に当たり、我々の兵学校時代の学年指導官寺崎隆治先生の『日本海軍の伝統的精神の一考察』から抜粋させて頂いたことをお断わりし、紙上をもって厚く御礼申し上げる。

一文人の見た海軍兵学校

獅子文六

(一)

谷真人が留守の間に、筆者は、海軍兵学校について、短い感想と論議を行ってみたいのである。筆者のプランを白状すれば、真人の江田島生活を描くことによって、兵学校の全貌を示すという目論見だったが、どうして、そんなことは、拙腕の遠く及ばざるを知ったのである。それほど、兵学校の肉体は厖大且つ複雑であり、内包するところ極めて深く、また特異なのである。小説の形式を以てすれば、百回を与えられて未だ足りそうもなく、それではキリのない話になるので、かかる手ッ取り速い方法を、とらざるをえないのである。

一体、この学校を正式に訪問しようと思えば、海から来るべきである。学校の正門は海に直面している。但し、それは門なき門であって、桟橋と木柵あるのみである。だが、真にこの学校を訪問すべき資格ある人は、海軍の艦艇に乗ってその表門から入るのである。筆者の如きは、勿論、バスを利して、銀行と向い合わせの裏門から訪問したに過ぎない。

とにかく、その裏門から校内に入れば、朱と白の生徒館、緑の大芝生、遠く欝葱たる松並木を透かして能美島の山影――まず、その環境の美しさに驚く。その環境の塵一つ止めぬ清浄さに驚く。その中に、誰一人佇んだり、逍遥している者のないのに驚く。やがて、白い作業服を着た生徒達が、汚れなき童貞の挙止を以て、一糸乱れざる規律を行動していることに驚く。その時、人々はここに聖地を見出し、どこやらか、鐘の音が聴えてきそうな錯覚を起す。戒律的なもの、童貞的なもの、没我的なもの――環境と人間のすべてに亘って、トラピストの院内に入ったような印象を、受け勝ちなのである。

しかし、それが裏門から入った者の感傷であることを、すぐ悟らねばならない。ここには信念はあるが、信仰はないのである。また、生徒達が、宗教の愛と献身を学ぶ必要が、どこにあろうか。彼等は既に軍人なのである。身命に私なきものとされて彼等には迷いも悟りもある筈もなく、ただ一筋の信念を鍛え、磨くべく、定められてる。

尤《もっと》も、その方法として、難行や荒行に似たものがないことはない。宮島の弥山登りや総短艇の行事が、それに当る。前者は三十町の長い石段を、一気に駆登る競技である。いかなる元気者も、中途にして蹌踉たる難路である。しかし分隊の名誉にかけて、倒れる者も担ぎつつ、決勝点に達するのである。総短艇も同様で、玄冬の頃に、号令一下、あの重いカッターを自ら卸し、自ら二千メートル漕ぎ、自ら元の位置に揚げる競技を、各分隊で行うのである。これも、泣きたい程の苦行だそうだが、広瀬中佐在学時代は、弥山登りも総短艇も、一気に併せ行ったということだ。洵《まこと》に、文覚上人どころの沙汰ではない。

（三）

勿論この学校は、普通の意味の学校ではない。普通の学校にはない精神的なものが漲《みなぎ》ってる。しからば、塾か道場かというに、生徒達は決して個人の人格の光や威力によって、指導されていない。しかも、精神的なものと渾融して、科学が尊重される。科学の学と術を学ぶのに、生徒に与えられた時間と設備は、莫大なものである。そこに、この学校が僧院や道場と趣を異にする点がある。徳育偏重とか、知育偏重とかは、他所《よそ》の学校の問題である。要するに、兵学校は特別な学校なのである。ことによったら、真の学校といえるかも知れない。しかも、この峻厳なる学校において、自治が行われ、自律精神が高く要求されてる——といえば、不審がる人が多いのではなかろうか。自治自律自啓ということは、この学校七十年の伝統なのである。

死ぬまで続く同期生の交りが、横の結合としてある側《かたわ》ら、在校中の分隊制度という縦の結合が行われる所以も、そこにあるのである。四十人ほどの各分隊が、上級生を中心として営まるる自治によって、軍紀も風紀も、伝統も誇りも、生徒の間で保たれ、生徒の間で継がれて行く。〝分隊の名誉にかけて〟生徒達は、競技に勝たねばならず、身を修めねばならず、秩序を紊《みだ》してはならないのである。上級生と下級生を混合した分隊制度は、洵に微妙なる智恵でなされた発明と考えられる。教官は深い愛と注意をもって、この制度の後見者となるに過ぎない。

惟《おも》うに、兵学校は艦隊であり、分隊は艦艇であろう。分隊は自治を行うことによって、大きな統率の下に融け込むのである。

それ故、この学校の上級生と下級生の差違は、他に見るを得ざる特色をもってる。上級生なる故に偉いばかりでなく、実質的に上級生が偉いのである。鍛錬の年月がモノをいうのである。例えば、春秋の頃に兵学校見物の子女が、呉、広島あたりから堵《と》をなすが、遉《さす》がに四号生徒は、なんとなく態度が落着かなくても、一号生徒は、どこに風が吹くかというように、眉も動かさぬのである。禅堂における青道心《あおどうしん》と兄弟子の相違が、ハッキリとそこへ出てくる。世間を〝娑婆〟と呼ぶ海軍隠語は、ここにおいて、面白い意味をもってくるのである。

なによりも、女々しいことが、この学校で排斥されるのは謂《い》うまでもないが、それは必勝の信念の保持ということのみに限らない。やる時はやり、遊ぶ時は遊ぶ——といったような集中主義、意志と理性の行動も、つまりは、男らしさの自律である。ベチャクチャ弁解をするのは、女々しいこととして自啓されなければならない。体力知力の限りを尽して頑張るのも、服装容姿を正しくするのも、悉《ことごと》く、真の意味の男らしさの発揚にある。

(三)

この精神、組織、制度に亘って、黄金の伝統が輝いていることを、誰も気づくのだが、いつ何人がそれを築き上げたかと、過去に遡ってみると、杳として霞の中に消えてるのである。

本校の沿革を辿ると、明治二年、東京の築地に創《はじ》められた海軍操練所が発祥であり、それが海軍兵学寮となり、海軍兵学校と改められ、明治二十一年に至って、江田島に移転したのであるが、初代の校長川村純義が、伝統の礎を置いたかというと、必ずしもそうではないらしい。では、江田島時代の最初の校長有地《ありち》品之丞がそうかというと、これも違うらしい。移転当時は、汽船東京丸に全員が乗って、江田島に来《きた》り、校舎のできるまで、船内で教育を行ったそうで、なにやら、新世界開拓の意気に燃えた如くに想像されるが、その時既に、現在の如き伝統が確保されていたのである。例の分隊制度の如きも、兵学寮初期時代にも存していたのである。自治精神の面影も、その頃既に仄《ほの》見えている。棒倒しや総短艇の行事の如きも、よほど起源が古いとみえて、現役の大将、中将に訊いてみても、ただ俺の時代にもあったと答えるのみで、いつ何人が発明したことだかわからない。

それでは、伝統徒《いたず》らに古く、兵学校七十年の歴史は、ただこれを守るに汲々たりしかというと、これがまたちがう。例えば、前に書いた〝五省〟の如きは、現在少佐級の人々の全く知らぬ日課である。作業簿に週末の感想を書くことも、近く始まったことらしい。長い間には、いろいろの改廃があり、添削があった。しかし、根本は不動だった。それは大河が細流を合わせて、いよいよ太るようなものだった。

これを要するに、兵学校の伝統は、古くて新しいのである。初代の校長から今日の校長に至るまで、特に何人が大旆《たいはい》を掲げたとか、大改革を行ったとかいうわけではない。ただ、時に応じて、永代燈に新しい油が注がれたのである。そこに、伝統のもつ神秘と、正しい取扱い方があったことを、首肯される。強いて、伝統の由来などを、索《さぐ》る必要はないのである。その源は恐らく海軍操練所以前に、遠く発するであろう。しかし、兵学校になってからの伝統の保侍者と継承者の主体が、過去においても現在においても、生徒自身にあることを、特筆したいのである。

また、初期の兵学校が英国のそれに範をとり、ダグラス以下多数の英国人を聘《へい》して、軍事を学んだのは事実であるが、当時の海軍当局者は、意外なほど、見識が高かった。それは、いわば、謡曲か碁の先生の如きものである。"先生"とはいうが、稽古が済めば、用なしである。習ったものは"術"であって、精神ではない。この、"術"を教わったのも、短い期間で、その後英人は語学教師として、兵学校にいたのである。そして、最後のたった一人の語学教師も、戦争の二年ほど前に、江田島の官舎から姿を消した。

（獅子文六著『海軍』中央公論新社刊・中公文庫より抜粋）

海軍の伝統と海上自衛隊

中村悌次（67期）

伝統の継承

今年は水交会発足五〇周年になりますが、前身の水交社が発会式を挙げ、荘子の「君子の交わりは淡くして水の如く、——君子は淡以て親しみ——」から採って水交社と名付けたのが明治九年三月のことですから、今年はまさに一二六年目に当たります。占領下、解散を命じられ、ようやく独立を回復した直後に再発足してからが五〇年、その節目に先立ち、海上桜美会と一体化が実現した意義は大きいと思い、この題目を選んだ次第です。

それは、昭和二十七年の水交会発足のときから、八〇年の歴史を持っている水交社を継承すること、将来は海上警備隊（海上自衛隊）に資産を譲ることなどが同意されていたからでありまして、戦没者等の慰霊顕彰、海軍の良き伝統精神の継承等が、水交会の寄付行為に成文として明確にされたのは、昭和五十五年の改正からでありますが、皆さんよく御承知の米内海軍大臣の遺嘱や山梨初代水交会会長の「志」以来、関係者には十分伝えられてきたことでありました。

それでは私がこの題目でお話できる素養があるかと問われれば、甚だ忸怩《じくじ》たるものがあります。私が海軍にいたのは生徒の間を含めても約一〇年、とても海軍が身についているとはいえません。一方、海上自衛隊の方は退職して二五年が過ぎ、最近の隊員の気風や悩みに接しておりません。今年五〇年を迎えた海上自衛隊の前半しか知らないわけで、この変化の激しい時代にどれだけ今日の実態に即した話ができるか、自信は全くありません。

そう自覚しながらも、先輩方が少なくなられた今日、誰かがやらなければならないとなれば、お断わりも出来ないだろう、海軍についても、海上自衛隊についても、お聞きになる皆様から間違っているところ、疑問のあるところなどをご指摘いただき是正できるなら、あるいは責めの一端ぐらいは果たせようかと考えて、まかり出た次第であります。

去る八月十四日、NHKスペシャルで「海上自衛隊はこうして生まれた」という題名で、主として吉田英三大佐の回想とY委員会の記録に基づいて海上警備隊創設の経緯が放送されました。前後にもっともらしく憲法をもってきて、海上自衛隊が憲法上問題があるのではないかと示唆するなど、如何にもNHKらしい臭みがあり、また海上警備隊の創設が旧海軍と米海軍が手を組んだ陰謀であるかの如き誤解を与えかねないところはありましたが、全体を通じて、海上自衛隊が海軍の伝統を継承して育ったことを明らかにしていたと思います。

私にいわせれば、あのような時代においてもなお海上防衛力の再建を研究し続けたのは何故か、それは日本にとって海上防衛が死活の問題であるからである、それではどうして海上防衛が死活の問題であるのかなどを、明確にして欲しかったということですが、それは、現状では望みすぎかもしれません。

ところで、防大一期で統幕議長をやられた当水交会の佐久間副会長は、『伝統の継承』と題したある講演で、「伝統が与えてくれるものは、一つは長い間に蓄積された知恵、知識、それに基づく判断力、次に様々な世代との連帯感、それに基づく勇気、安心感、いわば心の支え、そして所属する集団に対する一体感からくる愛情」であり、海上自衛隊は米内大将が言い残された伝統の継承という課題を確実に果たしている、と述べ、その具体的な例証として、ペルシャ湾派遣掃海部隊の感動的な活動を詳しく話しておられます。

そして海軍の伝統が継承された要因として、組織としての継続性、具体的には航路啓開業務を継続してきたこと、第二には海上自衛隊誕生の経緯、すなわち米海軍の厚意とY委員会の見識、そして第三に海上自衛隊を創設し育成してきた主流の人々が海軍の人であったことを挙げられました。

この佐久間さんの考えには全く同感でありますが、今日は別の切り口から、海軍のどのような伝統が継承され、何処が違っているかを検討してみたいと思います。

水交会と海上桜美会との一体化が問題になった当時、私のいつも言っておりましたのは、同じ日本人が海上防衛という同じ目的に挺身する以上、必ず共通するものがあるということでした。保安（防衛）大学校が創設された頃、指導官として直接教育に当たったのは、私が兵学校教官当時指導した七四期の人たちが多かったのですが、これらの人たちがよく私のところに来て、「教官、口惜しいですよ、私が君らの先輩としてと言いかけると、彼らは、貴方を先輩と思っていませんと言うのですよ」と訴えたものでした。

旧軍とは関係のない新しいものを創るという当時の空気、意気込みといっても良いでしょう、がよく分かります。それが何年か経って、今度は中隊指導官か大隊指導官として防大に勤務した同じ人が、「あのころ先輩と思わないと言った学生が、小隊指導官になって来ていますが、私たちが言ったのと同じことを言って学生を指導していますよ」と笑ったことです。「風吹きすさび、波怒る、海を家」として、狭い艦で二四時間暮らす間に、自然に身に付くものの考え方や躾、いわゆるシーマンシップは、時代や国籍に関係なく共通したものがあります。海軍が、キリスト教などとともに世界共通の宗教といわれるゆえんであります。

かつて『日本海軍史』の編纂に際し、内田一臣さんの御指導のもと、海軍の伝統・体質を研究しましたが、その伝統・体質が培われた要因を分析して、第一に海を舞台とする軍隊であること、第二に日本人から構成され、日本のおかれた国際的、政治的、経済的、社会的諸条件の中で任務を達成しなければならなかったこと、第三に海軍自体がその発展の過程において自ら作り出した諸制度やその運用、あるいは経験した重要事件の影響、特に戦争の教訓の三つを挙げ、実際にはこれらが渾然一体となって特異の伝統体質が形成されたと考えました。

この考えは今でも変わっていませんので、これに沿って海軍と海上自衛隊の同じようなところ、大きく違ったところを見てみましょう。

同じようなところについては、先程も申しましたが、海を舞台とする軍隊、軍隊といって悪ければ、実力部隊といっても良いですが、これから生まれてきたものとして、先ず思い当たるのは、隊風ではないかと思います。海上自衛隊が防衛庁記者クラブなどから、「一致団結、旧套《きゅうとう》（伝統）墨守」とからかわれるように、任務第一、責任完遂を基盤として、指揮官を先頭によく統制がとれ、団結が堅く、上下左右の相互信頼が篤《あつ》い隊風は、海軍でも海上自衛隊でも変わらないと思います。

上辺だけの虚飾や虚礼が嫌われ、親しい中にも礼儀とけじめを忘れず、公私の別は厳格ながら、肩肘張らずザックバラン、ユーモアや冗談が通じ、自分が正しいと思う意見は自由に遠慮なく述べられる、といった雰囲気は多少の差はあっても、大きくは変わっていないといえましょう。海上で勤務するために必要なシーマンシップや躾についても、先に触れたとおり全く変わりようがありません。

しかし、科学技術が大きく進歩した今日では、隊員の習得し演練すべき技能の多さと複雑さは海軍時代の比ではありません。その中でシーマンシップを育成するには、従来よりは一段と苦心と工夫を重ねて努力する必要があるというところでしょう。

航法機器は勿論、艦艇、航空機の操縦性、陸上あるいは基地からの支援なども隔世の感があるほど進歩し、戦術運動や編隊行動も昔とは大きく変わった今日、航法にしても、操艦にしても、編隊運動にしても、あるいは各種運用作業にしても、海軍時代のような入神の技量そのものが必要でなくなり、重点の置き方は違ってきましたが、船乗りとしての基礎が重視され、潮と風と言われた天候や海上模様に即応する心構えが身体に染みついていることに変わりはありません。

この隊風ということで、大きく違うのは戦闘に対する心構えです。海軍が七〇余年の間に日清、日露、日独、大東亜の各戦争の外、北清事変、シベリア出兵、上海事変、支那事変など多くの戦闘行動を重ね、「百般のこと戦闘を以て基準とすべし」ということが、当然のこととして自然に各人の身体にしみ込む隊風となっていた、いわゆる隊風の浸透的効果ということが文字通り生きていたのに対し、海上自衛隊は、創設以来、有事即応を目標にしつつも、その実際の経験がないということ、ここが大きく違っています。

つまり海軍では有事即応などと言わなくとも、当然のこととしてそうなっていたのですが、海上自衛隊では常に言い続ける必要がある、これが大きな差違です。もともと自衛隊が出来た当時は、戦うということがまるで悪事であるかのように言いならされ、戦車という言葉が使えなくて特車と言ったという、今から見れば笑えぬ笑い話があります。そして自衛隊の存在価値は、戦わないところにあると言われ続けてきました。

政治の目標が侵略の未然防止にあり、自衛隊が抑止力として働くことを期待するのに全く異存はありません。しかし自衛隊がその期待に応えるためには、実際の侵略を排除できる能力と態勢があってこそであり、その意味では万事戦闘を以て基準とした戦前の軍隊と何ら変わるところはありません。しかし、有事のあり得ることを考えたとは思えない憲法のもと、有事法制の研究すら長くタブーとなり、ようやく今年初めて国会で取り上げられたという状況のもとでは、真面目に考える人ほど疑問を持つのは当然であります。

有事即応ということは、末端の部隊に行くほど真剣であり、中央、特に政治的上部に行くほど、全く考えていないか、稀に考えたとしてもいい加減、と言って悪ければ、問題が多いといえましょう。だからこそ栗栖統幕議長は、職を賭して、相手の奇襲に対し超法規的対応をせざるを得ない現状を訴えられたのであります。

また、この五〇年、平和が続いたということは侵略の未然防止の使命を果たしたということではありますが、未然防止を果たす要因には、国際情勢や日米安保体制等多くのものがあります。自衛隊の存在とその精強さや有事即応態勢が、重要な一つの要因であることは、観念的には理解できても、計数的に示すことは不可能です。これだけ錬度を上げた、これだけ新しい装備を充実したといった努力の結果、何パーセント未然防止が向上したというように、直接目に見えて結びつくものではありません。米海軍を目標に猛訓練を続けた戦前との大きな違いです。

こういう状況ですから、余程隊員自らが戒めていない限り、有事即応はお題目となり、建前になり兼ねません。それだけ指導上、苦心が大きいということでしょう。また冷戦終結後、自衛隊に与えられる使命も複雑多岐となり、即応すべき有事とはどんな様相かということも簡単ではなくなりました。

私は情勢が変化したといっても、侵略に対し我が国を防衛するという基本に備えておけば、その他の事態に対しては多少の補備は必要としても、その活用あるいは応用と考えて良いのではないかと思いますが、どんなものでしょうか。

それでは今のような状況で、海上自衛隊はいざというとき役に立つかという質問を、私は在職中も退職後もよく受けました。部隊にどんな使命を与え、どんな制約を課すかという問題は別にして、私は何時も「ご安心下さい。今の隊員はだらしがないように見えるかもしれませんが、いざというときには昔と変わらず、必ず与えられた任務を完遂して、お役に立ちます」と答えるのが常でありました。

それは私が部隊指揮官として、直接隊員に接し、災害派遣や監視、航空救難等の任務を与えられたときの目の輝きや真剣な働きぶりから確信したものであります。誰でも初陣のときは初経験です。戦闘の経験はなくとも、平素から任務第一、責任完遂の隊風のもと、その心構えが確立していれば、いざというとき立派にそれぞれの任務を果たすことが出来るというのが、実戦の経験から私が学んだことであり、同じ日本人である以上、変わりはないと考えたからです。

平成三年の湾岸掃海で、海上自衛隊は見事にその期待が間違っていなかったことを示してくれました。戦争終結後とはいえ、掃海の危険に変わりはありません。僅かの準備期間で、手当も補償も決まらないまま、隊員は長途の危険な任務に敢然と赴き、厳しい環境や試練によく耐えて立派にその責任を完遂したのであります。

もう一つ隊風に及ぼす社会的環境の大きな相違は、国民一般からの期待と支援の違いであります。歓呼の声や旗の波で送られ、「兵隊さんよ　有難う」の歌や慰問袋に慰められた海軍当時は、ひしひしと国民の期待、特に郷党の人々の大きな支援を、肌に触れて実感したものでした。少しは良くなったとはいえ、税金泥棒と面罵され、事ある毎によってたかってマスコミにたたかれる今の自衛隊員に、国民の期待を感じろというのも無理な話と思います。

私が在職中、最も腹が立ったことは、雫石事件でした。速力の早い全日空機に、遅い練習機が追突するというのも無理な話と思いましたが、いち早い全日空の声明を鵜呑みにして、マスコミは事故の実相を明らかにするよりも自衛隊の袋叩きに熱中し、防衛庁もひたすら詫びるだけ、対策はただでさえ狭い訓練空域をさらに不便にすることだったと記憶しています。

こんな国民を守るため、命を投げ出さねばならないことに、疑問を感じなかったといえば嘘になるでしょう。

「なだしお」事件は退職後でしたが、作為的な悪意に満ちたニュース、特にテレビ画面の作り方、海上自衛隊を潰してやると放言する記者もあったといわれる新聞など、全く同じような感じを持ったことでした。

このような社会的背景では、使命感の育成だけが頼りですが、それは国民の期待に添うというよりは、プロ意識という方が近いのではないでしょうか。それだけに災害派遣などで、温かい国民の支援に接するときの隊員の感激とやる気に与える影響は大きいと思います。湾岸掃海のときも、一般国民の激励が隊員の心の大きい支えになったと聞きました。

もっとも熱しやすく冷めやすいのは日本人の通弊、日露戦争当時、浦塩《ウラジオ》艦隊が猛威を振るった頃、これを阻止できない上村艦隊が露探艦隊と呼ばれ、長官の留守宅に石が投げ込まれたという話が残っていますから、昔も今も変わらないという見方もできるかもしれません。

私が自衛艦隊司令官でいたとき、座礁したLPGタンカー「第十雄洋丸」の処分を命じられたことがあります。このときも時間がかかり過ぎるとか、魚雷の一部が命中しなかったとか、いろいろマスコミ等からお叱りを頂きました。しかし、予算の制約で、それまで訓練魚雷とは別の実用魚雷のテストも許されず、水雷調整所の整備も進んでいなかった実状からすれば、望みうる最善の結果であったと、私は関係者全員の昼夜を分かたぬ努力に深く敬意と感謝を表したことでした。

神と軍隊ほど、平時は忘れ去られ、事が起こったとき全能を要求されるものはない、という言葉があるそうですが、考えてみれば、軍隊がちやほやされる時代は、その国民にとって決して幸せなときとは言えないのではないでしょうか。私は現状が決して良いとは思わず、大きく改善して貰いたいと念願しますが、いわば甘やかされて育ったとも言える戦前の海軍よりも、苛《いじ》められながら歯を食いしばって頑張ってきた自衛隊の方が、より逞しく、より強靭であることを期待している次第です。

教育訓練

やや脇道に入りましたが、教育訓練について、海軍と海上自衛隊の異同を見てみましょう。先ず精神教育ですが、海軍ではその基本が軍人勅諭に置かれたことはいうまでもありません。そして理に堕したり、形式化することを避け、日常の実践を通じてその教えを具現化することが重んじられました。

その結果、特に誠を以て貫き、与えられた任務を完遂することが、軍人の本分たる忠節を尽くす所以である、との信念が、海軍軍人の血肉となりました。そして先人の遺烈から感奮し、日常の勤務や生活を通じての機会教育と隊風の浸透的感化によって、自《おの》ずから目的を達成することを期したものでありました。

この考え方は海上自衛隊でも同じといえましょうが、大きく違っているのは、その柱ともいうべき軍人勅諭の無いことです。これに代わるものとして、『自衛官の心構え』が出ておりますが、権威は全く違っています。自衛隊も現代日本の反映でありまして、歪んだ道徳教育や歴史教育を受けてきた隊員を、機会教育や隊風の浸透的感化によって何処まで教育できるか、大きな課題といえましょう。

厳正な規律の確立が軍隊の生命であることはいうまでもありません。命令があるまでは、自由に意見を述べても、いったん命令が下されたあとは、自説を捨て、誠心誠意、命令の完遂に努めるのが、海軍の伝統でありました。このことは今日も全く同じであります。

海軍でも、命令に対して盲従ではなく自覚的、自律的服従が強調されましたが、受命者が無条件に服従するのではなくて、適法の命令かどうかを審査し、自己の責任で服従することになっている今日では、より徹底していると言えましょう。

もともと寡を以て衆と戦わざるを得ない宿命に置かれた海軍では、その解決策の一つを術力の精到に求めました。そして寸刻を惜しんで、朝な夕なに繰り返された猛訓練によって育成された術力は、平時としては最高の練度に到達していたと言えましょう。

しかし、それは少数精鋭であり、多年の訓練によって一握りの名人を生み出したものの、長期にわたる総力戦に応じうる質の高い要員は十分に確保できませんでした。開戦に備えた急速大拡張にさえ対応できず、二年、三年となると大きな弱点となったのが実状であります。

この少数精鋭についての私の体験を紹介しておきましょう。昭和十六年は特に猛烈な訓練が繰り上げて行なわれ、三月には前期の訓練を、八月の初めには後期の訓練を終了して作戦準備に入ったのでありますが、この後期の戦技は本当に見事な練度を示すものでありました。ところが、八月から九月にかけて戦時編制に伴う大異動が行なわれ、一挙に配員が若くなりました。

私はこの異動で駆逐艦の水雷長予定者になりましたが（十月に中尉に進級して正式発令）、

私の前任者は八年先輩の高等科学生を終わった人で、それが平時の普通の配員であったわけです。そのあとに兵学校の教務も短縮されて、水雷長として必須の発射法とか雷撃法もろくに習っていない私が着任したのですから、艦長が不安を持ったのも当然でしょう。一週間の講習はありましたが、殆ど自学自習、私の一生を通じてあれだけ真剣に勉強したときはありません。

幸いなことに掌水雷長以下、私の部下は艦隊で何年も訓練してきたベテラン揃いでしたから、魚雷の調整や操法などは任せて全く不安はなく、私が自分のやるべき事さえきちんと出来れば、戦力発揮に支障はありませんでした。外の艦でも同じような状況であったと思います。

十七年十一月、第三次ソロモン海戦の頃には、敵がレーダーを使っていることはわかっていましたが、こちらの多年練磨の見張り能力に絶対の自信を待っていました。私の艦はこの海戦で沈んで、名艦長の吉川中佐は新造の「大波」駆逐艦長になられましたが、その先任将校は私のクラスメートでした。

つまり、一年の間に私のクラスが駆逐艦の科長の最後任から先任に成る程、配員が逼迫《ひっぱく》していたわけです。下士官・兵の方も、新しい艦が出来ても、配員出来るベテランはいない。新人を養成しなければならないわけで、忙しい任務に従事しながら訓練するのは容易ではなかったことと思います。

十八年十一月、「大波」はブカ島沖で敵の奇襲を受け全滅しました。さすがの吉川艦長も、この時期の彼我の戦力の差違は克服できなかったのであります。この少数精鋭の破綻は、搭乗員の方がもっと深刻であったと思いますが、省略しましょう。

このように有事に於ける大量養成の必要性、短期間に平均的練度に到達させるための教育訓練の重要性、戦法の固定化を避け、技術の進歩や情勢の変化に応じうる柔軟な思考の大切さなどが認識されず、その研究や準備はありませんでした。つまり、戦争様相の変化を洞察できず、これに追随できなかったことが、致命的欠陥となったものでした。

この教訓は自衛隊では十分に反省されており、米軍から急速養成のやり方も学んで、訓練重視の伝統のうえに柔軟性ある考え方を培い、合理的に目的達成を目指す技能教育が行なわれていると思います。

人事行政

次に人事行政に触れてみましょう。海軍に郷愁を感じる一つの大きな理由に人事が公正で派閥がなかったことを挙げる人が多い反面、保守的に過ぎて戦争に適応出来ず、敗戦の一因となったと論ずる人も少なくありません。

御承知の通り海軍の幹部養成は、技術とか軍医とかの特殊部門を除き、いわゆる海軍三校、すなわち兵学校、機関学校、経理学校で行ない、その不足分を下士官からの昇進者で補うというのが基本でありました。三校の卒業者は出来るだけ大佐まで進級させたいという人事管理上の要求から、生徒の採用人数も抑えめに決められました。その為、戦争や八八艦隊の創設など幹部の急増が要求される事態が起こると、大きく採用人数を増やし、その必要が去ると急減するといったことが繰り返されました。

あとになって、予科練制度とか二年現役制度、予備士官制度等が採用され、多様な幹部の採用に道を開きましたが、戦争様相の予測を誤ったため、その措置が余りにも遅きに失したと言えましょう。

また、機関科将校制度が長く問題にされながら、兵学校と機関学校を一体化し、問題の根本的解決を図ったのが、やっと終戦間際であったことも、海軍首脳の保守的態度がその一因でありました。この問題が、軍令承行令とともに海軍の空気を暗くした事は否定できません。

軍令承行令は、危急時における指揮権の継承順位を明確にして疑問の余地をなくすという目的は達成したものの、戦争様相の変化によって人事行政上その他多くの不具合を生じ、さらに兵科将校の自覚を促した反面、独善と言いましょうか、思い上がりを助長し、平時にまでその悪い影響を及ぼしたことは深く反省される所であります。

海上自衛隊では、創設以来、防衛大学校出身者と一般大学出身者を幹部候補生として採用し、全く同じように教育し人事管理するという方針で一貫していますが、実績から見ると、防大出身者がより重用されている結果になっているのは、やむを得ないかもしれません。

また、海曹の高学歴化と老齢化に伴って中下級幹部を補充するため部内から幹部候補生を募集し教育する制度を導入し、航空学生出身者とともに、B幹部と通称されています。

これら戦後の制度は、海軍の反省に基づくだけに、平時には適切に運営されているように思われますが、有事にはどうであるのか、予備員のほとんどないこととともに、今後の問題でありましょう。

人物評価の基準を考課表あるいは勤務評定の累積に求めることは、昔も今も変わりはありません。人間が人間を評価する以上、長い目で見て、評価する人の個人的な偏《かたよ》りを是正するには、これしか方法がないということでしょう。

しかし結局、人物評価そのものはその社会の文化水準を表わすものであって、海軍の評価が甘く、真の逸材、殊に大器晩成型や職務の修練によって顕著に伸びた人材の選別と発掘を困難ならしめたといわれる問題は、今日もあまり変わっているとは言えないでしょう。

在職中、大変立派な評定を貰ったある人を、その評定を書いた人の部下指揮官にする相談をしたところ、その評定官はあの人だけは止めて下さいと言うのです。だって君は、あんな立派な評定をしていたではないかと糾《ただ》したところ、あれは昇任前の時期だったから仕方無しでしたと言うのです。

がっかりしました。誰でも自分の部下は可愛いし、人より早く少なくとも人並みには進級させてやりたいと思うのは人情でしょうが、それが過ぎるとせっかくの評定制度が死んでしまいます。文化水準を表わすと言われる所以です。

海軍では、学校卒業時の序列にとらわれすぎたといわれます。ある研究では、学校三年間の成績が、その後大佐になるまでの二〇何年間の努力に匹敵したとのことです。

卒業時の序列が重きを為した原因には、先程述べた考課官の一般的傾向や多くの人の相対的考課を行なう機会の少なかったことの外、海軍人事の保守的傾向が挙げられましょう。

多くの人の相対的評価を行なうことの難しさについては、私自身も幾たびか経験し悩みました。

在職当時の勤務評定は三段階になっていて、評定官の評価が集められて一つ上の調整官の段階で序列をつけ、さらにもう一つ上の審査官に集めて序列をつけるようになっていました。自分が評定を書く段階では、勿論よく本人を知って書くわけですから、的確かどうかは別として、少なくとも自分なりには何人かの相対評価も出来るわけです。しかしここでも、昇任後の経過年数やその人の特長と短所をどう評価するか、将来性と実績のウェイトをどう考えるか等、決して簡単ではありません。

それが上の調整官の段階、さらにもう一つ上の審査官の段階になりますと、平素の接触もあまりなく、直接知っている人は少ない。多くは間接的で、なかには名前しか知らない人がいる。そういう人たちの相対評価を自信を以て行なうのは不可能でした。勿論よく知っている人もいるのですが、知らない人と比べるのは難しい。それまでにつけられた序列を変えるだけの自信がないというのが本音でした。

海軍人事の保守的傾向の一番よい例は、限定的、保守的に運用された抜擢《ばってき》制度でしょう。この保守性は、長幼の秩序を尚《とうと》び、年功序列を重んじる日本の社会的風土と海上に於ける経験の重要な海軍の要求に適合し、むしろ居心地の良い環境として迎えられていましたが、その欠陥は大東亜戦争によって如実に暴露されました。

実戦に於いて立派な成果を示した指揮官も、年次や先後任の関係から抜擢するによしなく、適材適所の配員を不可能ならしめました。米海軍の年次にとらわれない思い切った配員や抜擢と比較すると、その差は顕著であります。

海上自衛隊では、この反省から大局的視野に基づく抜擢をもう少し積極的に行ない、平素から、古参クラス出身者を、新参クラス出身者の部下に配員することも躊躇しないで、その雰囲気の中での統率に馴れさせております。

海軍でもそうでありましたが、海上自衛隊で一層困難なことは、有事に力を発揮する人材を平時から発掘し、育成することであります。

米海軍にもピースタイムアドミラルとかウォータイムアドミラルという言葉がありますように、平時は規則や慣例を熟知し、政治的手腕に富み、説得力と調整力に優れ、予算をうまく取る人が、重宝がられる。ところが有事には、戦いに勝つことが至上命令となり、アグレッシブで、イニシアティブに富む人が不可欠になります。

ところが平時有事、両方ともに優れた能力を兼ね備える人は少ない。有事向きの人はとかく上司や周囲と衝突を起こして嫌われ易く、平時には活躍できない場合が多いものです。特に五〇年平和が続き、シビリアンコントロールの徹底した海上自衛隊では、この傾向が大きいように思われることが気になります。

人事については、高級人事、計画配員、信賞必罰、要員養成計画、政策と人事などの問題もありますが、高級人事に内局の意向が働くこと、予備員の確保がほとんどない事などの外は、海軍と海上自衛隊に大きな違いはないと思いますので省略しましょう。

海軍と政治

次はシビリアンコントロールの言葉が出たついでに、海軍と政治の関係についてみてみましょう。

もともと海軍が対外的意味を持って創られ、海上を舞台とするために、国内政略との結合関係がほとんどなくて、国内政治より離隔し、政治力が弱く、国民とも疎遠になりがちなことは万国共通の現象であり、海軍も海上自衛隊も例外ではありません。

満州事変以後、陸軍の政治介入が著《いちじる》しくなり、国内政治、さらには対外政策が陸軍の意向によって強く影響されるようになると、これに反対し危機感を持つ人々は、海軍が政治力を発揮して陸軍を抑制し、穏健な政治路線を取らせることを求めました。

しかし、海軍にはそのような政治力はありませんでした。海軍の出来たことは、陸軍主導の極端な行き過ぎに抵抗し、それを和らげるのが精一杯でありまして、大勢を左右することは勿論、十分な抑制も出来ず、その果たした顕著な役割は、国内の他の諸勢力と協同して、三国同盟の締結を一時的に遅らせ、また、終戦への道を開くことにとどまりました。

海軍当時、政治力発揮の決め手は、統帥権の独立と、海軍大臣の現役武官制にありました。しかし、海軍はこの伝家の宝刀を抜いて、意図的に内閣の成立を阻止し、あるいは崩壊させたことは殆どありませんでした。それは、もともと海軍にそのような政治的行為の責めに任じ、その後の政治的収拾を図るような体質も、その用意もなかったことが基本ですが、情勢が緊迫すると、陸軍との正面衝突を避けるという配慮が優先したためでありました。

伝家の宝刀を与えられても、それを抜いて成功するためには、それ相応の政治的環境を醸成する政治力がなくてはならず、逆にそのような政治力があれば、抜く必要もなかったといえましょう。海軍に三国同盟を阻止できる力があれば、米内内閣が陸軍大臣の辞任によって倒れることもなかったのであります。

統帥権の独立にしても、海軍は帝国憲法の規定に従い、統帥権は独立すべきものとしながらも、その運用は政治と密接に関連することを熟知し、「統帥権独立」の名の下に恣《ほしいまま》に兵を動かしたり、政治に圧力をかける体質はなく、政治優先の思想は、英海軍から学んで以来、大きく変わることはありませんでした。

昭和八年、平戦両時における軍令部の権限は大幅に拡大され、軍令部の権威は増大しましたが、軍令部が独走することは全くなかったのであります。

本来、海軍に要求される政治力とは、海上防衛の重要性とこれを果たすために必要な国家の対外的、対内的努力を、政治によく理解させ、国家全般の政策と調整しつつ、任務達成に必要な政治の支援を得ることであったはずでありまして、このことは、シビリアンコントロールの今日、一層重要になったといえましょう。今日の海上自衛隊にそれだけの見識と説得力、そして政治力があるか、これが昔と少しも変わらぬ問題であります。政治に興味を持たず、出来れば触れずにすませたいという体質は、あまり昔と変わっていないと思われます。

兵術思想

次は兵術思想について考えてみましょう。海軍と海上自衛隊とで大きく違ったことの一つが、国際環境と政治的制約の違いです。海軍は明治建軍以来、清国、ロシア、次いでアメリカと、常に国力において我に優る大国を仮想敵国とせざるを得ませんでした。

日英同盟は、日露戦争では間接的には大きく貢献しましたが、直接的な戦闘行動には関係しませんでした。

第一次大戦ではドイツ東洋艦隊の処理やこれに伴う海上交通の確保、さらにはインド洋・地中海方面の海上護衛など英海軍との連合作戦も若干ありましたが、連合作戦を基にして兵力を整備する考え方は全くなく、別の目標で整備した兵力を状況に合わせて活用するのが基本でした。

つまり、海軍では国力の限界は当然認識しながら、政治的に制約されることはなく、可能な限りオールラウンドで仮想敵国と相似型の海軍を作り、単独で正面から戦うというのが総ての前提であり、兵術思想もそれに基づいていました。

ところが、海上自衛隊はその出発から日米安保体制を前提として、米軍の指導と援助を以て始まりました。防衛力の整備に当たっても、憲法やその解釈の制約もあり、槍の役割は米軍に期待し、自らは盾の機能だけを整備するという方針で一貫せざるを得ませんでした。

つまり海軍では、量的には不十分でも質的には海軍としての一応の機能を備え、その機能の充実と発揮に精魂込めて努力したのに対して、海上自衛隊では、海上防衛に必要な一部の機能しか持つことが出来ず、いわば片輪の海軍としての宿命を負っているということが基本的な相違です。

それだけに、海上防衛の本来あるべき姿を見失い、米海軍の役割についての理解も出来ず、これに対する要求も出ないといった片輪の幹部を生まないよう不断の努力が必要であります。

具体的に言えば、対潜戦や対機雷戦、あるいは沿岸哨戒能力は相当ある一方、核抑止力は勿論、空母打撃力、原子力潜水艦戦、両用作戦能力は全く持たず、洋上防空能力も極めて不十分であります。

今後これらの機能をどう整備するかは政治主導の大きな問題ですが、少なくとも洋上防空能力の一層の充実は不可欠であり、頭でだけでも、あるべき海上作戦全般を理解できる幹部の育成が重要と思います。

海軍の兵術思想についての最大の反省は、戦争全般の研究が行なわれず、従って戦争様相に対する洞察もなく、国家戦略に対する着眼も、海軍の果たすべき役割に対する理解も不十分であったことであります。

軍事についても広い視野に立つ戦略的思考を疎《おろそ》かにし、万事戦術面か術科レベル以下に集中した結果、漸減邀撃《ようげき》、艦隊決戦に凝り固まり、これが血肉となって、現に戦争様相の変化が眼前に示されても、なかなか脱却できなかったことであります。

この反省から戦後は、柔軟性が強調されてきましたが、長く兵術原則に反する「専守防衛」という政治スローガンのもとに置かれてきた自衛隊が、実際に事が起こったとき、何処まで柔軟性を発揮できるか、今後の課題でしょう。

国家戦略の必要性と重要性に対する理解は昔の比ではないと思いますが、国家目標も国家戦略も果たして分かっているのか、考えたことがあるのか、疑問を感じる為政者や政治家の多い現代日本では、軍事面から必要な意見を具申し、決まった国家戦略に基づき、これと整合された軍事戦略を検討するという、本来あるべき運びには、なっていないのではないでしょうか。

創設以来、一貫して、如何にして寡を以て衆に勝つかを追求した海軍では、「先制」と「奇襲」を以て勝つという用兵上の思想が確固不動のものとして、根深く底流していました。

また攻撃は最良の防御との思想も、海軍の隅々まで浸透していました。アウトレンジとともに決戦に備え兵力を温存するという考えも、国力の乏しいことから生まれて指揮官の頭を支配しました。

これらはいずれも適切に応用される限りでは、貧乏国日本に適したものでしたが、とかく行き過ぎるのが人間の常、実際には多くの反省の種になりました。

例えば、先制と奇襲のモデルとも言うべき開戦当初のハワイ攻撃は、戦術的には大成功でしたが、現地大使館の考えられない失態もあって、ルーズベルトに政治的に活用され、米国民を団結させ、立ち上がらせる契機となりました。

またスローガンはあっても、これを裏付けるために必要な情報努力は少なく、偵察兵力も僅かでした。攻撃重視が防御軽視につながったため、レーダーの開発は遅れ、中攻も零戦も燃えやすく、ダメージコントロールは米海軍に大きく後《おく》れをとりました。アウトレンジは、実戦では遠戦に終始して近迫猛撃の気迫を欠くことになり、兵力温存の考えと相まって、幾たびか敵撃滅の機会を失しました。

およそ人間社会にこれさえあれば良いというものはなく、状況に応じ使い分けることが必要です。此の点、海軍というよりは日本人の通弊と思われますが、余りにも割りきったように思います。

この反省から、海上自衛隊では何事にも柔軟性を強調してきましたが、今度はそれが行き過ぎて強固な意志を失うことのないよう注意が必要でしょう。

陸軍から見た海軍

以上、極めて簡単ながら、海軍の伝統と海上自衛隊の現状について申しあげました。

私が生徒のとき、ある教官が、伝統とは良いことを言うので、悪いことは陋習《ろうしゅう》というのだと教えられましたが、一般に海軍の伝統と言うとき、両方をひっくるめて言うことが多いようです。

ものには必ず両面があるので、私どもが反省はあるものの、とても良かったと思っている海軍の伝統にも、批判者から見ればいろいろ問題があるようです。

木山元会長も、「水交」に水交会の寄付行為改正に際し、「よき伝統的精神」と「よき」が追加された経緯を書いておられました。最初に言った一致団結、旧套《きゅうとう》墨守もその一つですが、陸軍からの見方も大いに参考になると思いますので、紹介しましょう。

かつて内田さんが「大本営海軍部大東亜戦争開戦経緯」を執筆されてその原稿が完成したとき、慣例に従って戦史部内の部内審議にかけられました。その審議に、「大本営陸軍部大東亜戦争開戦経緯」を執筆された原四郎という方が、招かれて出席されました。この原さんは、今も健在で活躍されている瀬島龍三さんと同期の並び称せられた俊秀で、昭和十五年十二月から二年間、参謀本部の戦争指導班に勤務して開戦に直接関与し、二十年三月からは参謀本部の作戦課に勤務して本土決戦準備に当たった人です。

審議は「海軍の体質の形成」から始まりましたが、原さんは私の見た海軍の体質は次の通りであるとして、1、陸軍とのパリティ、悪便乗。2、意志と態度が曖昧。3、国民（世論）に迎合。4、決意なき前進。5、決心堅確ならず、常に変更、を挙げられました。これが渋る海軍を引きずって開戦にこぎつけた陸軍当事者の、偽らざる感想でありましょう。

参謀本部戦争指導班作成の「大本営機密日誌」には、「海軍は最初より対米一戦を主張す、対米一戦の真の腹あっての主張ならば可なるも、海軍軍備拡張のための対米一戦ならば、国家の賊ならずや」（十六・二・十七）、「海軍側既に情勢の変化を理由とし、武力行使の腹無し、――慨嘆に耐えず、海軍は女の如し、節操も情誼も無し」（十六・二・二十二）、「海軍次長、次官は腰抜けか、悪辣か、いずれかなるべし」（十六・三・十五）といった激しい不信感が示されています。この不信感が、また原さんのみた体質に繋がるわけです。

この中には陸海軍の違いによる大きな誤解もありますが、陸軍の立場から見れば、そう取られても仕方がないと思われるものもないではありません。

一番誤解のもとになったのは、陸軍の動員と海軍の出師準備の相違であります。海軍では出師準備や作戦準備が所要に応じ、何時でも中止復旧し、あるいは変更できる融通性を持っていましたが、陸軍では実行の決意のないまま動員の発動は困難でありました。この相互の特長について、説明や理解が不十分であったように思われます。

海軍は、昭和十五年十一月十五日、出師準備第一着作業を発動しました。これは完成まで六ヵ月ないし一年を必要とする実状に加え、平時は訓練中心の編成とし、出師準備により、一斉に戦時編制に移行する計画が、欧州戦局の急変に伴う国際情勢の緊迫に適合しなくなったので、情勢の変化に即応できる態勢を整えるため、戦争決意とは別問題として、閣議の承認のもと天皇の名において発令されたものでありまして、責任当局としては、当然の処置でありました。

このとき及川海軍大臣は、天皇の御下問に答え、状況緩和すれば後日復旧する旨奉答しています。

なお、出師準備第二着作業は十六年十一月五日の御前会議の翌六日に発動され、侵攻作戦に直接関連する特別陸戦隊、設営隊、特設燃料廠等が初めて編成可能になったわけでした。それまでは総て緊急事態に応じ得るための態勢強化に過ぎなかったのであります。

一方、陸軍の作戦準備の主なものは、船舶の大量徴用、大規模動員、戦闘序列の下令、軍隊軍需品の予想戦場方面に対する集中、兵站《へいたん》基地の設定等でありまして、これらは国内態勢を平時状態から戦時状態に大きく転換させるだけでなく、いちど予想戦場方面に集中展開した大軍の撤収には大きな抵抗があるので、国家の戦争決意の確立を待って行なうべきものであるというのが、陸軍、特に参謀本部の持論でありました。このような両者の考え方、性格の相違が、不信感のもとになったと思われます。

また元来、海軍では、機動的後方支援が発達し、決心変更が容易に行なわれましたが、陸軍は後方が重いことから、一度決心したことは変更しないという習性がありました。陸軍はこの海軍の決心変更に、度々苦汁を飲まされたと感じていたようであります。

対陸パリティ、悪便乗についても、一寸コメントしておきましょう。確かに陸軍と同等の発言権を求めるのは、明治建軍以来の海軍の悲願であったといえましょう。山本権兵衛さんの大変な努力で、やっと陸海軍同等になったのは日露戦争の直前でした。それ以来、陸軍では、海軍が抵抗勢力になるのを嫌う考えが潜在しており、いわゆる一軍思想も、海軍の抵抗を除くためと海軍では考えたのであります。

陸軍から見れば、海軍は世論におもねり、よい子になっておきながら、陸軍がやっと獲得した成果だけは、ちゃっかり自分も頂くという風に見えたこともあるかもしれません。

私が一つ思い当たるのは、海軍は満州事変には反対で、あまり協力しなかったのに、論考行賞では荒木陸軍大臣と同じく大角海軍大臣が男爵を頂いています。これは上海事変も入ってのことでしょうが、全く悪便乗といわれても仕方がないと思います。

以上、陸軍から見た批判に触れましたが、私の言いたいことは、このような誤解を生じないようにお互いの特質について相互理解を深めることとともに、伝統であるからといってこれに安住せず、常に謙虚に反省し、より良いものにしていく努力が必要であるということであります。

この反省と改善の努力あって、初めて伝統を継承する意味があることを強調して、私の話を終わりたいと思います。

（平成十四年九月十八日、水交会創立五〇周年記念講演）

父より子へ、そして孫へ——「百題短話物語」

福地誠夫（53期）

私の親父（福地嘉太郎、20期）は第五回全国大会記念誌に、その兵学校生徒時代、明治二十六年六月十二日「赤煉瓦生徒館に移転の日」の日記を紹介したのでご記憶の方もあると想うが、その親父が大正十四年、私の兵学校卒業を喜び、息子への餞《はなむけ》として自分の長い海軍生活体験から得た青年士官心得の百箇条を「百題短話」として一冊にまとめ、私が遠洋航海から帰った時渡す予定で書き始めた。

ところが、未だ七〇項目位で未完成の原稿を見た父の友人が「これは中々面白い。ちょっと貸して呉れ」と持って行ったきり、又貸し又貸しで転々としているうちに、行方不明になってしまった。人の良い父は、そのうち戻って来るさと執筆を休んでいたが遂に間に合わず、已むなく「五三期候補生諸君の首途《かどで》を祝して」と五〜六頁に要約した刷り物を作って、横須賀に帰港した我々に配ってくれた。以後、そのままになっていた。

それから六年後、私の大尉の二年目、砲術学校高等科学生を修業して、第一艦隊第六戦隊の巡洋艦加古分隊長となっている時、同戦隊の「衣笠」の同僚から「うちのガンルームの古い教科資料の中にこんな物があった」と見せて貰ったのが、ガリ版で印刷された「百題短話」海軍大佐福地嘉太郎述という一冊であった。勿論父の書いた原稿のオリジナルではないが、正しく長年待望していたもので、その喜びは格別であった。

初級士官指導官を仰せ付かっていた私は、早速《さっそく》自らガリ版をきって複製し、父の訓《おし》えをガンルーム士官に広めると同時に、その頃胃癌で病床にあった父に送り報告した。その年の八月、艦隊が南洋方面の訓練を終えて横須賀に入港した時、急ぎ東京の家に戻って見舞った処、病床に私の刷った「百題短話」が置いてあり、父も微かに微笑んで私を迎えてくれた。

私の顔を見るまでと張り詰めていたのが弛んだのか、その翌日、安らかに永眠した。艦隊が横須賀在泊中に葬儀まで済ますことが出来た。生前「百題短話」を自分の手で渡すことが出来なかったが、今は息子の手で多くの青年士官教育に貢献していることを知って、さぞ満足していることと思いながら、棺のなかにこれを納めて見送ったのである（昭和八年八月）。

昭和十三年、戦艦伊勢副砲長の時、青年士官教育に熱心だった山口多聞艦長の下で、又初級士官指導官を命ぜられたが、「百題短話」をお見せしたらとても気に入られて、これは多くの人に読ませたいものだと艦の印刷班に命じ沢山部数を作らせ、僚艦にも分け、また兵学校や海軍省教育局に送るように勧められた。これが後年、「水交社記事」の別冊として小型の本となり、部内全般に行き渡る因となったのである（昭和十六年三月号）。

終戦後、私が海上幕僚監部総務部長の時（昭和三十年）、旧海軍の伝統を承け継ぐ資料として再版配布した事があり、又実松譲さん（51期）の著書『海軍人造り教育』に全文が採録されている。

昭和六十年に私の体験を綴った『回想の海軍ひとすじ物語』という本を出したが、勿論「父の撰　百題短話」の一章を設けてある。序文をお願いした阿川弘之さんが、「ただ一つ福地さんの欠点は旧海軍のものなら何でも素晴らしく、海軍の飯を食った人間なら誰でも信頼できると固く信じて疑わないことである」とか、「自らも認めるハートナイスの世話好き」と極め付けておられる。

全くその通りで、自分でも一寸面映ゆいと思ったのだが、わが連合クラス会の幹事の方々がまことに盛大な出版記念会を市ヶ谷会館で催して下さったことは身に余る望外の喜びであった。この機会にあの時の感激を憶い出してお礼を申し上げたい。

そしてその後、平成の世となり、この「百題短話」が、息子の私から、孫の手に移った。私の次男建夫は赤煉瓦生徒館三代目の卒業生（幹候12期。昭和三十七年）であるが、彼もこの祖父の遺訓の書を座右の銘として大事にしていた。そして平成三年、舞鶴地方総監となった時、装いを新たにスマートな小冊子に仕立て、麾下《きか》の幹部勤務資料として配布したと、私にも送ってきた。私は今の海上自衛隊が、明治海軍の古老の説をどんな風に受け止めているのかと思い、早速序文に書いた総監の配布の弁を読んでみた。

曰く、この短話の柱となって説かれている上下の人間関係の在り方が、現在の海上自衛隊に最も求められている点であると考える。

第一項の「軍人となりたるうえは」から《陛下の軍人》を《国民の自衛隊》と置き換えて読んでみよ。……一朝有事の際、第一線に立って国家の興亡を双肩に担う者は誰なりや、想いをここに致せば、軍人たるの覚悟（自衛官たるの使命感）は自ら確固たるものあるべし。

戦に臨み、この上官は余とともに討ち死にされる人、この部下は余とともに討ち死にしてくれる人と考えれば、互いに大いに敬し、大いに愛し、親子兄弟の如き情緒を以て一致団結するに至るべし……とある。

この確固たる使命感により結びついた上下左右の愛情に満ちた人間関係が、新しい時代に対応出来る一層精強な自衛隊を練成する必須の要素である事を、この書によって学べという趣旨であった。後日、海上幕僚長になった時も、就任の記者会見に、祖父の遺した「百題短話」を家訓として、片時も手放していないと語っているのを読んだ（平成八年）。

これで親子孫と受け継がれた、海軍を愛し、後進の育成に情熱を傾けた亡父の「百題短話の物語」を終わる。本年の大会記念誌のテーマの教育に関する一文をと香取委員から注文されたので、甚だ私事に関する話で恐縮と想い乍《なが》ら禿筆《とくひつ》を走らせた。ご寛容を乞う。

第一回全国大会で実行委員長を勤めたのが七六歳、今はもう九六歳になったが、あの時一緒に苦労した諸君が未だお元気で、今度第六回大会を仕切っておられるのを想うと誠に嬉しい。一〇六歳まで生きられた新見会長にあやかるよう、皆さん益々の健勝、そして長寿を祈り上げる。

（平成十一年六月三十日記）

遠洋航海にみる伝統の継承

植田一雄（74期）

1、はじめに

伝統とは「ある民族や社会、団体が長い歴史を通じて、培い、伝えてきた信仰、風習、制度、思想、学問、芸術など、特にそれらの中心をなす精神的在り方」（広辞苑）で、過去と現在に同じものが生き、改革を繰り返し成長しているものである。

海上自衛隊創設に際し、旧軍のイメージ払拭のため名称等がすべて変更されたなかで唯一、帝国海軍の部隊名を引き継いだ「練習艦隊」の遠洋航海について、「伝統」が如何に継承されているか、考えてみたい。

2、帝国海軍の遠洋航海

(1) 遠航開始まで

「伝習所の学年休みがあったのでコッペル船（一二間×三間、帆船）で遠洋航海をしようと教師の制止を振り切って出航した。暴風雨に遭い九死に一生を得、理屈と実際は違うということを体得した」（勝海舟、安政四年―一八五七年）、「吾邦方今の急務海軍より急なるはなく」そのためには人材養成が何よりの急務という信念に燃えた勝海舟は、「我が軍艦で外国を訪ねる」という「夢」への挑戦を続けた。

万延元年（一八六〇年）、咸臨丸の艦長格として日本人初の太平洋横断を成就し、航海術を習得、桑港《サンフランシスコ》では米海軍と造船施設のほか米国の社会制度、国民性を学び、大歓迎を受け、「技術を体得し見聞を広め、国際親善に貢献」という予期以上の成果を得た。

幕末の慌《あわ》ただしい中、海軍は一刻も勝の脳裏を離れず、明治五年（一八七二年）には初代海軍卿に任ぜられた。明治三年開設された海軍兵学寮生徒の乗艦実習は、清国沿岸訪問、軍艦等に生徒を乗艦させたが見学にとどまった。

明治七年、英教師ダグラスは、「生徒教育のため稽古艦設定、少なくも六ヶ月航海可有之」と建言、政府は「筑波」を稽古艦に指定し、明治八年、同艦は第二期生徒乗艦、桑港に向かい、勝は遠航の出航を見届け職を辞した。

(2)　練習艦隊の編成まで

当初の遠航は兵学校生徒の身分で乗艦し、兵学校長指揮下の練習艦艦長が実施した。明治二十年（一八八七年）から、兵学校卒業後、候補生として遠航に参加することとなり、練習艦は兵学校長の指揮下を離れた。

初期の訪問地は北南米西岸から豪国方面で、最初の豪国訪問は日本国の領事館開設八年前だった。大洋航行が大部を占め、「水路嚮導《きょうどう》を要する海峡を航行する時間少なく海図応用の熟練不十分」という所見が出された。又「蒸気は出入港、避険等の他使うべからず」と明治二十年ころまでは帆走に重点がおかれた。

実習生徒（明治二十年以降は候補生）の数は当初五〇名に充たず、練習艦は一隻であったが、明治二十二年、八〇名となり二隻となった。複数の艦が参加した時の両艦の意地っ張りは激しく、「両艦の教育方法一途に出る」よう注意が繰り返された。明治三十六年、候補生数一八七名に達し練習艦は三隻となり、練習艦隊が編成され、上村彦之丞中将が司令官に任ぜられた（常備艦隊練習支隊と呼称、明治三八年、練習艦隊となる）。

(3) 特殊な遠洋航海

明治十一年（一八七八年）、国産第一号艦清輝（八九七トン）は最初の訪欧航海を行なった。ポーツマスまで往復、四五七日間に六〇余の港に寄港、「清輝を見れば日本の開化情況が分かる」と絶賛を浴びた。明治天皇は井上良馨艦長の功労を嘉賞され、銅製花瓶を下賜、川村海軍卿は、「未曾有の諸洋を巡航し、至るところ国旗を辱《はずかし》めざる」を表彰、乗員は三〇日間の休暇を賜わった。

この航海は、国際親善に貢献するとともに欧州までの航路水路を綿密に調査し、明治二十四年九月、トルコ軍艦エルトグロール号が樫野岬にて遭難沈没した際、九六名の生存者送還のため金剛、比叡の二隻が一ヶ月後に出航という迅速な対応を可能ならしめ、遠洋航海の画期的飛躍を招来した。

この他、戴冠式等の国際儀礼、外国建造艦艇の回航、警備等の目的での遠洋航海も頻繁に行なわれたことは、海上自衛隊で国連平和維持活動等の国際的活動、多国間共同訓練等のための遠洋航海が行なわれているのと同じである。

(4)　機関科、主計科候補生の統一遠航と実習要領

兵科とは別に近海実習を行なっていた機関科少尉候補生実習に関し、「青年時代より僚友として交際させる、機関科少尉候補生にも外国を見聞させるため統一遠航が必要」と、明治四十二年（一九〇九年）、練習艦隊からの上申にも拘わらず、大正九年（一九二〇年）、世界一周遠航実施を機に主計科少尉候補生とともに同一艦隊に乗り組み、巡航を行なうことになるまでには一〇年を要し、統一遠航実施後も兵、機、経各候補生の実習要領は異なっていた。

当初、外人教師が指導官となり、使用言語は英語、生徒を左右両舷に分け、座学と実習を隔日毎に課した。艦内環境と言語障壁のため実習効果はあがらず、「初級将校の最も必要なる実務を軽んじ、試験を目的とし応用の余地に暇なく」と、知能教育実施を警告する所見が相次ぎ、明治三十四年、座学廃止を目的として規則が改正された後も、「座学なお多きに過ぎる」との所見が後を絶たなかった。

海上自衛隊においても、実習重視を原則としながら、具体的な要領に関しては試行錯誤が繰り返されている。

候補生員数は、大正八年の三〇〇名をピークとし、軍縮による影響を受け減少、昭和に入り増加に転じた。専用練習艦問題は、予算活用の見地から単用途艦か多用途艦か、既存艦の流用かを巡り激論が続き、昭和十五年に香取型練習巡洋艦が誕生した。当時、時局逼迫、六八期出身候補生の練習航海は旅順、大連、上海等近海に止まり、外国派遣は昭和十四年（六七期）のハワイ方面が最後となった。

3、海上自衛隊の遠洋航海

(1) 遠航再開

海上自衛隊創設後、僅か六年目（一九五八年）に第一回遠航が実施された。当時敗戦のショックは尚根強く残り、諸外国の対日感情等問題山積のなかで遠航実施に踏み切ったのは「Coastal Navy から Blue Water Navy」への脱皮を願い、「子供を立派に育てたい」という帝国海軍先輩の悲願が実を結んだ結果と思う。

この遠航に私は旗艦「はるかぜ」砲雷長で参加した。国産一号艦のため問題が多く、同行したPF三隻は老朽化のため、ハワイまで到着できるかと心配され、更に帝国海軍最後の遠航から一九年が経過し、参加幹部中、遠航経験者は数名に過ぎず、中山定義群司令（当初、練習隊群と呼称、第五回から練習艦隊に改称）の苦心は大変なものだった。

編成や人事が概《おおむ》ね固定したのは出国の二ヶ月半前で、自衛官の国際法上の性格については出港半月前、「国際法上の軍艦とする」長官指示が出され、「訪問国領海及び公海においては軍艦として国際法に準じ行動する」と通達された。新しく制定された白の制服は、出港間際にようやく間に合い、一月十四日、東京を出港した。

「雨、故国にしばらくの別れを告げる。今、日本の自衛隊が海軍として歴史的な一瞬を乗り出した」（某実習幹部日記）。咸臨丸が桑港へ船出したのは九八年前の同日であり、咸臨丸乗員の「わが国の軍艦で外国訪問」というチャレンジ精神は艦隊に漲《みなぎ》っていた。

八〇年前、「清輝」を見学、「整然と束ねられたロープを見て」日本人に信頼感を持った欧州人と同じく、練習艦隊に来艦した米国人は、「保存整備が行き届き綺麗な艦内を見て」親日感情を抱き、日系人は我が事のように喜んだ。

(2) 遠洋航海の規模

再開後の実習幹部数は第一回を除き一五〇～二〇〇名で、遠航部隊は護衛艦隊から抽出された四～六隻の護衛艦で編成、太平洋海域を主とし、日数は約七〇日であった。

昭和三十七年、欧州訪問から帰国した池田総理は、翌三十八年度（一九六三年）の遠航訪問先を欧州とするよう示唆した。米加両国訪問予定で調整も終わっていたが、中山海幕長は、「命あらば実施に自信あり」と決意を披瀝した。期間もそれまでの二倍となる大規模の航海は、総理のお声がかりもあり、国をあげての支援を得て整々と実施された。各国の歓迎は熱烈を極め、外交政治面の要望にも十分応え、戦後の巡航を大きく飛躍させた。

この後昭和四十年（一九六五年）の南米、四十四年の東南アジアと航行海域は広がり、日数も約一三〇日に増加して四十五年度、新造練習艦「かとり」が登場した。初年度は海上自衛隊最初の世界一周を成就し、爾来、欧州・北米・南米並びにアジア及びオセアニアを四年ごとに訪問するという帝国海軍と同じ方式が定着した。

「かとり」は四半世紀の間に地球三四周分を航走、艦番号3501と略《ほぼ》同数の初級幹部を育成し、「七つの海への懸け橋としての任務」を完遂、平成七年、「かしま」と交替した。随伴艦は護衛艦隊等から一～二隻派遣され、二線級の艦で編成されていた帝国海軍の頃とは面目を一新している。

(3) 実習要領の発展的変遷と継続

海上自衛隊は帝国海軍と異なり、遠航時に兵、機、経等の区分はなく、総員が同一内容の実習を受ける。実習は幹部候補生学校で習得した知識の体得を目的とし、戦術運動、艦位測定法、副直士官勤務、各術科等について実施され、海上自衛隊幹部の確認が図られる。

明治十四年、外人教師の乗艦取り止め、士宮室士官が指導官となった。明治三十四年、「比叡」艦長は、「従来士官室士官のみを以てした指導官に次室士官、機関官をも当たらしめ満足の成果を得た」と報告。海上自衛隊では平成十五年の遠航部隊出港時、古庄幸一海幕長は、「乗組員一人一人が総員教官として、艦はマストの先からビス一本まで挙艦教材であるとの気概をもて」と訓示した。

私が「かとり」艦長だった四十九年、マンザニオ着岸時、「機関停止」を忘れ、「後進一杯、錨入れ」を下令した。機関と前甲板の対応完璧で危機一髪、難を免れたとき、艦長付配置で一部始終を観察、コンパスを抱えた艦長の手が震えていたことまで記憶していた実習幹部が、平成十二年度「かしま」艦長上田勝恵一佐だった。

視野の拡大向上は画一的に達成されるものでなく、「なんとなく海軍士官としての気分をつくる。世界の大勢もわかるし、国の盛衰興廃の跡もわかるし、なかなかぼんやりできんという、しっかりした精神ができるものです」（鈴木貫太郎自伝）という練習艦隊特有の環境教育機能は、帝国海軍同様、海上自衛隊でも十分に作用している。

(4)　視野の拡充

「みそなわせ　今ビスケーに旭日の旗翻る　御国栄えて」（南部伸清氏）。遠航部隊はアリューシャンからビスケーまで地球の大半にわたる帝国海軍の戦跡を航行、あるいは寄港し、英霊の偉勲を偲《しの》び、風化せんとする戦史を回顧している。

「てるづき」艦長で参加した昭和四十四年は、ラバウル花咲山を指呼の間に望み南下、ガ島当時「黒潮」砲術長だった本村哲郎司令官講話「ソロモンの墓標の如く雲の峰」に感動、鉄底海峡に眠る参加艦四隻の先代を偲んだ。

平成十三年にはマダガスカル、十五年はシドニー、メナドに寄港、異国に眠る英霊に献花、戦争を知らない世代が外国で帝国海軍戦史に触れている。キールではラボエ慰霊碑を訪ね、「同じ敗戦国でありながら、国をあげて心から慰霊の誠を捧げる国」との差異について考えさせられた。

遠航には毎年「初……」があり、「初」は伝統に同化され伝統を培っている。齋藤國二朗司令官の下、「かとり」艦長で参加した昭和四十九年は、キプロス紛争のさなかにトルコ、ギリシア両交戦国を訪問し、不測の事態に備える準備を整え、紛争海域を航行した。

ギリシアでは引き揚げ難民の悲惨な姿を見て、「戦には負けてはならぬ」との思いを新にした。この年はスエズ運河が閉鎖されていたため、喜望峰を回る途次、緯度経度ともに零度の地球座標の原点に立ち、「防衛の原点」について考える機会を得たことは貴重な経験だった。

司令官として参加した五十四年度の「初」は、「三大運河、一三国際海峡通航」と米海軍ナンバーフリート訪問であった。「地図上の要点を訪ねて地理を学び」、米国第七、三、二、六各艦隊司令部所在地に寄港、「ソ連封じ込め」の第一線責任者の謦咳《けいがい》に接して、海軍の責務の厳しさを痛感した。

この年、ヴェトナムボートピープルの数は急増、発見収容に備え、最大限の準備を整えた。

難民と接触した人は帰国後、検疫隔離が予想されたにも拘わらず、祖国を捨てなくてはならない人に思いを致し、作業員を志願した多くの乗員の心意気は爽やかな思い出である。

4、終わりに

帝国海軍、海上自衛隊とも、第一回巡航は「何もかも足りない厳しい環境」のなか、「一回目が失敗すれば二回以後は取りやめになること必定」という状況下で実施、その後も四十九年、「石油危機」のさなか観艦式をとりやめ、演習規模を縮小して開始以来、最大規模の遠航を実施したように、常に障壁に挑み、乗り越え、目的を果たしてきた。

咸臨丸にブルック大尉が乗艦して以来、初期の遠航には外人教官が乗り組んだ。海上自衛隊では例年、タイ等の留学生が乗り組み、平成十五年、遠航部隊は、青年士官交流プログラムの一環として、一一ヶ国一八名（婦人一名）の外国海軍士官の乗艦研修を実施、志を同じくする青年士官との仲間意識を向上した。

兵、機、経の区別を無くした実習要領等、帝国海軍と比し、変わったものが多く、また試行錯誤が繰り返されるものもあるなか、帝国海軍と同じ部隊名を引き継ぎ、同じデザインの自衛艦旗を掲げ、一五〇年前、勝海舟が挑んだ「理屈と異なる実際の体得」への挑戦と、「清輝」乗員の「至る所国旗を辱めざる」意気込みという精神的中核は、毫も変わる事無く伝えられ、敗戦による断絶を克服、ますます伝統に磨きをかけている。

海上自衛隊実習幹部は毎年、帝国海軍時代と同じ江田島表桟橋から練習艦隊に乗り組み、世界の海に船出して行く。祈安航。

日米ネービーの固い絆

吉田 學（75期）

アーレィ・バーク大将のこと

この半世紀における日米ネービーの関係を考えるとき、海上自衛隊出身者は、第一に「海自創設の恩人」であるアーレィ・バーク大将を思い出すであろう。同大将は、大東亜戦争中、ソロモン海域で日本海軍部隊に対し奮戦し、「三一ノットバーク」の名で知られた勇将であり、最新鋭艦イージス艦に、存命中は異例であるその名を冠された偉大な提督で、名作戦部長である。

同大将は戦後、極東海軍参謀副長の頃、かつての敵将野村大将や草鹿・保科各中将などと接するうちに、旧海軍軍人に好意を持つようになった。そして、野村大将を支援して海上自衛隊の創設に尽力された。更に三期六年に亙る作戦部長在任中には、域外調達による国産護衛艦の建造、P2V－7など対潜機の貸与、その後の国産化の実現、米海軍大学院に留学コースの創設、練習艦隊実習員に対する講話の実施など他方面にわたって、海上自衛隊の育成発展の為に多大の努力をされ、日米ネービーの友好・相互信頼等、固い絆の礎を築かれた。

海上自衛隊も創設時の運営方針に米海軍との連携強化を掲げ、フランクな態度で勝者の対潜、対空等の戦術を学び、近代化装備の導入に努め、幹部留学生を送った。そして、数え切れないほどの各種・各段階にわたる日米共同訓練を重ね、練度の向上を図った。私もバーク大将の知遇を得、現役・退役後を通じ四回、同大将宅を訪れるなど、歓談の機会を与えられた。今、私の手元に同大将からの一〇通のレターがあるが、それはいずれもシーマンの先輩から後輩にたいする厚情が溢れ、終生の宝と思って居る。

同大将は一九九六年一月に逝去され、その葬儀に石田元海幕長（64期）が海上自衛隊の現役・OBを代表して参列した。同大将は生前、昭和天皇から授与された勲一等旭日章を胸に飾られ、アナポリス兵学校の墓に埋葬された。

日米ネービーの絆

海上自衛隊は、前述の創設時の方針と米海軍の支援、各種日米共同訓練、二年毎の環太平洋海軍総合演習（リムパック・エクササイズ）、毎年の派米訓練、イージス艦をはじめとする装備の近代化、冷戦時における極東ソ連兵力に対する対潜航空機、艦艇などによる封じ込めオペレーションなどを通じ、着実に精強性と米海軍とのインタオペラビリティ（相互運用性）を高めてきた。

親友の元太平洋艦隊司令官のフォーリ大将は、一九九六年の七五期三水会での講話で「日米のネービィ・トウ・ネービィ」の関係はユニーク（両国政府間、両アーミー、両エアフォース間にない関係）であり、あらゆるレベルにわたってインタオペラビリティ・相互訓練・相互理解及び相互安全保障について一貫した目的をもって居る。我々のネービィはプロのシーマンとして、共通の絆をもっており、長年に亙って培われたその絆は、強固で信頼出来るものとなって居る」と言って居る。

このような相互信頼の強化は、次のようにも考えられるのではなかろうか。即ち、米海軍が建軍以来四つに組んで横綱相撲（死力を尽くして闘った）をした相手は日本海軍だけであり、戦後残った好敵手間の好意が、海上自衛隊創設時にかかわった旧海軍軍人の努力と米海軍とのフランクな交流とが相俟って、相互の友情が強化し、太平洋の平和と安定の為に補完しあう同志的相互信頼に育ってきたものである。

海上自衛隊が八〇年度リムパック・エクササイズに初参加し、成功するのに尽力してくれた親友の在日米軍司令官だったゼック中将が離日時に、「今後の日米両国及び両ネービィの関係は単なる友情でなく相互尊敬を持った真の友情に高めるべきであり、互いに努力しよう」と遺した言葉が忘れられない。

七五期と米海軍クラス四七との友情

ここで海兵七五期生とアナポリスクラス四七との交歓、合同クラス会について紹介したい。

この交流の実現を見たのは、七五期卒業四〇周年記念行事として期友有志のアナポリス訪問、クラス四七との交歓を発意した当時ニューヨーク、ワシントンに在住した龍崎（日航）、山下（共同通信）、三好（自工会）の熱意と実行力によるものであった。クラス四七を選んだのは、同クラスが一九四三年六月入校、一九四六年六月に卒業（一九四七年卒業のところ繰り上げ）で、一九四三年十二月入校、一九四五年十月卒業（終戦）の七五期と兵学校在校期間の重なりが最も長いことによる。同クラスには、カーター元大統領、大西洋軍司令官マクドナルド大将（会長）、太平洋軍司令官クロウ大将を輩出している。

そして一九八五年四月、七五期の有志及び家族計七五名がアナポリスを訪問した。クラス四七は年一回のクラス会を訪問日に合わせ、家族を含む七〇数名が出席し、合同クラス会が実現した。日本側が寄贈する三本の桜の若木がマハンホール前に植樹された。米側の温かい友情に応え、その二年後の一九八七年十月の七五期のクラス会にクラス四七を招いた。家族を含む約五〇名が来日、東京における歓迎パーティ江田島総会、広島懇親会に参加した。

教育参考館を見学した彼らは、海兵卒の先人の憂国の至情に心打たれ、その英雄的行為にたいし、心からの敬意と称賛の言葉を惜しまなかった。そして三本のアメリカハナミズキの若木が西生徒館の前庭に植樹された。その後一九九五年九月には七五期有志、家族約七五名がアナポリスを訪問し、クラス四七の有志・家族約一〇〇名と合同クラス会を実施している。この合同クラス会は七六期以下のクラスにも広がったと聞いている。

クラス四七の訪日の際、当時統合参謀本部議長に就任していたクロウ大将が、私宛に「我々海軍兵学校両クラスのこの会合は、太平洋の両岸において団結の精神が今でも脈々として生きており、かつ、見事に働いている強力な証《あかし》である。本年我々を会合させたエネルギーが江田島及びアナポリスの未来の指揮官達を奮起させ、前途を乗り切る助けとなる伝統を育成する良き前例となることを希望する」とのメッセージをくれた。

それにたいし、「夫々《それぞれ》の祖国のために尽くした両クラスの友情の固い絆が、アナポリスと江田島に植えた、桜とハナミズキがすくすくと成長しているように、若い世代に受け継がれ、両国の相互の友情と信頼の増進に資することを切望し、また確信している」と返信した。

海上自衛隊ＯＢの活動

一九九六年六月に日米安保条約締結三〇周年を迎えたが、当時の日米関係は、冷戦終焉後の新たな国際秩序を確立しようとする世界的な動きの中で、日米両国関係は、貿易・技術摩擦に加えて、同年八月に生起した湾岸戦争にたいする日本の対応によっては深刻な事態を招きかねない情勢にあった。そこで海自ＯＢの一部に、現役では出来ない、又はやり難い分野で日米ネービー現役の友好親善と相互理解の増進を支援しようとの動きが出た。

検討の結果、ＯＢを主体とし、一般の個人、法人（企業）の賛助会員を加えた日米ネービィ友好協会を設立することとなった。そこで一九九一年四月、湾岸戦争から帰還した第七艦隊の歓迎行事を皮切りとして、米海軍指揮官の歓送迎会及び定例懇親会、指揮官交替行事出席、日本文化の紹介（空母艦上の薪能の実施など）、日米親善に貢献した両ネービィ下士官・海曹の表彰、米指揮官の講話、企業トップなどの空母・原潜のオペレーション研修、親善ゴルフ大会などを実施して来ている。

同協会は、現在正会員約三〇〇名、個人賛助会員約九〇〇名、法人賛助会員約五〇社を数え、両ネービィからユニークな会として高く評価されている。航空自衛隊ＯＢもこれに倣《なら》い、日米航空友好協会を設立し活動している。

今後の日米ネービー関係

日米両ネービーの連携、インタオペラビリティは緊密で、その絆は強い。問題は、日本側のネービィコントロールする政治の責任と国防意識の実態である。日米同盟の実効性を高めるための周辺事態関連法案は、平成十一年五月二十四日に成立した。その国会論議の最中に北朝鮮工作船の日本領海侵犯が生起し、戦後はじめての海上警備行動が発令された。しかし、同船の臨検・拿捕《だほ》を逸し、平時の領海警備態勢不備を露呈した。今後「領域警備法」の制定による体制整備が急務であることは論をまたない。

周辺事態関連法は成立したが、集団的自衛権行使を否定し、武力行使との一体性判断基準の制約がある限り、朝鮮半島などに周辺有事が生起した場合、対米協力は制約され、相互信頼を損なう恐れが有る。同法の成立は、同盟の実効性を高めるため、次の段階（一体的協力）の大きなステップであることを認識すべきである。このようにしてみれば、今後の日米ネービーの絆を生かすも殺すも、政治及び国民一般の民族・国家を守る意識如何にかかっていると言い得よう。

（平成十一年六月記）

伝統の継承

佐久間　一（防大1期）

「海上自衛隊は、自衛隊ではなく海軍である」

これは、かつて初めて江田島を訪れた防大同期の航空自衛官が述べた言葉である。白砂青松の中に赤煉瓦の幹部候補生学校の建物、教育参考館、大講堂などが並ぶ風景は、旧海軍時代を彷彿とさせるものがある。しかし、それらの外見だけでなく、江田島で行なわれている教育や隊員の言動に、旧海軍の伝統が生き続けている事を感じたのであろう。

伝統は、私達に多くの力を与えて呉れる。一つは長い間に蓄積された知恵・知識に基づく判断力、次に様々な世代との連帯感が与えて呉れる勇気、安心感、いわば心の支えである。さらに組織の過去及び未来に対する責任感、そして所属する集団に対する一体感から生まれる愛情である。

このような伝統の意義を考える時、五〇余年の歴史を重ねてきた海上自衛隊の伝統は、決してそれだけで存在するのではなく、旧海軍七七年の伝統と一体となったものである事を実感する。

海軍の伝統が海上自衛隊に継承された要因

日本海軍の伝統が海上自衛隊に継承された要因としては、次の三点が考えられる。

第一は、同じ任務を継承してきた事、すなわち組織としての継続性である。具体的には、我が国周辺の海域で機雷の危険を排除する掃海という実任務を、戦争末期に海軍が始め、その後、組織は変わったが、一貫して引き継いできた事が挙げられる。

戦後の航路啓開業務は極めて厳しいものであったと承知している。その中で、昭和二十五年に朝鮮戦争が勃発すると、国連軍に協力するため東京湾、佐世保、そして朝鮮海域において掃海作業が実施され、その成果は我が国の独立に大きく寄与した。また、この航路啓開業務を通じての殉職者は七七名に及んだ。

昭和二十七年、掃海殉職者の顕彰碑が、三二の港湾都市の市長が発起人となって四国の金比羅宮に建立された。時が移り、発起人側の記憶は薄れたが、海上自衛隊は毎年、この顕彰碑の前において慰霊祭を行なっている。

戦後の航路啓開業務は次第に必要が少なくなったが、海上自衛隊は実機雷の処分訓練を、硫黄島周辺海域で昭和四十七年から毎年実施してきた。

平成三年、湾岸戦争終了後、海上自衛隊の掃海部隊はペルシャ湾へ赴き、自衛隊の国外任務活動のパイオニアとして見事な成果を収めた。それは、旧海軍から継承してきた伝統の力と実践的な訓練の成果を発揮したものと言えよう。

第二は、海上自衛隊の誕生の経緯である。平成十四年八月、NHKは海上自衛隊誕生の経緯を明らかにした番組を放映した。これに取り組んだメンバーは、制作に至る過程を、同じタイトルの本として一年後に著わしている。この番組と出版が実現したのは、安全保障に対する国民の意識が大きく変化した現われであろう。

昭和二十七年四月、海上自衛隊の前身である海上警備隊が誕生した。それは、前年十月に発足した山本善雄元海軍少将以下のY委員会による研究成果に基づくものであったが、その成果は半年間の作業によるものではなく、敗戦後の混乱の中で密かに研究を続けられた旧海軍の先輩の努力の結晶であった。これらの諸先輩が、Y委員会における論議を通じて主張された事は、「海軍の再建」であった。その目標は、実質的に達成されたと考える。

さらに、この目標実現に大きな力となったのが、米海軍の支援であった。それを可能にしたのは、太平洋戦争において米海軍と正面から戦った日本海軍に対する敬意と、海上警備隊創設に関わった米海軍関係者が、野村吉三郎大将をはじめとする旧海軍の方々の見識に対して抱いた尊敬の念であった。

ただし、昭和二十七年八月の保安庁設立に際して初代長官を兼務した吉田総理が、「これは新国軍の土台である」と訓示したと伝えられるが、自衛隊は未だ正式の軍隊とはなっていない。その事は、近年、自衛隊が実任務を遂行するに当たって、国家及び自衛隊が直面している最も根元的な苦悩となっている。

第三は、海上自衛隊の人的構成である。海上警備隊の創設当初から、ほぼ三十五年にわたって海上自衛隊を創り育ててきたのは、大部分が旧海軍出身の先輩であった。海上自衛隊のトップとして、部隊指揮官や学校の校長として、また新たに入隊する隊員の身近な上司、教官としての諸先輩の勤務を通じて、旧海軍の伝統が伝えられてきたのは自然の事である。

旧海軍の諸先輩は、荒廃した戦後の祖国の復興のために、各方面で渾身の努力を続けられ、我が国の再建に多大な貢献をされた。その功績は広く認められているとおりである。しかし一方、旧海軍出身者の一部の方々は、海上自衛隊が創設されるやそこに身を投じられ、厳しい世間の風を一身に受ける中、世に認められる事も少なく、恐らく無念の思いを抱きながら、我が国の海上防衛のために一生を捧げられてきた。その功績を忘れてはならないと痛感している。

海上自衛隊の伝統

海上自衛隊の伝統は、総括的にとらえるならば、旧海軍の伝統・気風を継承し、併せてアメリカ海軍の影響を受けていると考える。この事は、昭和二十年の日本海軍の解体に際して、米内大将が残されたと伝えられる三つの遺嘱《いしょく》の中の、「海軍伝統の美風を後世に伝える」という課題が、海上自衛隊において確実に果たされていると言えよう。

そして伝統継承の象徴が、かつての軍艦旗と全く同じ型式の自衛艦旗であると考える。それは、ただ昔と同じ旗を用いているのではなく、先人の努力の結晶である。以下、自衛艦旗制定の経緯を「海上自衛隊二十五年史」の記述から紹介したい。

昭和二十九年の海上自衛隊の誕生に際して、新しい旗章をどうするかが検討された。部内における研究の結果、米内穂豊画伯に自衛艦旗の図案制作を依頼する事となり、画伯は快諾された。十日程後、「何枚かの案を描いたが、どうしても自分の意に満たない。軍艦旗の寸法があったら参考にしたい」との申し出があった。

五日程経って連絡があり、二幕（現在の海幕）の総務課長が伺ったところ、米内画伯は威儀を正し、「旧海軍の軍艦旗は実に素晴らしいもので、これ以上の図案は考えようがありません。それで、旧軍艦旗そのままの寸法で図案を一枚書き上げました。これがお気に召さなければご辞退致します。画家としての良心が許しませんので」との申し出があった。

それを受けて、保安庁内で長時間にわたる議論の結果、これを原案として当時の木村篤太郎長官に提出したところ、長官は即座に承認の上、自ら吉田総理に説明して承認を得た。総理は、自衛艦旗の閣議決定に際して、「世界中でこの旗を知らぬ国はない。旧海軍の良い伝統を受け継いで、海国日本の護りをしっかりやって貰いたい」と述べたといわれる。

日本海軍の伝統については、私ごとき弱輩が述べる資格はないが、中村悌次元海幕長が記された「日本海軍の伝統・体質」という規範的な論述がある。そこで述べられている内容は、まさに海上自衛隊の伝統そのものと言っても過言ではない。

中村元海幕長は、日本海軍の伝統・体質を形成した要因として、「海を舞台とする軍隊としての特質」「日本人の国民性」「日本海軍が自ら作り出した制度、戦争教訓」の三つを挙げられ、これらが渾然一体となって伝統・体質が形成されたと述べられている。

これらのうち、第一と第二の要因については、海上自衛隊も同じ条件の下にある以上、これらの要因から生まれた伝統が旧海軍と同様である事は当然と言えよう。ただ、国民性の中で一般社会の風潮については、戦後の海上自衛隊が置かれてきた環境は、旧海軍時代とは著しく異なっている。また、第三の要因に関しては、海上自衛隊は旧海軍の兵術思想に対する反省と米海軍の影響が大きいと言える。

　先に述べたペルシャ湾派遣掃海部隊が半年後に帰国し、部隊を解散するに当たって、指揮官の落合一海佐（当時）は次の訓示を述べた。

「第一は、自分達が任務を達成できたのは、自衛隊だけでなく、多くの国民の支えがあったからである。それに対する感謝の気持を忘れないで欲しい。第二は、自分達が任務を達成できた事は誇りである。しかし、誇りは口に出してしまえば塵、芥の埃になってしまう。だから、そのプライド、誇りは胸にしまって、今後何かある時の支えにしよう。第三は、この任務が達成できたのは、長年にわたる訓練の成果である。だから、明日からと言わず、今日から腕を磨こう」と。

　これは、まさに旧海軍から海上自衛隊へと継承されてきた伝統の真髄とも言うべき言葉であり、私は東郷長官の連合艦隊解散の訓示にも比すべき平成の名訓示であると感じた。

　海上自衛隊は、旧海軍の「良き」伝統を継承する事に努力してきた。しかし、中村元海幕長の御指摘を踏まえて現状を見る時、私自身の反省を含めて幾つかの心すべき点を感じる。住み心地の良さに安住してないか、社会風潮に流されていないか、凄惨な戦闘場面で任務を全とうできるか、課題は多い。伝統は錆び付くと単なる陋習《ろうしゅう》となる。常に伝統の根源を見つめながら磨きをかけ、光り輝く伝統として受け継がれる事を念願している。

心と技の継承――「湾岸の夜明け作戦」

落合　畯（防大8期）

1、「湾岸の夜明け作戦」

平成二年八月二日、イラクは突如クウェートに侵攻、その全土を占領すると共に、その地域在住の外国人を人質として拘留した。この暴挙に対し、国連はクウェートからの即時撤退、人質の即時解放、クウェート合法政府の原状回復等の決議を採択し、アメリカを中核とした多国籍軍を編成し、翌三年一月十七日、反撃を開始、二月二十七日、クウェートの解放に成功した。

この湾岸戦争において、イラクはペルシャ湾に約一二〇〇個の機雷を敷設《ふせつ》した。この機雷は航行船舶に重大な脅威を与え、特に輸入原油の大部分を中東地域に依存している我が国にとって深刻な問題となった。国内外からの資金面のみならず、人的貢献を求める世論等を踏まえ、政府は四月二十四日、安全保障会議及び閣議に於いて、自衛隊法第九九条（機雷等危険物の除去）を根拠として掃海部隊の派遣を決定した。

二日後の二十六日、掃海母艦「はやせ」、補給艦「ときわ」、掃海艇「ひこしま」「ゆりしま」「あわしま」「さくしま」の六隻、五一一名で編成された海上自衛隊ペルシャ湾派遣掃海部隊がそれぞれの母港を出港した。

部隊は一路南下、補給のため数箇所に寄港、ホルムズ海峡を経て一ヶ月と一日後の五月二十七日、補給基地のアラブ首長国連邦ドバイに七〇〇〇海里の航海の後入港、多国籍軍海軍部隊との作戦会議の後、クウェート沖に進出、六月五日から掃海作業を開始した。

この機雷を米、英、伊、蘭、サウジアラビア、独、仏、白及び日本の九ヵ国から派遣された約四〇隻の掃海艇が共同して掃海作業を実施した。我々は湾岸に一日も早く平和の夜明けが訪れる願いを込めて、この作戦を「湾岸の夜明け作戦」と名づけた。

当時は六月から九月という一年中で最も暑い時期であった。高温多湿かつ最高気温が摂氏五〇度、海水温度が三五度、塩分濃度は日本近海の二倍、おまけに湾岸戦争の末期にイラクが火をつけたクウェートの油井がまだ二六〇箇所も燃えており、そこから舞い上がった煤煙が空を覆い、砂漠から飛んできたパウダーのような砂塵が艦艇の吸気孔のフィルターを詰まらせてしまう有り様で、それに加え海中には海蛇や鮫等の危険な生物やいつ爆発するかわからない機雷が潜むという状況であった。

この様な劣悪な環境下において隊員達が行なった作業は、将《まさ》に3k（きつい、汚い、危険）の最たるものであった。

毎朝、日出時錨地発、機雷危険海域に進入、直ちに掃海作業を開始し、日没三〇分後まで延々一四時間、機雷との緊張した戦いに挑む。万が一の触雷という最悪の事態に備え、火傷防止のため不燃性の分厚い戦闘服を着用、ヘルメット、カポック式の救命胴衣、防塵用眼鏡とマスクを装着する。四〇度近い気温の中でこの装備をすると、忽《たちま》ち汗びっしょりとなる。

当直は二時間ずつの三直制だが、非番直員の待機場所は、触雷時の人身被害を最小限にするため露天甲板とし、昼食も朝早く出港前に準備した弁当を、真夏の太陽の強烈な照りつけを防ぐ日覆い用のテントの下でとった。

探知機で機雷を探知し、爆雷を抱いた機雷処分具を誘導、爆雷を機雷の傍に設置する。処分具を揚収し、掃海艇が安全海面に離脱後、調停した時間に爆雷を爆発させ、機雷本体に入っている数百キロの炸薬を誘爆させて爆破処分する。あるいは水中処分隊員が潜行し、直接機雷に爆薬を取り付けた後、遠隔発火装置により爆破処分した。

作業が終わり、各掃海艇は夜八時頃、掃海母艦「はやせ」に横付けして真水、燃料等の補給後、錨地に着く。それから遅い夕食を済ませ、真水搭載量の少ない掃海艇のこと、隊員達は限られた僅かな水で顔を洗い、身体を拭き、一一時頃、やっと疲れた体をベッドに横たえる。

心身ともにストレスの多い苦しい作業の連続であったが、隊員達は一言の不平も言わず、黙々と自分の任務を遂行した。また、共同作業を通じ八ヵ国の隊員達とは国旗、顔、肌の色の違いに全く関係なく、脅威に対し共に肩を組んで立ち向かう一体感、所謂《いわゆる》 NAVY TO NAVY の関係から極めて仲良く気持良く仕事ができた。

作業は順調に経過し、約四ヶ月ですべての機雷は処分された。六月五日から始まった掃海作業は、一件の事故もなく一〇〇%の任務可動率を維持し、九月十一日、無事に完了した。

2、逞しい隊員達

「湾岸の夜明け作戦」で三四個の機雷を処分した。欧州や米国の掃海艇は既に水中テレビを装備していたが、我が方は未装備であった。探知した目標が確実に機雷であり、安全確実な処分を行なうために必要なその種類や敷設状況等の情報を得るためには、潜行した水中処分隊員の視認に頼らざるを得ない状況であった。隊員達は細心の注意を以て探知目標に潜行近接し、慎重に爆薬の設置作業を行なった。

六月十九日、現地時間午前一〇時一分、ペルシャ湾における最初の機雷処分に成功した。以後一件の事故もなく、安全且つ的確に処分が出来たのは、隊員達の自己の使命に対する強い責任感と安全を確保しつつ機雷に近接し、爆薬を取り付け、遠隔爆破させる高度の技術力と勇気ある実行力に拠るものである。

隊員達の年齢は最年少一八歳、最年長五二歳、平均三二歳であった。結婚適齢期の若者が多く乗り組んでいた。半年前からホテルを予約し、五月の連休に結婚式を予定していた隊員は、躊躇なく自己の任務を最優先させ、敢然として機雷への挑戦を選択し、婚約者もその決断を支えた。娘の挙式を連休中に予定していた先任海曹は、愛嬢の晴れの門出を遥か南シナ海の洋上から祝福した。

派遣期間中、留守家族に七件の不幸があったが、「心を残すな、任務遂行に全力を尽くせ」と通知があった。二〇歳前の隊員が約五〇名乗り組んでいたが、只の一度も辞めたいの、帰りたいの等不平を一言も言わず元気一杯、一生懸命働いた。「最近の若い者は、……」の後は「何と立派なのだろう」と続けたい。

日本出港直後に母親を亡くした隊員は、悲しみを胸に秘め、掃海作業で最も危険を伴う水中処分隊のリーダーとして大活躍をした。米海軍掃海部隊司令部に連絡士官として派遣された隊員は、四ヶ月間に亘り神経を磨り減らす苦労の多い任務を、一直配置で見事に成し遂げた。

派遣期間中、何かの理由で医官の診断を受けた隊員は、総計三七〇〇名に達した。医官達は様々な制約を克服し、隊員たちの心と体の健康維持に努め、部隊の任務達成に多大の貢献をすると共に、適切な判断でドイツ隊員の命も救った。

補給艦「ときわ」は、クウェート沖で一ヶ月間ぶっ続けの掃海作業に従事している「はやせ」と四隻の掃海艇に食料、真水、燃料及び日本から送られてきた手紙や荷物を補給する為、補給基地「ドバイ」の間を何回も往復、浮流機雷の漂う危険な海を、艦首に三人の見張員を配置し、警戒航行を続けた。

通常、見張りは若い隊員の受け持ちであるが、各分隊の先任海曹達が「若い者は少なくとも俺達よりも長生きする権利がある、俺達が立とう」と、この危険な仕事を自ら買って出た。ベテラン隊員達の率先垂範が部隊の士気を大いに高揚させた。若い隊員達は、こうした先輩達の背中を見ながら成長するのである。現地を視察にきたある議員は、「ペルシャ湾掃海は若者を鍛える道場」と所見を述べていった。

3、伝統と訓練

クウェートに寄港した際、記者会見があり、掃海作業の進捗状況を説明した後、地元新聞社の記者から質問を受けた。

「遠い極東の日本から小さい船でペルシャ湾まで来て、危険極まりない機雷を除去してくれた皆さんに、クウェート国民は心から感謝をしている。日本は第二次大戦以後四五年間、戦争をしていない筈である。それなのに、どうしてその間にスエズ紛争、ベトナム戦争等実際の戦争を体験してきた米、英、仏等の海軍と同等に、機雷掃海という難しい技術を持っているのか」

私は次の様に回答した。

「昭和二十年、瀬戸内海を始め日本近海に約一万二〇〇〇個の機雷が敷設された。日本海軍はその脅威に敢然と挑戦し、機雷掃海に取り組み、作業は終戦後も営々として継続され、やがて海上自衛隊に引き継がれた。平和が続いた日本の掃海部隊が先進諸国の海軍と同等に実任務に就けるのは、旧海軍の先輩達が残してくれた良き伝統と任務を引き継いだ海上自衛隊の掃海部隊が堅実に訓練に励み、技量を磨いてきた努力の積み重ねがあったからである」

隊員達は先人達の心と技を継承し、それぞれの立場で自己の最善を尽くし、誠実に任務遂行、「湾岸の夜明け作戦」を成功裏に導いた。

【『回想のネービーブルー』刊行委員】

編集顧問・三浦　節（70期）
編集代表・河野幹夫（73期）
編集委員・菱川信太郎（75期）
編集委員・岡田延弘（76期）
編集委員・青木一郎（77期）
編集委員・佐々木英男（77期）
編集委員・小林茂利（78期）

回想のネービーブルー

2010年6月30日　第1刷発行

編　者　海軍兵学校連合クラス会
発行人　浜　　正　史
発行所　株式会社　元就《げんしゅう》出版社
〒171-0022　東京都豊島区南池袋4-20-9
サンロードビル2F-B
電話　03-3986-7736　FAX　03-3987-2580
振替　00120-3-31078
装　幀　純　谷　祥　一
印刷所　中央精版印刷株式会社

※乱丁本・落丁本はお取り替えいたします。

ISBN978-4-86106-188-2　C0095

前澤　玄（海兵75期）・著

残　照

江田島精神の真髄

かつて日本には世界に冠たる武士道精神があった。あの大戦も戦後の驚異的経済発展も裏で支えて来たものは、先人たちから受け継いで来た堅忍不抜の敢闘精神であった。

本書は兵学校生徒が心魂を傾けて書いた憂国のエッセイ集である。これこそ体験した者だけにしか書けない肺腑を抉る感動的名作である。

■定価一五七五円

指揮官経営学

「人、空気、未来を創造した企業戦略」

石井　勝（海兵75期）・著

業界第一位の高砂熱学工業代表取締役を二十一年務める現役トップが書き下ろした経営実学の要諦。海軍兵学校の「五省」を座右の銘とし、「指揮官先頭・社長営業」の精神で邁進した男が語る昭和平成の戦国経済史。

今の、混迷と迷走で始まった第三次産業革命を乗り切るには欧米型の企業モデル一辺倒ではない、「日本式経営」の再構築が必要だ。

■定価一八九〇円